YENİKAPI SHIPWRECKS / YENİKAPI BATIKLARI

VOLUME / CİLT
II

WOODS OF YENİKAPI SHIPWRECKS

YENİKAPI BATIKLARININ AHŞAPLARI

YENİKAPI SHIPWRECKS / YENİKAPI BATIKLARI

VOLUME / CİLT
II

WOODS OF YENİKAPI SHIPWRECKS

YENİKAPI BATIKLARININ AHŞAPLARI

Ünal Akkemik

ege
YAYINLARI

YENİKAPI SHIPWRECKS / YENİKAPI BATIKLARI
VOLUME / CİLT II

WOODS OF YENİKAPI SHIPWRECKS
YENİKAPI BATIKLARININ AHŞAPLARI

ISBN 978-605-4701-87-2

www.yenikapibatiklari.com www.yenikapiwrecks.com

Translation from the Turkish / İngilizceye çeviri
Dr. İnci Türkoğlu

Turkish copy-editing / Türkçe düzelti
Seçil Kocabaş

Implementation / Uygulama
Hülya Tokmak

Printed by / Baskı
Oksijen Basım ve Matbaacılık San. Tic. Ltd. Şti.
100. Yıl Mah. Matbaacılar Sit. 2. Cad. No: 202/A Bağcılar - İstanbul
Tel: +90 (212) 325 71 25 Fax: +90 (212) 325 61 99
Certificate / Sertifika No: 29487

Production and Distribution / Yapım ve Dağıtım
Zero Prod. Ltd.
Abdullah Sokak No. 17 Taksim
34433 İstanbul - Turkey
Tel: +90 (212) 244 7521 Fax: +90 (212) 244 3209
e.mail: info@zerobooksonline.com
www.egeyayinlari.com www.zerobooksonline.com

Dedicated to Prof. Dr. Burhan Aytuğ,
the pioneer of wood identifications in Turkey.

Ülkemizde ahşap teşhislerinin öncüsü olan Sayın Hocam
Prof. Dr. Burhan Aytuğ'a ithaf edilmiştir.

Contributors to the Project / Projeye Katkıda Bulunanlar

Research Projects Fund of Istanbul University
Project No: 12155 and 41738

İstanbul Üniversitesi Bilimsel Araştırma Projeleri
Proje No: 12155 ve 41738

Istanbul University Faculty of Forestry

İstanbul Üniversitesi Orman Fakültesi

IU Yenikapı Shipwrecks Project

İÜ Yenikapı Batıkları Projesi

Table of Contents | İçindekiler

Presentation

The "Archaeological Rescue Excavations within the Frame of Marmaray and Metro Projects" started by Istanbul Archaeological Museums at Yenikapı, Istanbul, in 2004 have brought to light thousands of objects from Ottoman and Byzantine times back to the prehistoric times. The variety of the finds has allowed us to learn about the multiple facets of city's past that has built her identity. The details of daily life, technology, religious beliefs, economics and trade in those periods are better understood as studies progress.

These rescue excavations have been the most comprehensive one encompassing excavations, documentation, research and conservation practices performed within an urban setting in Turkey and were completed in 2013. Istanbul Archaeological Museums Directorate conducted the excavations with about 50 archaeologists and about 600-1000 workers under the supervision of museum curators and also received scientific support from scholars of various Turkish and foreign universities. Istanbul University has contributed to this great project in the fields of geology, osteo-archaeology, forest botany, prehistory, ship archaeology, conservation and restoration.

One of the most important findings is definitely the assembly of Byzantine shipwrecks of various centuries. The archaeological studies on 27 of the 37 ships uncovered in the deposit of the Theodosian Harbour of the Byzantine period have been undertaken by the Department of Conservation of Marine Archaeological Objects at Istanbul University's Faculty of Letters within the frame of "Istanbul University Yenikapı Shipwrecks Project". The wrecks constitute a unique source of information shedding light particularly onto the changes and developments in shipbuilding technology, as well as onto the shipbuilding based on the function of the harbour. The timber members of the wrecks were lifted and placed in the custom-built conservation pools at the worksites of Marmaray and Metro Projects, and conservation procedures are in progress. Valuable information on the wrecks has been presented to the wider world via tens of publications – both articles and books. In this context, the first volume of the series *Yenikapı Shipwrecks* titled *The 'Old Ships' of the 'New Gate' 1* was published in 2008. The second volume of the series, which is composed of wood identifications of all the pieces from the 27 ships carried out from 2008 to 2013 by Prof. Dr. Ünal Akkemik of the Forestry Faculty of Istanbul University, is thus published here for the first time as a reference source.

The identification of woods used in the ships not only gives valuable information on the building periods of the ships, but also facilitates the conservation and preservation processes. Because each wood species has a different wood structure, chemical treatments are implemented based on the species information. Akkemik has put forth the genera/species information of all the woods from 27 ships dating to a wide time span ranging from the 4th-5th centuries to the 11th century showing a clear change in wood types used through time. While cypress, pine species, oak, plane, chestnut and elm trees were preferred for shipbuilding from the 4th-5th centuries to the 8th-9th centuries only oak and chestnut trees were used during the 9th-11th centuries, thus simplifying the range of preference.

Prof. Akkemik has provided a valuable database for Turkey by performing wood identifications of thousands of the samples from the ships with great patience. Akkemik's studies greatly deserve appreciation. Because of his devoted studies and preparation of this book I would like to thank Prof. Dr. Ünal Akkemik, with whom we have worked harmoniously together for Yenikapı Shipwrecks Project of Istanbul University. I would also like to extend my gratitude to Mr. Ahmet Boratav, the owner of Ege Yayınları, Miss Hülya Tokmak, the graphic designer, Dr. İnci Türkoğlu, the translator into English, and Seçil Kocabaş, the copy-editor for the Turkish text, for their careful work during the publication process of the book.

Further thanks are due to the Istanbul Archaeological Museums, above all Zeynep Kızıltan and Rahmi Asal and the field staff for their great support since the begining. I would also like to extend my thanks to the Rectors of Istanbul University, currently Prof. Dr. Mahmut Ak and formerly Prof. Dr. Yunus Söylet, as well as Deans of the Faculty of Letters currently Prof. Dr. Mustafa Özkan and furmerly Prof. Dr. Korkut Tuna and all the involved units and staff of Istanbul University.

This work, a reference book in ship archaeology and wood technology, will provide an important tool for access to the database. I hope that this book will be useful to academia and those interested. The *Yenikapı Shipwrecks* series will continue with new volumes on details of each wreck in the coming years.

Assoc. Prof. Dr. Ufuk KOCABAŞ

Head of IU Yenikapı Shipwrecks Project
Series Editor

Sunuş

İstanbul'un Yenikapı semtinde 2004 yılında İstanbul Arkeoloji Müzeleri tarafından başlatılan "Marmaray ve Metro Projeleri Arkeolojik Kurtarma Kazıları" Osmanlı ve Bizans Dönemlerinden tarih öncesi çağlara kadar farklı dönemlere ait on binlerce arkeolojik eserin günışığına çıkarılarak incelenmesini sağlamıştır. Bulunan eserlerin çeşitliliği yaşadığımız kentin kimliğini oluşturan geçmişini farklı yönleriyle tanıyarak değerlendirebilmemizi mümkün kılmaktadır. Bu devirlere ait günlük yaşam, teknoloji, dini inançlar, ekonomi ve ticarete ilişkin detaylar çalışmalar ilerledikçe daha iyi anlaşılabilmektedir.

2013 yılında tamamlanan kazı çalışmaları, Türkiye'de şimdiye kadar kent içi yerleşimlerde yapılan en kapsamlı kazı, belgeleme, araştırma ve koruma uygulamalarını kapsamaktadır. Kazı çalışmalarını müze uzmanları denetimindeki yaklaşık 50 arkeolog ve sayıları 600-1.000 arasında değişen işçi ile yürüten İstanbul Arkeoloji Müzeleri Müdürlüğü, yerli ve yabancı çeşitli üniversitelere mensup akademisyenlerden bilimsel destek almıştır. İstanbul Üniversitesi; jeoloji, osteo-arkeoloji, orman botaniği, prehistorya, gemi arkeolojisi, konservasyon ve restorasyon gibi çeşitli alanlarda bu devasa projeye katkıda bulunmaktadır.

Yenikapı buluntu topluluğu arasında kuşkusuz en önemli gruplardan birini, değişik dönemlere tarihlendirilen gemi kalıntıları oluşturmaktadır. Bizans Dönemi'ne ait Theodosius Limanı dolgusunda bulunan 37 gemi kalıntısından 27'si üzerindeki bilimsel çalışmalar "İstanbul Üniversitesi Yenikapı Batıkları Projesi" kapsamında Edebiyat Fakültesi, Sualtı Kültür Kalıntılarını Koruma Anabilim Dalı tarafından yürütülmektedir. Batıklar, limanın işlevine ve özellikle de dönemin gemi yapım teknolojisindeki değişim ve gelişmelere ışık tutması bakımından eşsiz bir bilgi kaynağı olmuştur. Yerinden kaldırılan gemi ahşapları Marmaray ve Metro şantiyelerinde bulunan koruma havuzlarında muhafaza edilmekte ve ahşap parçaların konservasyon uygulamalarına devam edilmektedir. Batıklar, proje kapsamında yayımlanan onlarca makale ve kitapla topluma ve bilim dünyasına sunulmuştur. Bu kapsamda Yenikapı Batıkları serisinin ilk cildi olan "Yenikapı'nın Eski Gemileri 1", 2008 yılında yayımlanmıştır. Tamamı ahşap malzemeden oluşan gemilerin ahşap teşhisleri ise İstanbul Üniversitesi Orman Fakültesi öğretim üyelerinden Prof. Dr. Ünal Akkemik tarafından 2008-2013 yılları arasında gerçekleştirilerek serinin II. cildi ve temel bilgi kaynağı olacak bu eserle toplu olarak ilk kez yayımlanmaktadır.

Gemilerin inşasında kullanılan ahşap malzemenin teşhisi, bir yandan dönemleri hakkında bilgilere ulaşmamızı sağlarken diğer yandan da malzemenin korunması ve konservasyonu işlemleri esnasında yararlı olmaktadır. Her ahşap cinsi farklı bir anatomik yapıya sahip olduğundan, kimyasal madde uygulamaları buna göre değerlendirilmektedir. Akkemik, gerçekleştirdiği analizlerle MS 4-5. yüzyıllardan 11. yüzyıla kadar gemilerin inşasında hangi cins/tür ahşapların kullanıldığını ve ahşap malzeme kullanımında belirgin bir değişim olduğunu ortaya koymaktadır. 4.-5. yüzyıllardan 8.-9. yüzyıllara kadar büyük oranda servi, çam türleri ile meşe, çınar, kestane, karaağaç gibi yapraklı ağaçlar kullanılırken 9. yüzyıldan 11. yüzyıla doğru malzeme kullanımının daha da sadeleşerek kestane ve meşeye doğru değiştiği ortaya çıkmıştır.

Büyük bir özveriyle çalışarak gemilere ait binlerce ahşabın cins/tür teşhisini gerçekleştiren Prof. Dr. Ünal Akkemik çok kıymetli bir veri tabanının ülkemizde oluşmasını sağlamıştır. Akkemik'in bu karşılıksız ve özverili çalışmaları her türlü takdirin üzerindedir. İstanbul Üniversitesi adına sürdürdüğümüz "Yenikapı Batıkları Projesi" kapsamında birlikte büyük bir uyum içinde ve dostlukla çalışma imkânı bulduğumuz Prof. Dr. Ünal Akkemik'e gerçekleştirdiği özverili katkılar ve yayına hazırladığı bu eser için şükranlarımı sunarım. Kitabın yayım aşamasında büyük bir titizlikle çalışan Ege Yayınları'na, başta Ahmet Boratav olmak üzere, tasarım ve uygulama aşamasında Hülya Tokmak ve İngilizce çevirileri gerçekleştiren Dr. İnci Türkoğlu ve Türkçe metindeki düzeltileri yapan Seçil Kocabaş'a teşekkür ederim.

"İstanbul Üniversitesi Yenikapı Batıkları Projesi"ne başından beri büyük destek veren İstanbul Arkeoloji Müzeleri Müdürlüğü'ne, başta yöneticiler Zeynep Kızıltan ve Rahmi Asal olmak üzere, tüm saha ekibine teşekkürü borç bilirim. Projemize sağladıkları tüm imkânlar için İstanbul Üniversitemizin değerli Rektörleri Prof. Dr. Mahmut Ak, Prof. Dr. Yunus Söylet, Dekanlarımız Prof. Dr. Mustafa Özkan ve Prof. Dr. Korkut Tuna başta olmak üzere tüm ilgili birimlerimize şükranlarımı sunarım.

Gemi arkeolojisi ve ahşap teknolojisi araştırmalarında başucu kitabı olacak bu eser, önemli bir veri tabanına ulaşım imkânı sağlayacaktır. Kitabın tüm ilgililere ve bilim dünyasına yararlı olmasını dilerim. Yenikapı Batıkları serisi, ilerleyen yıllarda gemilerin detay ciltleriyle devam edecektir.

Doç. Dr. Ufuk KOCABAŞ

İÜ Yenikapı Batıkları Projesi Başkanı
Seri Editörü

Preface

The excavations at Yenikapı have not only introduced a new dimension to archaeological studies casting light onto the mankind's history but also brought to light the biggest collection of ancient shipwrecks as well as carrying the origins of Istanbul to ca. 8500 years ago. The excavations conducted across an area of about 58.000 m2 have created a synergy among many different disciplines as well as scholars from Istanbul University and many others both from Turkey and abroad. In this context wood identifications, which constitute the main scope of this book, will provide a base to fill an important gap about shipbuilding technology and seafaring of their time.

Xylology is the discipline for the identification of wood materials taken from different media such as shipwrecks, and many xylological studies have been performed in Turkey. Our department has published many studies on the identification of wooden and carbonized materials taken from archaeological sites since 1992. I would like to thank some very important academicians, who taught me wood anatomy: Exclusively Prof. Dr. Burhan Aytuğ, my supervisor in wood anatomy from 1992 to 1997, taught me wood identification, made me practice with full enthusiasm on each sample coming to him, and I am honoured to dedicate this book to him.

I would also like to thank Prof. Dr. Melih Boydak for asking me to perform wood identifications of 27 of the Yenikapı ships, which I readily accepted. I would like to thank Prof. Dr. Sait Başaran for helping me to start with the wood identifications of 27 ships as well. Further thanks are due to Mrs. Zeynep Kızıltan, the director of Istanbul Archaeological Museums and her staff for the permission to work on the ships and their support during the fieldwork. During progress of this project, which has been the most delightful and exciting one in my academic life, I have received crucial supports from Assoc. Prof. Dr. Ufuk Kocabaş, who became the Head of Yenikapı Shipwrecks Project when Prof. Dr. Sait Başaran retired. I am grateful to Assoc. Prof. Dr. Ufuk Kocabaş for generating a very friendly atmosphere to work and I am honoured to have worked with him. Thanks are also due to: restorer Tuğçe Özmat for her help during sample taking and lab work; archaeologist Mehmet Sağır for his drawings and colouring them according to wood species; my student Emine Gümüş for her help in the lab as well as the excavation team at Yenikapı.

Last but not least, thanks are due to Zeynep Akkemik, my dear wife, and my family for their devoted and continuous support during the work on more than 3000 samples in this project.

All of our work, from the beginning through the end, was financially supported (Project nos. 12155 and 41738) by the Research Fund (BAP) of Istanbul University. I am indebted to the Research Fund for this great support. One of the most important stages is to present the readers with a published work in high quality. Therefore, I would like to thank Mr. Ahmet Boratav, the owner of Ege Yayınları, Miss Hülya Tokmak, the graphic designer, Dr. İnci Türkoğlu, the translator into English, and Seçil Kocabaş for the Turkish copy-editing. Further thanks are due to Sevda Göncü and Uğurgül Tunç for re-checking some parts of the English version.

I hope that this book encompassing the genera/species of the old ships of Yenikapı, periodical changes in wood use and the features of the woods, will be useful to all interested.

Prof. Dr. Ünal AKKEMİK

June 2015

Önsöz

İnsanlık tarihine ışık tutan arkeoloji araştırmalarının ülkemizde yeni bir boyut kazandığı Yenikapı kazılarında, bir yandan İstanbul'un tarihi 8.500 yıl öncesine taşınırken, diğer yandan da dünyanın en geniş antik gemi buluntu topluluğu gün yüzüne çıkarılmıştır. Yaklaşık 58.000 m^{2}lik bir alanda yapılan kazılar, başta İstanbul Üniversitesi olmak üzere, yurt içi ve yurt dışındaki birçok üniversitenin farklı bilim dallarının bir araya gelmesini ve farklı bilim dalları arasında bir sinerjinin yaratılmasını sağlamıştır. Bu kitabın ana içeriğini oluşturan gemilerdeki ahşap teşhislerine ilişkin yaptığımız çalışmalar da bu bağlamda, önemli bir boşluğun doldurulmasına, gemi yapım tekniği ve dönemin denizciliği hakkındaki bilgilere ulaşma anlamında bir temel oluşturmuştur.

Batık gemilerin ahşaplarında olduğu gibi farklı ortamlardan alınan ahşap materyallerin teşhisi ile ilgilenen bilim dalı ksiloloji (odun bilimi) olup, ülkemizde bu alanda önemli çalışmalar yapılmıştır. Bu alanla ilgili olarak 1992'den günümüze kadar güncel materyal ve arkeolojik kazılardan elde edilen çok sayıda örnek üzerinde inceleme yaparak birçok tarihi yapıda kullanılan ahşaplarla çeşitli arkeolojik kazılardan elde edilen odun ya da kömürleşmiş materyaller üzerinde teşhisler gerçekleştirdik. Bu alanda yetişmemi sağlayan ve gemilerdeki ahşap teşhisleriyle ilgili çalışmama olanak sağlayan teşekkür borçlu olduğum çok değerli bilim insanları bulunmaktadır. Özellikle 1992-1997 yılları arasında, bu konuda yetişmemi sağlayan, kendisine gelen her örneği, ayrıca bana da teşhis ettirerek, her birisinde bir sınav sorusu çözer gibi heyecan duyarak çalışmaya yönlendiren ve bu kitabı ithaf etmekten büyük onur duyduğum çok değerli hocam Prof. Dr. Burhan Aytuğ'a sonsuz şükranlarımı sunarım.

"Yenikapı'nın eski gemilerinin ahşap teşhislerini yapar mısın?" diye sorduğunda büyük bir heyecanla kabul ettiğim ve böylece bu çalışmaya başlamamı sağlayan, 8 gemiye ait teşhisler yurt dışında sürdürülmesine rağmen, İstanbul Üniversitesi ekibi tarafından kazısı yapılan 27 batığın ahşap analizlerinin de Üniversitemiz bünyesinde yürütülmesinde büyük katkısı olan değerli hocam Prof. Dr. Melih Boydak ve Prof. Dr. Sait Başaran'a sonsuz teşekkürlerimi sunarım. Analizlerin gerçekleştirilmesi konusunda verdikleri izin ve desteklerinden dolayı başta İstanbul Arkeoloji Müzeleri Müdürü Zeynep Kızıltan olmak üzere tüm yetkililerine şükranlarımı sunarım. Akademik yaşamımda en fazla şevk alarak ve heyecan duyarak yaptığım bu çalışmaların tüm aşamalarında ve tüm sonuçların bu kitapta toplanması sürecinde çok büyük destekleri olan ve içten bir dostlukla çalışma fırsatı bulduğum, ortak çalışma yapmaktan büyük onur duyduğum, proje liderliğine Prof. Dr. Sait Başaran'dan sonra devam eden ve Yenikapı ile ilgili önemli başarılara imza atan Doç. Dr. Ufuk Kocabaş'a, örneklerin alınmasında ve laboratuvar çalışmalarında yardımcı olan Restoratör Tuğçe Özmat'a, ahşap teşhislerinin batık planlarına işlenmesindeki katkılarından dolayı Arkeolog Mehmet Sağır'a ve Yenikapı kazılarında görev yapan diğer tüm arkeologlar ile laboratuvar çalışmalarımda yardımcı olan öğrencim Emine Gümüş'e teşekkürlerimi sunarım.

Ayrıca, bu aşamaya gelene kadar 3.000'den fazla örnek üzerinde analizler yaparak yoğun bir zaman ayırdığım çalışmalar sırasında büyük bir özveri ve sabırla destek olan başta sevgili eşim Zeynep Akkemik olmak üzere tüm aileme de sonsuz teşekkürlerimi sunarım.

Çalışmaların başlamasından son aşamaya gelmesi, İÜ Bilimsel Araştırma Projeleri Yürütücü Sekreterliğinin (BAP) 12155 ve 41738 no'lu proje destekleriyle gerçekleşmiştir. Bu büyük desteklerinden dolayı BAP'a içtenlikle teşekkür ederim. Yapılan çalışmaların siz değerli okuyuculara kaliteli bir şekilde sunulması en az çalışmaların kendileri kadar önemlidir. Bu bağlamda büyük bir titizlikle çalışan Ege Yayınları'na, başta Ahmet Boratav olmak üzere, tasarım ve uygulama aşamasında Hülya Tokmak, İngilizce çevirileri gerçekleştiren Dr. İnci Türkoğlu ve Türkçe metindeki düzeltileri yapan Seçil Kocabaş'a teşekkürlerimi sunarım. Ayrıca kitabın İngilizce bölümlerinin tekrar gözden geçirilmesinde yardımcı olan Sevda Göncü ve Uğurgül Tunç'a teşekkür ederim.

Yenikapı'nın eski gemilerinde kullanılan ahşapların cins/türleri, dönemsel değişimleri ve ahşabın özellikleri gibi konuları içeren bu kitabın tüm ilgililere yararlı olması dilerim.

Prof. Dr. Ünal AKKEMİK

Haziran 2015

I

Introduction

Giriş

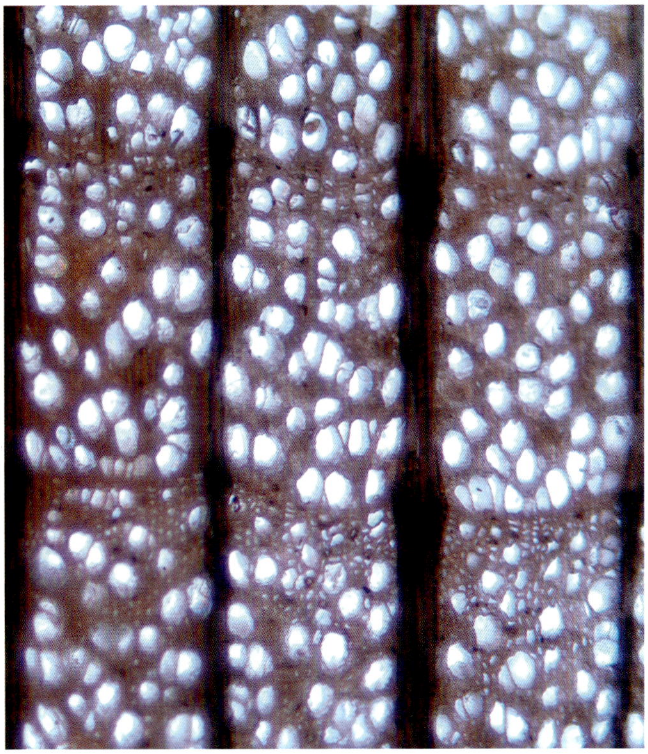

The archaeological excavations conducted at Yenikapı on the occasion of Marmaray and Metro Projects have brought to light invaluable and unique archaeological finds (Fig. 1.1). Archaeological excavations not only extended 8000 years back the history of Istanbul, which is located on the crossroads of the waterway connecting the Mediterranean and the Black Sea and the land route connecting Europe and Asia, on one side, but also brought to daylight thirty-seven shipwrecks from various periods. The number of the shipwrecks excavated is unusually high, which makes the site even more interesting.

The excavations at Yenikapı covered an area of 58.000 sq. m and focused at four zones, which further developed into the biggest and most comprehensive archaeological digs of Istanbul's history uncovering the Vlanga vegetable gardens of the Ottoman period and the underlying Theodosian Harbour of the Byzantine

Marmaray ve Metro Projeleri kapsamında Yenikapı'da (Res. 1.1) yapılan arkeolojik kazılar, eşine az rastlanır türden arkeolojik bulguların ortaya çıkmasını sağlamıştır. Bu kazılarla, bir yandan Akdeniz-Karadeniz arasında yer alan suyolu ile Asya-Avrupa arasındaki karayolunun keşişme noktasında yer alan İstanbul'un tarihinin 8 bin yıl geriye kadar gittiği ortaya konurken diğer yandan da değişik dönemlere ait toplam 37 batığın bulunmasına yol açmıştır. Bu sayı oldukça fazla olup ender rastlanan bir bulgudur.

Yenikapı'da 58 bin metrekare alanda, dört ayrı bölgede gelişen ve İstanbul tarihinin en geniş ve en kapsamlı arkeolojik kazılarına dönüşen çalışmalar sırasında, yüzlerce yıl İstanbul'un sebze ve meyve bahçeleri olarak bilinen ve Osmanlı Dönemi'nde "Vlanga" olarak adlandırılan alanda, Bizans Dönemi'nin en büyük limanı olan Theodosius Limanı gün ışığına çıkarılmıştır.

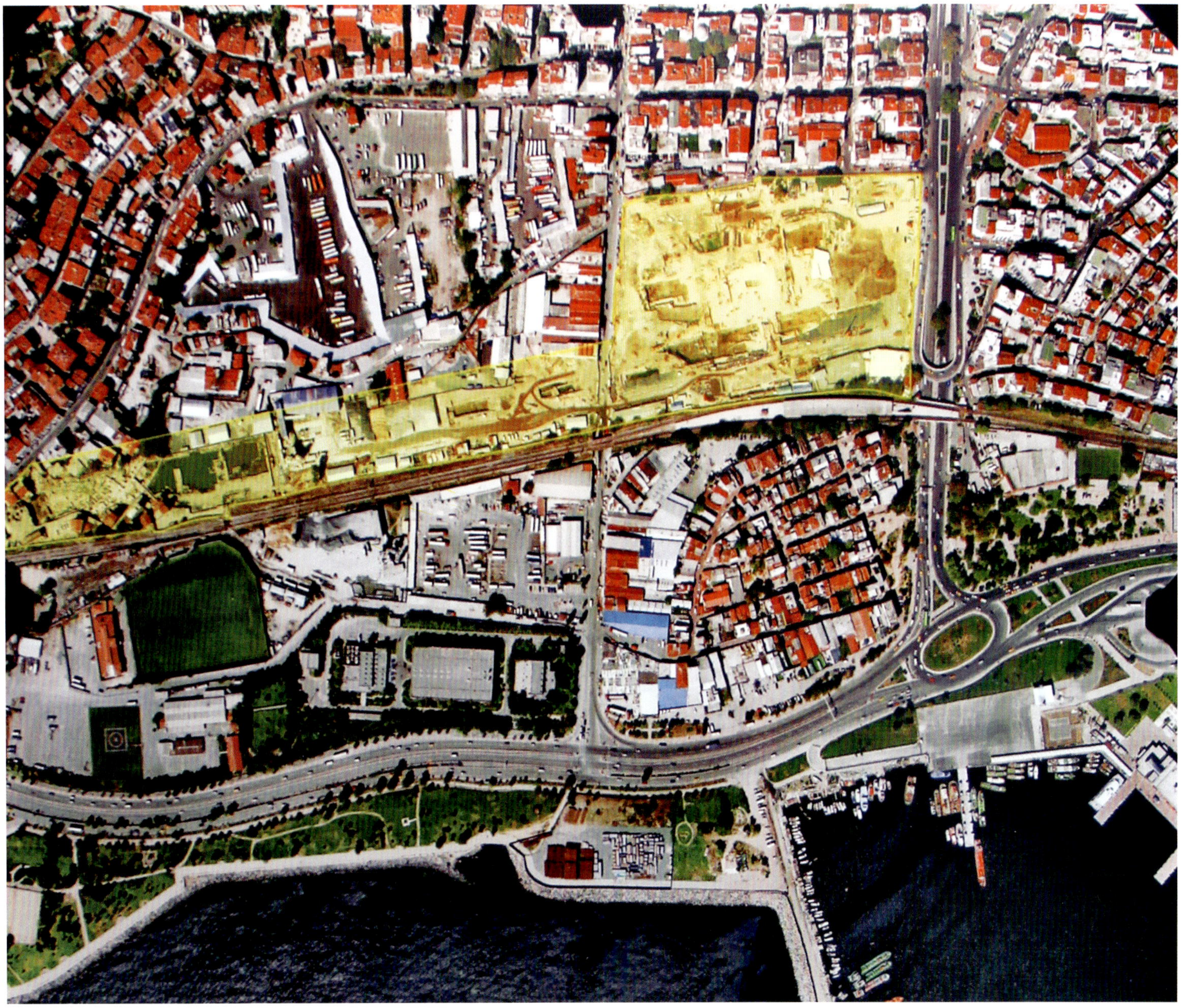

Fig. / Res. 1.1
Aerial view of the excavation site at Yenikapı – Istanbul (Başaran, 2008)
İstanbul-Yenikapı'da kazı yapılan alanın hava fotoğrafı (Başaran, 2008)

period. The harbour was known from rom ancient sources and maps but its location, layout, and dimensions were thus identified clearly in the area no. 1 between the north-south streets of Namık Kemal and Mustafa Kemal and bounded with the railway on the south (Kızıltan, 2008).

Theodosian Harbour, where the concerned shipwrecks have been uncovered, was one of the best-protected commercial harbours of Constantinopolis. The ships were buried in the silt brought by the Lycos River, and thus have retained their original forms (Başaran, 2008). After excavating the first ship in 2005, the number of the ships excavated and documented reached thirty-seven. Kocabaş (2008) stated, "For us, these ships constitute the real treasure of Byzantium, buried under the water, the legendary Byzantine treasure. Invaluable information is hidden in these shipwrecks that will shed light unto the marine vessels and shipbuilding techniques of their times and also unto the port city function of Costantinopolis, the capital city of the Byzantine Maritime Empire". Thus, studies were started to

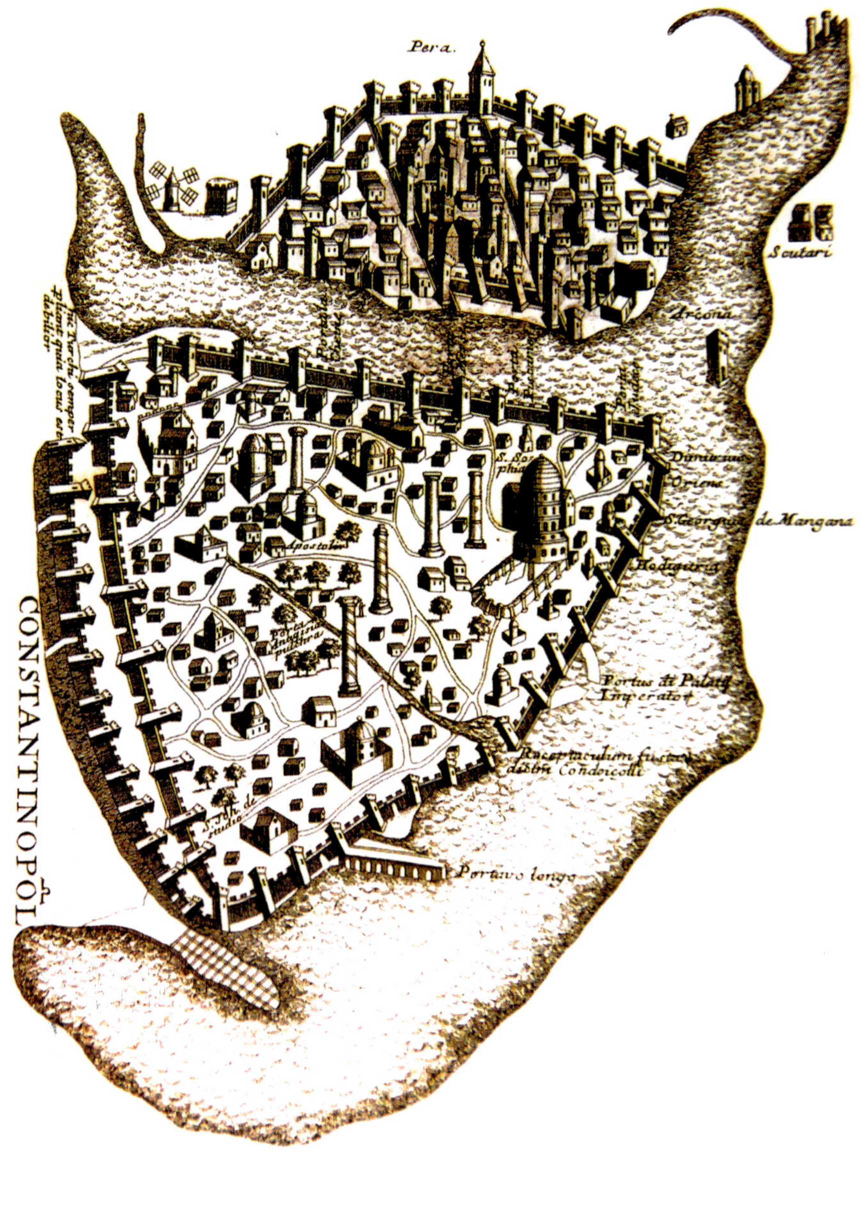

Map / Har. 1.1

Map of Istanbul (from the atlas by Hartman Schedel (1440-1514); from Katırcıoğlu 2000 via Başaran 2008)

İstanbul Haritası (Hartman Schedel (1440-1514) tarafından hazırlanan atlasta yer almaktadır) (Katırcıoğlu, 2000'e atfen Başaran, 2008)

1. Bölge olarak adlandırılan ve Namık Kemal Caddesi ile bu caddenin doğusunda bulunan, Mustafa Kemal Caddesi arasında kalan ve güneyde tren yoluyla sınırlanan kazı alanında tespit edilen limanın yeri, yazılı kaynaklar ile eski haritalardan bilinmekteydi. Ancak Bizans ekonomisinde önemli bir yere sahip olan bu limanın, planı, büyüklüğü ve gerçek konumu kesin olarak bilinmiyordu (Kızıltan, 2008).

Batık gemilerin ortaya çıkarıldığı liman, Konstantinopolis'in oldukça iyi korunaklı ticaret limanlarından biri olan bu Theodosius Limanı'dır. Gemiler, Lykos Deresi'nin yığdığı mil içinde gömülü vaziyette bulundukları için kısmen özgün biçimlerini korumuş durumlarıyla günümüze kadar ulaşmıştır (Başaran, 2008). 2005 yılında ilk gemi bulunduktan sonraki süreçte devam eden çalışmalarla gün ışığına çıkarılarak belgelenen gemi sayısı 37'ye ulaşmış durumdadır. Kocabaş (2008), gün ışığına çıkarılan gemilerle ilgili olarak "Günümüze değin kulaktan kulağa bir şehir efsanesi gibi ulaşan, Bizans'ın sular altındaki gerçek hazinesiydi bu gemiler. Bizans Deniz İmparatorluğu'nun başkenti Konstantinopolis'in bir liman kenti olarak işlevine, bu dönemde kullanılan deniz taşıtları ile yapım tekniklerine ışık tutacak çok değerli bilgiler bu batıklarda gizliydi" demektedir. Bunun üzerine, gemilerin gün ışığına çıkarılması ile ilgili önemli çalışmalar başlatılmıştır (Kocabaş ve Özsait-Kocabaş, 2007; Özsait-Kocabaş, 2008).

Yenikapı Theodosius Limanı'ndan çıkarılan batıkların tamamı Bizans Dönemi'ne ait olup 6.-11. yüzyıllar arasına tarihlenmektedir. Theodosius Limanı, I. Theodosius (379-395) tarafından, zamanında kıyıya hayli derin bir girinti yapan koyda inşa ettirilmiştir. Bu limana da Lykos deresi akıyordu. Bu koy, Bizans dönemi öncesinde de gemiler için bir sığınak olarak kullanılmaktaydı (Harita 1.1). İstanbul'un, yeni imparatorluğun başkenti olmasıyla birlikte ticaret hacmi artmış ve mevcut limanlar yetmemeye başlamıştı. Bunun üzerine Theodosius Limanı da genişletilmiştir (Başaran, 2008).

Theodosius Limanı, 7. yüzyıl ortalarına doğru Mısır'dan tahıl sevkiyatının sona ermesiyle işlevini önemli ölçüde yitirmiş olmasına karşın, liman olarak kullanılmaya devam edildiği, kazılarda ortaya çıkan ve 7.-11. yüzyıllar arasına tarihlenen gemi kalıntılarından anlaşılmaktadır. Liman, Lykos Deresi'nin sürekli mil taşıyarak önünü doldurması neticesinde 12. yüzyıldan sonra terk edilmiştir (Başaran, 2008).

Dünyanın en önemli arkeolojik alanlarından biri olan Yenikapı kazıları ile ilgili çok yönlü çalışmalar başlatılmış, alan, sanat tarihinden botanik alanına kadar değişik bilim dallarının çalışmalar yürüttüğü önemli bir laboratuvar haline gelmiştir. Arkeolojik çalışmaların yanı sıra, batıkların ahşap cins/tür analizlerini gerçekleştiren ksilolojik (odun teşhisi ile ilgili) çalışmalar yapılmıştır. Ayrıca, kazı alanındaki iskelelerin hangi uncover the ships (Kocabaş and Özsait, 2007; Özsait-Kocabaş, 2008).

All of the shipwrecks brought to daylight belong to the Byzantine period and are dated to the sixth-eleventh centuries. Theodosian Harbour was built by Theodosius I (r. 379-395) in the rather sheltered cove, where the Lycos River met the Marmara Sea. This inlet was used as a shelter for the ships even before the Byzantine period (Map 1.1). After becoming the capital city of the Roman Empire, the trade volume increased and the available ports became insufficient. Therefore, Theodosian harbour was enlarged (Başaran, 2008).

Theodosian Harbour lost its function to a great extent when cereal importation from Egypt ceased towards the mid-seventh century; however, unearthed shipwrecks from the seventh to the eleventh centuries indicate that the harbour remained in use until the eleventh century. The harbour was abandoned completely in the twelfth century due to silting by the Lycos River (Başaran, 2008).

Yenikapı became one of the most important archaeological sites of the world and thus, a wide range of studies from art history to botany have been conducted transforming the site to a laboratory. In addition to the archaeological studies, wood identification (xylological) studies were performed on the remains. Furthermore, dendrochronological studies were conducted to date the construction of the docks; geo-archaeological studies were conducted to find the effects of natural disasters; zoological studies were performed on the animal skeletal remains uncovered; and archaeo-botanical studies aimed at identifying the seeds in order to explore the agro-economic activities of the time.

The first nine ships were studied by INA whereas the remaining twenty-seven ships by Istanbul University. Detailed information, -mosaic images, and overall features of these twenty-seven ships have been published by Kocabaş (2015). The first wood identification studies on the Yenikapı ships were performed by Pulak (2007) and Liphschitz and Pulak (2008). In their study the woods of two ships were identified, namely Yenikapı 1 (YK1) of the eleventh century and Yenikapı 2 (YK2), which had not been fully uncovered at the time of publication. For YK1 a total of 94 wood samples were taken and analysed: 4 samples were Calabrian, or Turkish pine (*Pinus brutia*), 8 were black pine (*Pinus nigra*), 73 were Turkey oak (*Quercus cerris*), 1 field elm (*Ulmus campestris*), 6 oriental plane (*Platanus orientalis*) ve 2 poplar (*Populus nigra/P.alba*). Within these identifications, especially Turkey oak and field elm were given at species level although for these trees identification in species level is extremely difficult, even mostly impossible. Schweingruber (1990) states that the identification of three elm species (*Ulmus minor*, *Ulmus glabra*, *Ulmus laevis*), native in Europe and Turkey, is extremely difficult for their woods are extremely alike. Simi-

dönemlere ait olduğunu ortaya koyan dendrokronolojik incelemeler, jeolojik kesitlerdeki doğal afetleri inceleyen jeoarkeolojik analizler, hayvan iskelet kalıntılarını inceleyen çalışmalar ve tarımsal ekonomi ile ilgili arkeobotanik araştırmalarla önemli sonuçlar ortaya çıkarılmıştır.

Yenikapı kazılarından çıkarılan 37 geminin 27'si İstanbul Üniversitesi ekibi tarafından yerinden kaldırılmıştır. Bu 27 gemiye ilişkin detaylı bilgiler, mozaik resimleri ve genel özellikleri Kocabaş (2015) tarafından yayımlanmıştır. Yenikapı gemileriyle ilgili ilk cins/tür teşhis çalışmaları Pulak (2007) ve Liphschitz ve Pulak (2008) tarafından gerçekleştirilmiştir. Bu çalışmada 11. yüzyıla ait Yenikapı 1 (YK1) no.lu gemi ile o tarihte henüz daha tam olarak çıkarılmadığı belirtilen ve bazı parçaları alınan Yenikapı 2 (YK2) no.lu geminin ağaçlarının teşhisleri yapılmıştır. YK1 no.lu gemiyle ilgili olarak toplam 94 örnek üzerinde çalışılmış; 4 kızılçam (*Pinus brutia*), 8 karaçam (*Pinus nigra*), 73 saçlı meşe (*Quercus cerris*), 1 ova karaağacı (*Ulmus campestris*), 6 doğu çınarı (*Platanus orientalis*) ve 2 kavak (*Populus nigra/P.alba*) teşhis edilmiştir. Bunlar içerisinde özellikle saçlı meşe ve ova karaağacı teşhislerinde, tür düzeyine inmek oldukça güçtür. Schweingruber (1990), Avrupa ve ülkemizde doğal yetişen üç karaağaç (*Ulmus*) türünün (*Ulmus minor*, *Ulmus glabra*, *Ulmus laevis*) odunlarının çok benzer ve tür düzeyinde ayrılmasının son derece güç olduğunu belirtmektedir. Aynı şekilde meşe (*Quercus*) cinsi odunlar da, güvenilir teşhisler için en çok üç grup (akmeşeler, kırmızı meşeler ve herdemyeşil meşeler) halinde teşhis edilmektedirler (Schweingruber, 1990; Akkemik ve Yaman, 2012). N. Liphschitz tarafından yapılan teşhislerde verilen Türk meşesi, saçlı meşe (*Quercus cerris*), ülkemizde en yaygın bulunan ve geniş ormanlar kuran bir kırmızı meşe grubu ağacıdır. Ova karaağacı (*Ulmus campestris*) deniz kenarından yaklaşık 1.000 m'lere kadar, insanların kolaylıkla ulaştıkları yükselti basamağında yaygın olarak bulunan bir karaağaç türüdür. Liphschitz ve Pulak (2008) tarafından YK2 no.lu gemiden alınan üç örneğin teşhisi de 1 karaçam, 1 Akdeniz servisi (*Cupresus sempervirens*) ve 1 doğu çınarı olarak verilmiştir. Diğer yandan Akkemik (2008) tarafından Yenikapı 12 no.lu geminin teşhisleri yapılmış, meşe ve kestane (*Castanea sativa*) ağaçlarının gemide en çok kullanılan ağaçlar olduğu belirlenmiştir.

İstanbul Üniversitesi bünyesinde yürütülen ve bu kitaba dâhil olan gemilerle ilgili olarak son yıllarda iki makale yayımlanmıştır. İlkinde (Akkemik ve Kocabaş, 2013) kadırgaların, ikincisinde de (Akkemik ve Kocabaş, 2014) ticaret gemilerinin ahşapları yayımlanmıştır. Bu çalışmalarda gemilerin hangi ağaçlardan yapıldığı ve kullanımına ilişkin bilgilere yer verilmiştir. Kitap kapsamında bu bilgiler çok daha detaylı bir şekilde sunulmuştur. Diğer yandan, Pulak ve diğ. (2015), 2'si kadırga (kadırga-çektiri) ve 6'sı da ticaret gemisi olmak üzere toplam 8 gemiye ilişkin şu

larly, oak species cannot be anatomically identified at the species level. Oak can only be identified at the group level as white oaks, red oaks, and evergreen oaks (Schweingruber, 1990; Akkemik and Yaman, 2012). Turkey oak (*Quercus cerris*) identified by N. Liphschitz is one of the five species of the group red oaks and has a very wide distribution area in Turkey, forming forests. Field elm grows from the sea level up to 1000 m, and near to villages, cities and agricultural areas, i.e. easily accessible by mankind. The three samples taken from YK 2 were given as 1 black pine, 1 Mediterranean cypress (*Cupresus sempervirens*) and 1 oriental plane by Liphschitz and Pulak (2008). On the other hand, the woods of YK12 identified by Akkemik (2008) are the species of chestnut (*Castanea sativa*) and oak as being the primary materials used for the ship.

Two articles have been published recently on the ships studied by Istanbul University and which are included in the present volume. The first article covered the woods of the galleys (Akkemik and Kocabaş, 2013) and the second covered the woods of the merchantmen (Akkemik and Kocabaş, 2014). Both articles presented the wood types and areas of use; however, the present volume is much more detailed in content. On the other hand, Pulak et al (2015) have published an article covering eight ships, two of which are galleys/warships and six are merchantmen. According to their published results wood types identified can be summarised as follows: Merchantmen YK11: *Ulmus campestris*, *Cupressus sempervirens*, *Pinus brutia*, *Quercus cerris*; YK23, YK24, YK14 and YK5: *Quercus cerris*; YK1: *Quercus cerris*, *Pinus brutia*, *Pinus nigra*. Galleys YK2 and YK4: *Cupressus sempervirens*, *Platanus orientalis* and *Fagus orientalis*.

Dendrochronological studies conducted by Kuniholm (2010) revealed that the docks at Yenikapı excavation area were used from the fourth century until the eleventh century.

According to the geo-archaeological studies (Perinçek, 2008), the huge earthquake of AD 557 and the ensuing tsunami caused the formation of Unit 4; however, this hypothesis is still under discussion. The same study and Algan et al. (2008) also proposes that the reason for the sinking of twenty-five ships from the tenth-eleventh centuries was a very strong storm affecting the Istanbul littoral.

In the studies conducted by Onar et al. (2008) uncovered animal skeletons were identified as cow, sheep, goat, pig, poultry, and deer. It was also stated that these animals were consumed by people then back. In the same study, odd-toed ungulates such as horse and donkey were identified and it was seen that these animals served to carry loads based on the pathological deformations in their legs and vertebrae.

With the archaeo-botanical studies carried out in the excavation area (Oybak-Dönmez, 2008), many different seeds belonging to figs, cornelian cherry, melon, olives,

sonuçlara ulaşmışlardır: Ticaret gemileri olan YK11: *Ulmus campestris*, *Cupressus sempervirens*, *Pinus brutia*, *Quercus cerris*; YK23, YK24, YK14 ve YK5: *Quercus cerris*; YK1: *Quercus cerris*, *Pinus brutia*, *Pinus nigra* ağaçlarından yapılmıştır. Kadırga olan YK2 ve YK4: *Cupressus sempervirens*, *Platanus orientalis* ve *Fagus orientalis* ağaçlarından yapılmıştır.

Kuniholm (2010) tarafından yapılan dendrokronolojik çalışmalar, Yenikapı kazı alanındaki iskelelerin 4. yüzyıldan 11. yüzyıla kadar geniş bir zaman dilimine ait olduğunu ortaya koymuştur.

Jeoarkeolojik çalışmalara göre (Perinçek, 2008) alanda MS 557 yılında meydana gelen deprem ve sonrasında oluşan tsunaminin 4. birim olarak adlandırılan birimin oluşmasına neden olduğu belirtilmekte olup bu konu halen tartışmalıdır. Aynı çalışmada ve Algan vd. (2008) 10.-11. yüzyıllara ait olan 25 dolayındaki geminin batma nedeninin İstanbul kıyılarını etkileyen çok güçlü bir fırtınanın olduğu belirtilmiştir.

Onar ve diğ. (2008) tarafından yapılan çalışmalarla, kazı alanından çıkarılan hayvan iskeletlerinin özellikle sığır, koyun, keçi, domuz, kanatlı ve geyik türleri olduğu saptanmış olup, bunların yiyecek olarak tüketildiği belirtilmiştir. Aynı çalışmada; at, eşek gibi tek tırnaklı hayvan iskeletlerinin özellikle omurga ve bacaklarında gözlemlenen patolojik deformasyonlara dayanarak yük taşımada kullanıldıkları sonucuna varılmıştır.

Alanda yapılan arkeobotanik araştırmalar sonucu (Oybak-Dönmez 2008), kazı alanında incir, kızılcık, kavun, zeytin, vişne-kiraz, erik, üzüm, fıstıkçamı ve yabani bitkilere ait bol sayıda tohum bulunmuştur. Bulunan tohumların sayısının ve çeşitliliğinin, bu limanda önemli bir tarımsal ticaretin olduğuna işaret etmektedir.

Kazı alanında bulunan tohumların yanı sıra, özeliklerini bozulmadan korumuş olan fıstıkçamı kozalaklarının bulunması botanik açısından ilginç bir bulgudur. Fıstık çamlarının kozalaklarından ziyade tohumları ticarette kullanılmaktadır. İstanbul'da fıstık çamlarının doğal olarak bulunmadığı, 18.-19. yüzyıllarda İstanbul Boğazı'nın her iki yanında yer alan koru ve bahçelere getirilerek yetiştirildiği belirtilmektedir (Yaltırık, 1988). Bu kozalak bulguları, çamfıstığı ticaretinin büyük oranda kozalak halinde yapıldığını ortaya koyabilir. Diğer yandan, iklimsel açıdan fıstıkçamlarının doğal yetişme potansiyeline sahip olan İstanbul sahillerinde, bu türün doğal yetiştiği ve belki de şehirleşmeyle birlikte ya da başka nedenlerle yok olduğu sonucuna ulaşılabilir. Kazı alanında yapılacak detaylı çalışmalar, fıstık çamlarının doğal olup olmadığı konusuna ışık tutabilecektir.

Ayrıca Köse (2013), Köse ve Taylor (2013) ve Wada vd. (2013) tarafından gemilerin bozulma durumları incelenmiştir.

cherries, plums, grapes, pine nuts, as well as wild plants were identified. The abundance and diversity of the seeds obtained from the site indicated that agricultural produce was one of the most important trades handled here.

Besides seeds, well-preserved pine nut cones uncovered constitute an interesting botanical phenomenon because not the cones but the nuts were normally traded. It is known that stone pines are not native to Istanbul and that they were brought in and planted in the woods and gardens on both flanks of the Bosporus in the eighteenth-nineteenth centuries (Yaltırık, 1988). These finds, however, may indicate that the pine nut trade was conducted as cones to a great extent. On the other hand, it may also lead to a conclusion that this species actually was native here for the climate is very favourable and that it disappeared due to urbanisation or other reasons. Detailed studies in the excavation area will cast more light on the native character of stone pines.

Furthermore, decomposition of the woods in the ships were studies by Köse (2013), Köse ve Taylor (2013) and Wada et al. (2013).

This book presents the wood identifications of twenty-seven ships, which were brought to light and recorded by Istanbul University's Faculty of Letters, Department of Conservation and Restoration of Underwater Cultural Artefacts. In this context;

1. Identification of all woods used in all members of these ships,
2. Periodical changes in wood use,
3. If the ships were repaired or not,
4. Possible origins of the ships' construction

were studied with the permission of Istanbul Archaeology Museums Directorate and financial support of Research Fund of Istanbul University (Project nr: 12155 and 41738). The results are hereby presented to the academia. First methods are presented, then identification of the woods, characteristics, periodical changes, repair conditions, and possible origins are discussed.

Bu kitap; İstanbul Üniversitesi Edebiyat Fakültesi Taşınabilir Kültür Varlıklarını Koruma ve Onarım Bölümü, Sualtı Kültür Kalıntılarını Koruma Anabilim Dalı tarafından çalışılan ve kayıt altına alınan 27 geminin ahşaplarının cins/tür teşhislerini içermektedir. Bu bağlamda, İstanbul Arkeoloji Müzeleri Müdürlüğünün izniyle ve İ.Ü. Bilimsel Araştırma Projeleri Koordinasyon Birimi tarafından desteklenen proje (Proje No: 12155 ve 41738) ile:

1. Gemilerin tüm parçalarının hangi ağaç cins/türlerinden yapıldığı
2. Dönemlere göre ağaç kullanımında ne gibi değişiklikler olduğu
3. Gemilerin onarım geçirip geçirmediği
4. Gemilerin hangi bölgelerde yapılmış olabileceği

ortaya konmuş ve kitap kapsamında bu bilgiler sunulmuştur. Önce yöntemler, devamında ahşapların teşhisi, özellikleri, dönemsel değişimler, gemilerin onarım durumları ve olası orijinleri tartışılmıştır.

II

Genus/Species Identification Methods of the Woods

Ahşapların Cins/Tür Tespit Yöntemleri

1. Sample taking

Wood samples taken from archaeological excavations, ancient buildings or ships provide us with important clues regarding the use of wood, construction techniques, and dating.

The aim of the study is of importance for sample taking. For instance, if the aim is dating then round-shaped samples of about 3-4 cm in thickness from the tips of trees need to be taken. These samples need to contain rings of minimum 50 years (Fig. 2.1).

If the aim is identification of wood, the size of the ideal samples should be around 1 cc. Smaller samples may not be suitable for identification (Fig. 2.2).

Coding the samples taken is very important. All the samples taken from Yenikapı wrecks were coded based on ship number and the ship member under the project conducted by Assoc. Prof. Dr. Ufuk Kocabaş of Istanbul University's Faculty of Letters. Thus, each sample has its own unique tagging.

The wood samples were taken from twenty-seven out of thirty-seven ships excavated by Istanbul University at Yenikapı for wood identification analyses at the level of genus or species (Figs. 2.3 and 2.4). One of the remaining ten wrecks will be studied by Istanbul Archaeological Museums, and the nine are studied by Cemal Pulak (Texas A&M University) and his team. Here the codes of twenty-seven ships sampled, their kinds, and their approximate ages based on the geological layers are given in Table 2.1, and the numbers of the samples taken from each and their kinds are given in Table 2.2. The number of samples taken from each ship varies depending on their dimensions; thus, the galleys YK13, YK16, and YK25 and one big merchantman YK35 have higher number of samples analysed as compared to the others.

The samples were generally taken from the keel, frame system, futtocks, ceiling, and planking of port- and starboard sides, garboards, and treenails. These ship members were found on almost all the ships. Furthermore, some different parts given in Table 2.2 were found in some ships including mast step, and wales.

Some of the uncovered wrecks were scattered; thus, their frames and planking were not whole like the others. Therefore, their samples were categorised only as planking and frame and tagged "planking of unknown location (YBO-K)" or "frame of unknown location (YBO-E)".

1. Örneklerin Alınması

Arkeolojik kazılar, eski yapılar ya da gemiler gibi birbirinden farklı ortam ve eserlerden alınan odun örnekleri, değişik dönemlerdeki ahşap kullanımı, yapım tekniği ve tarihlendirme açısından önemli bilgiler sunmaktadır.

Böyle ortamlardan örnek alınmasında, çalışmanın amacı büyük önem taşımaktadır. Amaç eğer tarih belirleme ise ağaçların uç kalın kısmından yaklaşık 3-4 cm kalınlığında tekerlek şeklinde örnek alınması gereklidir. Bu örneklerin de en azından 50 yıllık halka (yaş halkası ya da ağaç halkası) olmasına dikkat edilmelidir (Res. 2.1).

Kullanılan ahşabın cins/tür teşhisi amaçlandığında, her ne kadar küçük boyutlu örnekler yeterli olsa da yaklaşık 1 cm^3 boyutlarındaki örnekler teşhis için ideal örneklerdir (Res. 2.2).

Alınan örneklerin dikkatli bir şekilde kodlanması ise büyük önem taşımaktadır. Yenikapı batıklarından alınan tüm örnekler, İstanbul Üniversitesi Edebiyat Fakültesi Taşınabilir Kültür Varlıklarını Koruma ve Onarım Bölümü, Sualtı Kültür Kalıntılarını Koruma Anabilim Dalı Öğretim Üyesi Doç. Dr. Ufuk Kocabaş tarafından yürütülen proje kapsamında, gemi numarası ve gemide kullanıldığı yer belirtilerek kodlanmış ve böylece her parça için bir örnek numarası verilmiştir.

Yenikapı kazılarında toplam 37 gemi bulunmuştur. Bu gemilerden 27 tanesi, İstanbul Üniversitesi tarafından çıkarılmıştır (Res. 2.3; Res. 2.4) ve bunlara ilişkin ahşap cins/tür teşhisleri için örnekler alınmıştır. Kalan 10 gemiden 2'si İstanbul Arkeoloji Müzeleri Müdürlüğü tarafından çıkarılmıştır. 8 gemiye ilişkin örnekler ise Doç. Dr. Cemal Pulak (Texas A&M Universitesi) ve

Fig. / Res. 2.1
Sample taken for dendrochronological dating
Tarih belirleme (dendrokronolojik tarihlendirme) amacıyla alınmış uygun bir örnek

Fig. / Res. 2.2.
Ideal samples taken from YK22 (upper) and YK34 (lower)
Metro YK22 (üst) ve Metro YK34 no.lu (alt) gemilerden alınmış ideal örnekler

Fig. / Res. 2.3.
Lifting of the wrecks
Gemilerin çıkarılması

Fig. / Res. 2.4.
Lifting of the wrecks
Gemilerin çıkarılması

ekibi tarafından alınmıştır. Kitap kapsamında; örnek alınan bu 27 geminin kodları, türleri ve yaklaşık yaşları Tablo 2.1'de, örnek sayıları ve türleri de Tablo 2.2'de verilmiştir. Boyutları diğerlerine göre daha büyük olan kadırga türü gemilerde (YK13, YK16, YK25) ve büyük boyutlu bazı ticaret gemilerinde (YK35 gibi) örnek sayıları diğer gemilere oranla daha fazladır.

Örnekler genel olarak omurga, eğri sistemi, posta, iskele ve sancak kaplamalar, iç kaplama ve ahşap çivilerdir. Bu örnekler hemen hemen tüm gemilerde mevcuttur. Buna ek olarak gemilerin türlerine göre değişik kısımlara ait parçalar da ortaya çıkarılmıştır. Bazı gemilerde yelken yatağı, bazılarında farş ve bazılarında da çapa tahtası gibi kısımlar da bulunmuştur.

Gemilerden bazıları dağınık durumda bulunmuş olup kaplama ve eğri örnekleri diğer gemilerde olduğu gibi bütün halde değildir. Bu gemilerin örnekleri kaplama ve eğri örnekleri olarak sınıflandırılmış, fakat yerleri belli olmadığı için örnekler, "Yeri belli olmayan kaplama (YBO-K)" ve "Yeri belli olmayan eğri (YBO-E)" olarak kodlanmıştır.

Table / Tablo 2.1

Some informations about the ships / *Gemilerle ilgili bazı bilgiler*

NAME / ADI	DIMENSIONS / ÖLÇÜLERİ (Length and width/Uzunluk ve Genişlik)	EXCAVATOR INSTITUTE* / ÇIKARAN KURUM*	PERIOD / DÖNEMİ	REMARKS / AÇIKLAMA
YK 1	6,5 m – 4 m	INA	End of 10th century to 11th century / 10. yy sonu-11. yy başı	Merchantman / Ticaret gemisi
YK 2	14,70 m – 2,10 m	INA	End of 10th century to 11th century / 10. yy sonu-11. yy başı	Galley / Kadırga
YK 3	9,12 m – 2,28 m	IU	7th-9th centuries / 7.-9. yy	Merchantman / Ticaret gemisi
YK 4	18 m – 4 m	INA	End of 10th century to 11th century / 10. yy sonu-11. yy başı	Galley / Kadırga
YK 5	12 m – 3,5 m	INA	End of 10th century to 11th century / 10. yy sonu-11. yy başı	Merchantman / Ticaret gemisi
YK 6	6 m – 1,90 m	IU	End of 10th century to 11th century / 10. yy sonu-11. yy başı	Merchantman / Ticaret gemisi
YK 7	7m – 2 m	IU	End of 10th century to 11th century / 10. yy sonu-11. yy başı	Merchantman / Ticaret gemisi
YK 8	5 m – 1,60 m	IU	End of 10th century to 11th century / 10. yy sonu-11. yy başı	Merchantman / Ticaret gemisi.
YK 9	12 m – 2,2 m	IU	End of 10th century to 11th century / 10. yy sonu-11. yy başı	Merchantman / Ticaret gemisi
YK 10	Distributed to an area about 100 sqm. Yaklaşık 100 m²lik bir alana dağılmış	IU	8th century / 8. yy	Merchantman / Ticaret gemisi
YK 11	8,50 m – 4 m	INA	7th-8th centuries / 7.-8. yy	Merchantman / Ticaret gemisi
YK 12	7 m 2,20 m	IU	9th century / 9. yy	Merchantman /Ticaret gemisi
YK 13	21 m – 2,80 m	IU	8th-9th centuries / 8.-9. yy	Galley / Kadırga
YK 14	12 m – 2,55 m	INA	End of 10th century to 11th century / 10. yy sonu-11. yy başı	Merchantman / Ticaret gemisi
YK 15	11 m	IU	8th-9th centuries / 8.-9. yy	Merchantman / Ticaret gemisi
YK 16	25 m – 2,80 m	IU	8th century / 8. yy	Galley / Kadırga
YK 17	8,5 m – 2,40 m	IU	8th-9th centuries / 8.-9. yy	Merchantman / Ticaret gemisi
YK 18	5,53 m – 3,12 m	IU	10th-11th centuries / 10.-11. yy	Merchantman / Ticaret gemisi
YK 19	5 m – 2,5 m	IU	8th century / 8. yy	Merchantman / Ticaret gemisi
YK 20	8,80 m – 2,30 m	IU	9th-10th centuries / 9.-10. yy	Merchantman / Ticaret gemisi
YK 21	11 m – 4 m	IU	9th-10th centuries / 9.-10. yy	Merchantman / Ticaret gemisi
YK 22	Distributed to an area about 200 sqm. Yaklaşık 200 m²lik bir alana dağılmış	IU	5th-6th centuries / 5.-6. yy	Merchantman /Ticaret gemisi
YK 23	9 m – 3 m	INA	8th-9th centuries / 8.-9. yy	Merchantman /Ticaret gemisi
YK 24	5 m – 1,5 m	INA	End of 10th century to 11th century / 10. yy sonu-11. yy başı	Merchantman /Ticaret gemisi
YK 25	19 m – 1,5 m	IU	10th-11th centuries / 10.-11. yy	Galley / Kadırga
YK 26	2 m – 1,5 m	IU	5th-6th centuries / 5.-6. yy	Merchantman/Ticaret gemisi
YK 27	12 m – 2,30 m	IU	8th-9th centuries / 8.-9. yy	Merchantman /Ticaret gemisi
YK 28	Distributed to an area about 28 sqm. Yaklaşık 28 m²lik bir alana dağılmış	IU	8th-9th centuries / 8.-9. yy	Merchantman /Ticaret gemisi
YK 29	8,80 m – 6,35 m	IU	8th century / 8. yy	Merchantman /Ticaret gemisi
YK 30	Visible 1 m – 2,5 m	IU	8th-9th centuries / 8.-9. yy	Merchantman /Ticaret gemisi
YK 31	5 m – 3 m	IU	9th century / 9. yy	Merchantman /Ticaret gemisi
YK 32	Distributed to an area about 25 sqm. Yaklaşık 25 m²lik bir alana dağılmış	IU	8th-9th centuries / 8.-9. yy	Merchantman /Ticaret gemisi
YK 33	3,5 m – 2 m	Museum	End of 10th century to 11th century / 10. yy sonu-11. yy başı	Merchantman /Ticaret gemisi
YK 34	Visible 9 m – 4 m	IU	5th century / 5. yy	Merchantman /Ticaret gemisi
YK 35	15 m – 5 m	IU	5th century / 5. yy	Merchantman /Ticaret gemisi
YK 36	Distributed to an area about 50 sqm. Yaklaşık 50 m²lik bir alana dağılmış	IU	End of 10th century to 11th century / 10. yy sonu-11. yy başı	Galley / Kadırga

* The ships excavated by INA (Institut of Nautical Archaeology) are out of this book. (IU: Istanbul University)
INA (Sualtı Arkeoloji Enstitüsü) tarafından çalışılan gemiler bu kitap kapsamı dışındadır. (IU: İstanbul Üniversitesi)

Table / Tablo 2.2

Number of samples taken from each ship / *Gemilerdeki örnek sayıları*

No	Code of the ship/ Gemi kodları	Parts of the ships / Gemilerin kısımları																						Total / Toplam
		Planking/Kaplama	Ceiling/Farş	Frame /Eğri	Keel/Omurga	Garboard/Burma tahtası	Mast step/Yelken yatağı	Treenail/Ahşap çivi	Wale/Çapa tahtası	Starboard wale/Sancak çapa tahtası	Stringer/İç kuşak	Bulkhead/Livar	Wedge/ Kama	Peg / Pim Kilit	Stempost/ Başbodoslama	Portside/İskele	Starboard/Sancak	Deck beam/Kemere	Bench/Oturak	Stanchion/Dikme	Wood/Odun	Piece from unknown position/ Yeri belli olmayan parça	Unidentified piece/ Tanımlanamamış Parça	
1	YK 3	15	6	45	6	1					1													74
2	YK 6	25	-	27	5	4	1																	62
3	YK 7	22	-	14	2	2										1	1							42
4	YK 8	35	-	10	2			7																54
5	YK 9	11	-	11	2	2																		26
6	YK 10	27	-	35	-					2														64
7	YK 12	31	46	45	5		3	262	1											1				394
8	YK 13	19	-	113	2	6		30	2													4		176
9	YK 15	7	-	-	3																			10
10	YK 16	27	-	172	5	5		19	3	2												6		239
11	YK 17	13	-	26	1				2	3											1			46
12	YK 18	45	-	27	3	4		4	1															84
13	YK 19	8		12	2	5																17		44
14	YK 20	54	-	56	3	4	1	4	2	2								1						127
15	YK 21	52		25	2	2		8																89
16	YK 22	73	17	111	2				4	3													48	258
17	YK 25	15	-	73	-	2		49		4									1					144
18	YK 26	15	-	2	-																			17
19	YK 27	46	5	69	2	4				5													9	140
20	YK 28	13	-	22	-	1																	1	37
21	YK 29	48	14	36	2		1			6		3												110
22	YK 30	3	-	3	1																			7
23	YK 31	25	13	28	3	4			1	3		4										1		82
24	YK 32	22	-	26	4	1									1								4	58
25	YK 34	33	15	51	3	2		10	3	1			12	3									2	135
26	YK 35	95	254	126	7	2	7		5	20											1		11	528
27	YK 36	34	1	25	1					2												1	12	76
Total / Toplam		812	371	1190	68	51	13	393	24	53	1	7	12	3	1	1	1	1	1	1	2	29	87	3123

2. Ship members and their codes

The ship members are only the pieces, which have survived and been excavated. Some ships survived almost entirely whereas some others only in a few pieces. The parts uncovered (Table 2.3.) and the abbreviations used for them are as follows:

Table 2.3 Main parts of a wreck

AÇ	: Treenail
BDS	: Stem or sternpost
BT	: Garboard
ÇT	: Wale
D	: Floor timber
E	: Frame
E-İ	: Portside futtock of frame
E-S	: Starboard futtock of frame
F	: Ceiling
İ	: Portside
İB	: Portside garboard
İF	: Portside ceiling
İçOm	: Keelson
İÇT	: Portside wale
İçK	: Stringer
İK	: Portside planking
K	: Planking
Om	: Keel
P	: Futtock
S	: Starboard
SB	: Starboard garboard
SÇT	: Starboard wale
SF	: Starboard ceiling
SK	: Starboard planking
TP	: Unidentified piece
YBO	: From unknown position
YOm	: Bilge keel
YY	: Mast step

3. Taking thin sections

The main problem with wooden materials from archaeological context is that they are generally carbonised or decayed under the water as at Yenikapı. This causes serious difficulty in taking thin sections. As a significant number of the samples from Yenikapı are decayed, taking high quality thin sections was difficult.

In such samples, standard preparation methods cannot be used. In standard methods the following processes are followed:

- Soften the samples by boiling
- Taking thin sections using a microtome, of 30-40 µm (1 mm = 1000 µm)
- Cleaning of the thin sections with hypochlorite in order to remove impurities
- Processing with ethyl alcohol in different concentrations to balance pH
- Dyeing (usually with red safranin)

2. Gemi Parçaları ve Kodları

Gemi kısımları, çıkarılan batıklarda günümüze ulaşan parçalarla sınırlıdır. Bazı gemilerde geminin tamamına yakını çıkarılırken, bazılarında, gemilerin bir bölümü kalmıştır. Çıkarılabilen gemi kısımları (Tablo 2.3) ve bunlara ilişkin kısaltmalar aşağıda listelenmiştir.

Tablo 2.3 Bir geminin ana kısımları

AÇ	: Ahşap çivi
BDS	: Bodoslama
BT	: Burma
ÇT	: Çapa tahtası
D	: Döşek
E	: Eğri
E-İ	: Eğrinin iskele postası
E-S	: Eğrinin sancak postası
F	: Farş - İç kaplama
İ	: İskele
İB	: İskele burma
İF	: İskele farş
İçOm	: İç omurga
İÇT	: İskele çapa tahtası
İçK	: İç kuşak
İK	: İskele kaplama
K	: Kaplama tahtası
Om	: Omurga
P	: Posta
S	: Sancak
SB	: Sancak burma
SÇT	: Sancak çapa tahtası
SF	: Sancak farş
SK	: Sancak kaplama
TP	: Tanımlanamayan parça
YBO	: Yeri belli olmayan
YOm	: Yalpa omurga
YY	: Yelken yatağı

3. Kesitlerin Alınması

Arkeolojik materyallerle ilgili en önemli problem, kömürleşmiş ya da Yenikapı batıklarında olduğu gibi çürümüş olmalarıdır. Bu durum ince kesitlerin alınmasında önemli sıkıntılara yol açmaktadır. Yenikapı'nın eski gemilerinden alınan örneklerin önemli bir kısmının çürümüş ve iyi durumda olmaması nedeniyle belirtilen sorunlar sıkça yaşanmış ve yüksek kalitede olan kesitlerin alınmasını güçleştirmiştir.

Bu türden örneklerde, güncel olanlardan alınan kesitlere uygulanan standart preparat hazırlama yöntemleri uygulanamamaktadır. Standart (referans) preparatların hazırlamasında:

- Örneklerin kaynatılarak yumuşatılması
- Mikrotom yardımıyla 30-40 µm kalınlığında kesitlerin alınması (1 mm=1.000 µm)
- Kesitlerin yabancı maddelerden arındırılması için hipokloritten geçirilmesi

Fig. / Res. 2.5
Using razor blade for taking thin sections
Örneklerden jiletle ince kesit alınması

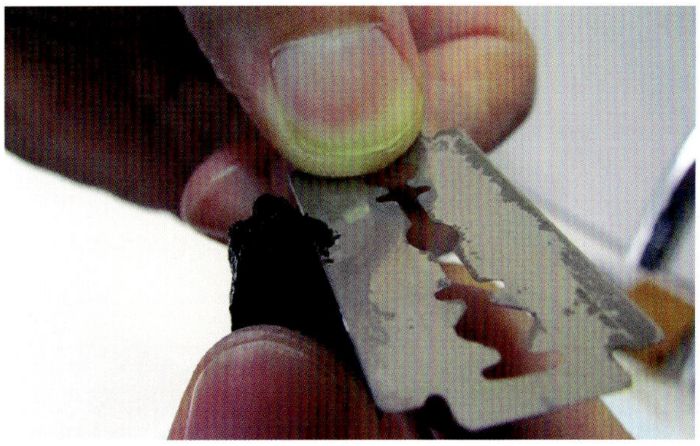

- And finally to mount the thin sections between lamella and glass slide.

As the wood samples from Yenikapı were buried in watery environment for over a thousand years they were rather softened and mostly decayed (waterlogged). Therefore, the processes of softening, hypochlorite and alcohol absorption as well as dying could not be implemented. Thin sections were taken by using a sharp razor blade. Each razor blade was changed every three or four samples. New razor blade was used to sample the most softened samples. Liphschitz and Pulak (2009) employed the same method on the samples taken from the eight ships under their responsibility.

Thin sections were taken from total 3123 samples (Table 2.2) from twenty-seven wrecks (Table 2.1) for identification at genus/species level. Three sections were taken from each sample (Fig. 2.5): transversal, radial (the surface between pit and bark), and tangential (parallel to outer surface); all identifications were performed on these sections. Thickness of the thin sections was targeted to be about 30-50 µm; however, their thicknesses were not homogenous because of razor blade use due to waterlogged material. Nevertheless, all features necessary for identification were clearly seen on these sections and their Fig. graphs were taken.

4. Identification of the genus/species

After three thin sections from each sample were mounted between glass slide and lamella, these preparations were studied under microscope and wood types were identified based on the wood features (Fig. 2.6). Where and when necessary personal information and wood references of the laboratory of tree-ring research and wood anatomy of Forest Botany Department of Forestry Faculty of Istanbul University were referred to.

For identification, first the group of the wood was determined as gymnosperm or angiosperm. This process is the first step in wood identification. After this step, the following wood features were studied to elaborate on the identification of the sample.

Transversal section:

- In gymnosperm wood: Tree-ring border, occurrence of resin duct, arrangement of resin duct, the number

- Değişik derecelerde alkol serisinden geçirilmesi
- Boyanması (genellikle kırmızı renkli safraninle)
- Lam-lamel arasında, gliserin-jelatin içerisinde kapatılması

Şeklinde bir yöntem uygulanmaktadır. Yenikapı örnekleri bin yıldan fazla sulu bir ortam içerisinde kaldığından çoğunlukla çürümüş ve yumuşamış olup suya doymuş ahşap niteliğindedir. Bu nedenle, yumuşatma, hipoklorit ve alkol serisinden geçirilme ve boyanma gibi işlemler uygulanamamıştır. Kesit alınmasında, mikrotom kullanılamamış, keskin jiletler yardımıyla ince kesitler alınmıştır. Jiletler her 3-4 örnekte değiştirilmiştir. Hatta çok fazla çürümüş olan örneklerde, hiç kullanılmamış jiletlerle kesitler alınmıştır. Sekiz adet Yenikapı batığının teşhislerini yapan Liphschitz ve Pulak (2009) da aynı yöntemlerle kesitler almıştır.

Yukarıda verilen toplam 27 gemiden (Tablo 2.1) alınan 3123 örnek (Tablo 2.2) üzerinde cins/tür düzeyinde teşhis yapmak üzere, odun kesitleri üç yönlü olarak alınmıştır. Teşhislerde odunların enine, radyal (öz ile çevre arasındaki yüzey) ve teğet (gövdenin çevresine paralel olan yüzey) kesitleri (Res. 2.5) elde edilmiş ve teşhislerde kullanılan odun özellikleri bu kesitler üzerinde incelenmiştir. Kesitlerin kalınlığının genellikle 30-50 µm olmasına özen gösterilmiş olmasına karşın, genel olarak su altında kalmış ve büyük oranda çürümüş örnekler üzerinde çalışıldığından ve kesitler çoğunlukla keskin jiletlerle alındığından, zaman zaman kesit kalınlığı homojen olmamıştır. Buna karşın kesitlerin ince olan kısımları teşhislerde gerekli özelliklerinin görülmesinde yeterli olmuş ve teşhislerde gerekli olan tüm özellikler her cins/tür için fotoğraflanmıştır.

4. Cins/Tür Teşhislerinin Yapılması

Alınan ince kesitler lam-lamel arasına konduktan sonra, mikroskop altında, gerekli olan odun özelliklerine dayanılarak teşhisler yapılmıştır (Res. 2.6). Teşhisler sırasında gerektiğinde İÜ Orman Fakültesi Orman Botaniği Anabilim Dalı'nda bulunan referans örneklerden ve referans kaynaklardan yararlanılmıştır.

Teşhislerde, öncelikli olarak odunsu malzemenin ait olduğu grup (gymnosperm – angiosperm) belirlenmiştir. İncelenen örneğin bu iki gruptan hangisine ait olduğu, teşhislerde ilk basamağı oluşturmuştur. Bu saptamadan sonra aşağıda detayları verilen özelliklerin incelenmesine geçilmiştir.

Enine kesit:

- Gymnosperm odunlarında: Yıllık halka sınırının belirgin olup olmadığı, reçine kanalının varlığı, konumu, reçine kanalı çevresindeki salgı hücrelerinin özellikleri; odun parenşimlerinin varlığı
- Angiosperm odunlarında: Trahelerin çapları, dizilişi (dağınık, yarı halkalı ya da halkalı), yaz odunu trahelerinin dizilişi, birim alandaki trahe sayısı, odun paranşimlerinin yoğunluğu ve dizilişi, trahe

Fig. / Res. 2.6

Identifying wood types under microscope
On the screen is a transversal section

Mikroskopta örnek teşhisi
Ekranda odunun enine kesiti görülmektedir

and diameter of epithelial cells, occurrence of axial wood parenchyma

- In angiosperm wood: Vessel diameter and arrangement (diffuse porous, semi-ring porous, ring porous), arrangement of late wood vessels, vessel frequency, density and arrangement of axial parenchyma, cell wall thickness of vessels, and occurrence of exudate canals.

Radial section:

- In gymnosperm wood: Type of rays as homogenous or heterogeneous, the structure and feature of ray tracheids, types of cross-field pits, smooth or nodular transversal walls of axial parenchyma, occurrence of pitted or unpitted cell walls of rays, occurrence of indentures, being or not pitted horizontal walls of ray cells, uniseriate or biseriate bordered pits on tracheids, scalloped borders of torus or not.
- In angiosperm wood: being homocellular or heterocellular of rays, type (simple, scalariform or reticulate) of perforation plates in vessels, occurrence of storied structure.

Tangential section:

- In gymnosperm wood: Height of rays, occurrence of horizontal resin ducts, smooth or nodular horizontal walls of axial parenchyma.
- In angiosperm wood: Height and width of rays, occurrence of storied structure peculiar to species.

In the lab, several references were used; especially identification keys prepared by a committee for wood identification of International Association of Wood Anatomists were used as basic references. This committee published identification guides for angiosperms in 1989 (IAWA Committee, 1989) and gymnosperms in 2004 (IAWA Committee, 2004). These are the basic references for wood identification. Furthermore, Anatomy of European Woods by Schweingruber (1990), wood anatomy atlases by Greguss (1955), Jacquoit (1955), Merev (2003), Fahn et al. (1986), Berkel and Bozkurt (1961), Bozkurt and Erdin (1995), as well as Akkemik and Yaman ("Wood Anatomy of Eastern Mediterranean Species", Kessel Publishing House, 2012) were used as references.

hücre çeperlerinin ince ya da kalın olması, salgı kanallarının varlığı

Radyal kesit:

- Gymnosperm odunlarında: Öz ışınlarının homojen ya da heterojen oluşu, enine traheidlerin yapısı ve özelliği, karşılaşma yeri geçitlerinin tipi, odun paranşimlerinin enine çeperlerinin düz ya da nodüler olması, öz ışın hücre çeperlerinin teğet çeperlerinin geçitli, nodüler, ya da düz olması, indentürlerin olup olmadığı, horizontal çeperlerinin geçitli ya da geçitsiz olması; traheidler üzerinde bulunan kenarlı geçitlerin çift ya da tek sıralı oluşu, torus kenarının düz ya da dişli olması
- Angiosperm odunlarında: Öz ışınlarının homoselüler ya da heteroselüler oluşu, trahelerin uçlarında bulunan perforasyon tablasının basit, skalariform ya da retikül oluşu, tabakalı yapının (storied structure) varlığı.

Teğet kesit:

- Gymnosperm odunlarında: Öz ışınlarının yüksekliği, enine reçine kanallarının varlığı, odun paranşimlerinin horizontal çeperlerinin düz ya da nodüler oluşu
- Angiosperm odunlarında: Öz ışınlarının genişliği ve yüksekliği, türlere özgü tabakalı yapıların varlığı (storied structure)

Teşhislerde Uluslararası Odun Anatomistleri Derneği (International Association of Wood Anatomists) tarafından oluşturulan odun teşhislerine ilişkin komitenin yayımladığı teşhis anahtarı esas alınmıştır. Söz konusu Komite 1989'da angiospermler (IAWA Committee, 1989) ve 2004'te de gymnospermler (IAWA Committee, 2004) için birer teşhis klavuzu oluşturmuştur. Bu klavuzlar, teşhislerde önemli bir altlıktır. Ayrıca, başta Schweingruber (1990) tarafından hazırlanmış olan "Anatomy of European Woods" adlı odun anatomisi atlası olmak üzere, Greguss (1955), Jacquoit (1955), Merev (2003), Fahn vd. (1986), Berkel ve Bozkurt (1961) ile Bozkurt ve Erdin (1995) tarafından yazılan odun anatomisi kitaplarından da yararlanılarak tüm teşhis işlemleri gerçekleştirilmiştir. Ayrıca teşhislerde, yazar tarafından Almanya'da yayımlanan (Kessel Publishing House) "Wood Anatomy of Eastern Mediterranean Species" (Akkemik ve Yaman, 2012) adlı eser de temel kaynak olarak kullanılmıştır.

III

Woods Used in the Ships

Gemilerin Ahşapları

The woods identified at Yenikapı wrecks belong to two groups as coniferous and broad-leaved trees. The species identified are listed below. In addition, few examples of poplar, myrtle, and phillyrea were identified. It is likely that they were used for repairs (Table 3.1).

The most common types of woods used in shipbuilding were pine, cypress, oak, chestnut, plane, and weaver's broom. Lesser types identified are cedar, elm, hornbeam, beech, ash, walnut, and fir. The least used types are poplar, and phillyrea.

Use of wood was attested to have a clear periodic change pattern as will be presented in Chapter 5. Coniferous trees (pine and cypress) used more frequently in the earlier periods were abandoned later and replaced by broad-leaved trees (oak and chestnut).

Below you will find the details for which ship member what type of wood was used, individually given for each ship studied.

Gemilerde teşhis edilen ahşap cins ve türleri, "İğne Yapraklılar" ve "Geniş Yapraklılar" olmak üzere iki gruba ayrılmaktadır. Bu gruplara dâhil, tespit edilen cins/türlerin listesi aşağıda verilmiştir. Bu cinsler dışında az sayıda kavak, mersin ve akçakesme örnekleri de teşhis edilmiştir. Bunların bir onarımda kullanılmış olabileceği düşünülmektedir (Tablo 3.1).

Gemilerde en sık kullanılan ahşap cinsleri çam, servi, meşe, kestane, çınar ve katırtırnağıdır. Bunlara göre daha az sıklıkta kullanılan cinsler sedir, karaağaç, gürgen, kayın, dişbudak, ceviz ve göknarlardır. En az kullanılanlar ise kavak, mersin ve akçakesmelerdir.

Ahşap kullanımı, Bölüm 5'te de detaylı açıklanacağı gibi belirgin bir dönemsellik göstermiş ve erken dönemdeki iğne yapraklı ağaçların (çam ve servi) kullanımı daha geç dönemlerde terk edilerek yapraklı ağaçlara (meşe ve kestane) doğru bir yönelme olmuştur.

Gemilerde tespit edilen bu cins/türlerin hangi geminin hangi kısmında ve ne yoğunlukta kullanıldığı, aşağıda her gemi için ayrı ayrı verilmiştir.

Table / Tablo 3.1

Genera identified and possible species of these genera / *Teşhis edilen cinsler ve bu cinslere ait olası türler*

Genus identified / Teşhis edilen Cins	Possible species of the genus / Cinsin Olası Türleri
Conifers / İğne Yapraklılar (*Gymnospermae*)	
Abies L. (Fir / Göknar)	Caucasian fir / Karadeniz göknarı (*Abies nordmanniana* Mattf.) Taurus fir / Toros göknarı (*Abies cilicica* Carr.)
Cedrus L. (Cedar / Sedir)	Taurus cedar / Toros sediri (*Cedrus libani* A. Rich.)
Cupressus L. (Cypress / Servi)	Mediterranean cypress / Akdeniz servisi (*Cupressus sempervirens* L.)
Pinus L. (Pine / Çam)	Turkish pine / Kızılçam (*Pinus brutia* Ten.) Black pine / Karaçam (*Pinus nigra* Arn) Stone pine / Fıstıkçamı (*Pinus pinea* L.)
Broad-leaved trees / Geniş Yapraklılar (*Angiospermae*)	
Carpinus L. (Hornbeam / Gürgen)	Common hornbeam / Adi gürgen (*Carpinus betulus* L.)
Castanea L. (Chestnut / Kestane)	Sweet chestnut / Anadolu kestanesi (*Castanea sativa* L.)
Fagus L. (Beech / Kayın)	Eastern beech / Doğu kayını (*Fagus orientalis* Lipsky.) European beech / Avrupa kayını (*Fagus sylvatica* L.)
Fraxinus L. (Ash / Dişbudak)	European ash / Avrupa dişbudağı (*Fraxinus excelsior* L.) Narrow-leaved ash / Sivri meyveli dişbudak (*Fraxinus angustifolia* Vahl.) South European flowering ash / Çiçekli dişbudak (*Fraxinus ornus* L.)
Juglans L. (Walnut / Ceviz)	Common walnut / Adi ceviz (*Juglans regia* L.)
Phillyrea L. (Phillyrea / Akçakesme)	Phillyrea / Akçakesme (*Phillyrea latifolia* L.)
Populus L. (Poplar / Kavak)	Black poplar / Karakavak (*Populus nigra* L.) Asian pyramidal black poplar / Asya servi kavağı
Platanus L. (Plane / Çınar)	Eastern plane / Doğu çınarı (*Platanus orientalis* L.)
Quercus L. (Oak / Meşe)	White oaks / Akmeşeler Red oaks / Kırmızı meşeler Evergreen oaks / Herdemyeşil meşeler
Spartium L. (Spanish broom / Katırtırnağı)	Spanish broom / Katırtırnağı (*Spartium junceum* L.)
Ulmus L. (Elm / Karaağaç)	Field elm / Ova karaağacı (*Ulmus minor* Mill.) Mountain elm / Dağ karaağacı (*Ulmus glabra* Huds.)

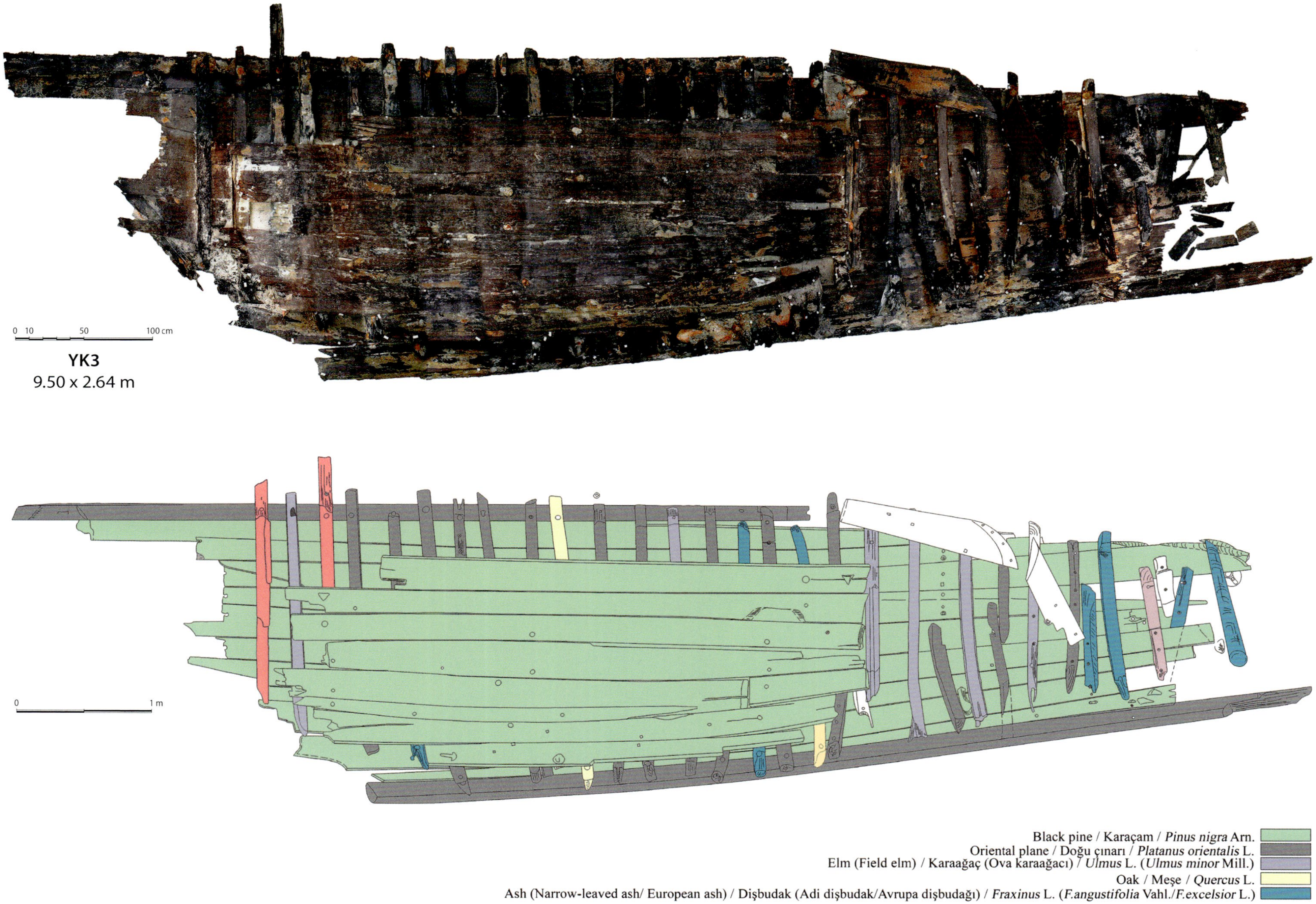

Fig. / Res. 3.1

Wreck YK3. Coloured (lower) and wood form (upper)

YK3 No.lu Batık Gemi. Renklendirilmiş (alt) ve ahşap formu (üst)

1. Yenikapı 3 (YK3)

Ship type : Merchantman
Date : Seventh-ninth centuries

A total of seventy-four samples were analysed and seven genera/species were identified (Table 3.2; Figs. 3.1 and 3.2). The hull was built with mostly black pine and plane wood. In addition three samples of beech, one of elm, and one of cypress were identified. Particularly black pine, cypress, plane, and elm indicate a ship of earlier times. Furthermore, beech is not a wood type frequently used in shipbuilding. Identification of three beeches, which do grow around Istanbul and Black Sea, may indicate that the ship was actually built or repaired in this area.

1. Yenikapı 3 (YK3)

Geminin Türü : Ticaret gemisi
Dönemi : 7.-9. yüzyıl

Gemide 7 farklı cins/türe ait toplam 74 örneğin teşhisi yapılmıştır (Tablo 3.2; Res. 3.1 ve 3.2). Geminin yapımında büyük oranda karaçam ve çınar ağaçları kullanılmıştır. Bu ağaçlara ek olarak 3 kayın, 1 karaağaç ve 1 de servi teşhis edilmiştir. Özellikle karaçam, servi, çınar ve karaağaç örneklerinin kullanımı erken dönem gemisi işaretidir. Ayrıca kayın ağaçlarına gemi yapımlarında pek sık rastlanmaz. Burada 3 kayın örneğinin teşhisi, bu ağaçların İstanbul ve Karadeniz sahillerinde yetişmesinden dolayı, bu bölgeye ait bir gemi olduğunu ya da bu bölgede yapılmış bir onarımı gösterebilir.

Table / Tablo 3.2
Genera/species used in YK3 / *YK3 No.lu Gemide Kullanılan Cins/Türler*

Sample no / Örnek no	Sample type / Örnek türü	Sample code / Örnek kodu	Identification (Genus/species) / Teşhis sonucu (Cins/tür)
1	Floor timber/Döşek	D1	—
2	Floor timber/Döşek	D2	Elm tree/Karaağaç
3	Floor timber/Döşek	D3	—
4	Floor timber/Döşek	D4	Eastern plane/Doğu çınarı
5	Floor timber/Döşek	D5	Eastern plane/Doğu çınarı
6	Floor timber/Döşek	D6	Eastern plane/Doğu çınarı
7	Floor timber/Döşek	D7	Eastern plane/Doğu çınarı
8	Floor timber/Döşek	D8	Eastern plane/Doğu çınarı
9	Floor timber/Döşek	D9	Eastern plane/Doğu çınarı
10	Floor timber/Döşek	D10	Oak/Meşe
11	Floor timber/Döşek	D11	Eastern plane/Doğu çınarı
12	Floor timber/Döşek	D12	Eastern plane/Doğu çınarı
13	Floor timber/Döşek	D13	Elm tree/Karaağaç
14	Floor timber/Döşek	D14	Eastern plane/Doğu çınarı
15	Floor timber/Döşek	D15	Ash tree/Dişbudak
16	Floor timber/Döşek	D16	Eastern plane/Doğu çınarı
17	Floor timber/Döşek	D17	Ash tree/Dişbudak
18	Floor timber/Döşek	D18	Eastern plane/Doğu çınarı
19	Floor timber/Döşek	D19	Elm tree/Karaağaç
20	Floor timber/Döşek	D20	Elm tree/Karaağaç
21	Floor timber/Döşek	D21	Eastern plane/Doğu çınarı
22	Floor timber/Döşek	D22	Elm tree/Karaağaç
23	Floor timber/Döşek	D23	Eastern plane/Doğu çınarı
24	Floor timber/Döşek	D25	Eastern plane/Doğu çınarı
25	Floor timber/Döşek	D26	Ash tree/Dişbudak
26	Floor timber/Döşek	D27	—
27	Floor timber/Döşek	D29	Ash tree/Dişbudak
28	Floor timber/Döşek	Piece after D29/ D29'dan sonraki parça	Ash tree/Dişbudak
29	Frame/Eğri	E24	Elm tree/Karaağaç

Sample no / Örnek no	Sample type / Örnek türü	Sample code / Örnek kodu	Identification (Genus/species) / Teşhis sonucu (Cins/tür)
30	Frame/Eğri	E27	Eastern plane/Doğu çınarı
31	Frame/Eğri	E28	Eastern plane/Doğu çınarı
32	Portside garboard/İskele burma	İB	Black pine/Karaçam
33	Portside ceiling/İskele farş	İF1	Black pine/Karaçam
34	Portside ceiling/İskele farş	İF2	Black pine/Karaçam
35	Portside ceiling/İskele farş	İF3	Black pine/Karaçam
36	Portside ceiling/İskele farş	İF4	Black pine/Karaçam
37	Portside ceiling/İskele farş	İF5	Black pine/Karaçam
38	Portside ceiling/İskele farş	İF6	Black pine/Karaçam
39	Portside planking/İskele kaplama	İK1	Black pine/Karaçam
40	Portside planking/İskele kaplama	İK2-1	Black pine/Karaçam
41	Portside planking/İskele kaplama	İK2-2	Black pine/Karaçam
42	Portside planking/İskele kaplama	İK3-1	Black pine/Karaçam
43	Portside planking/İskele kaplama	İK3-2	Black pine/Karaçam
44	Portside planking/İskele kaplama	İK4	Black pine/Karaçam
45	Portside planking/İskele kaplama	İK5-1	Black pine/Karaçam
46	Portside planking/İskele kaplama	İK5-2	Black pine/Karaçam
47	Portside planking/İskele kaplama	İK6-1	Black pine/Karaçam
48	Portside planking/İskele kaplama	İK6-2	Black pine/Karaçam
49	Portside planking/İskele kaplama	İK8-1	Black pine/Karaçam
50	Portside planking/İskele kaplama	İK9	Black pine/Karaçam
51	Portside planking/İskele kaplama	İK10	Black pine/Karaçam
52	Portside planking/İskele kaplama	İK10-1	Black pine/Karaçam
53	Portside planking/İskele kaplama	İK11	Black pine/Karaçam
54	Stringer/İç kuşak	İçK11	Eastern plane/Doğu çınarı
55	Keel/Omurga	Om	Eastern plane/Doğu çınarı
56	Keel/Omurga	Om (Bow/Baş D1)	Eastern plane/Doğu çınarı
57	Keel/Omurga	Om (D2-D7)	Eastern plane/Doğu çınarı
58	Keel/Omurga	Om (D9-D13)	Eastern plane/Doğu çınarı
59	Keel/Omurga	Om (D9-D13)	Eastern plane/Doğu çınarı
60	Keel/Omurga	Om (K14)	Eastern plane/Doğu çınarı
61	Futtock/Posta	P5-2	Ash tree/Dişbudak
62	Futtock/Posta	P6-1	Black pine/Karaçam
63	Futtock/Posta	P7-2	Eastern plane/Doğu çınarı
64	Futtock/Posta	P11-2	Ash tree/Dişbudak
65	Futtock/Posta	P13-2	Eastern plane/Doğu çınarı
66	Futtock/Posta	P15-2	Elm tree/Karaağaç
67	Futtock/Posta	P17-2	Eastern plane/Doğu çınarı
68	Futtock/Posta	P17-2	White oak/Akmeşe
69	Futtock/Posta	P18-1	Eastern plane/Doğu çınarı
70	Futtock/Posta	P18-2	Elm tree/Karaağaç
71	Futtock/Posta	P18-2	Elm tree/Karaağaç
72	Futtock/Posta	P21-1	Spanish broom/Katırtırnağı
73	Futtock/Posta	P23-2	Ash tree/Dişbudak
74	Futtock/Posta	P25-2	Ash tree/Dişbudak

Fig. / Res. 3.2 ab
Wreck YK3
YK3 No.lu Batık Gemi

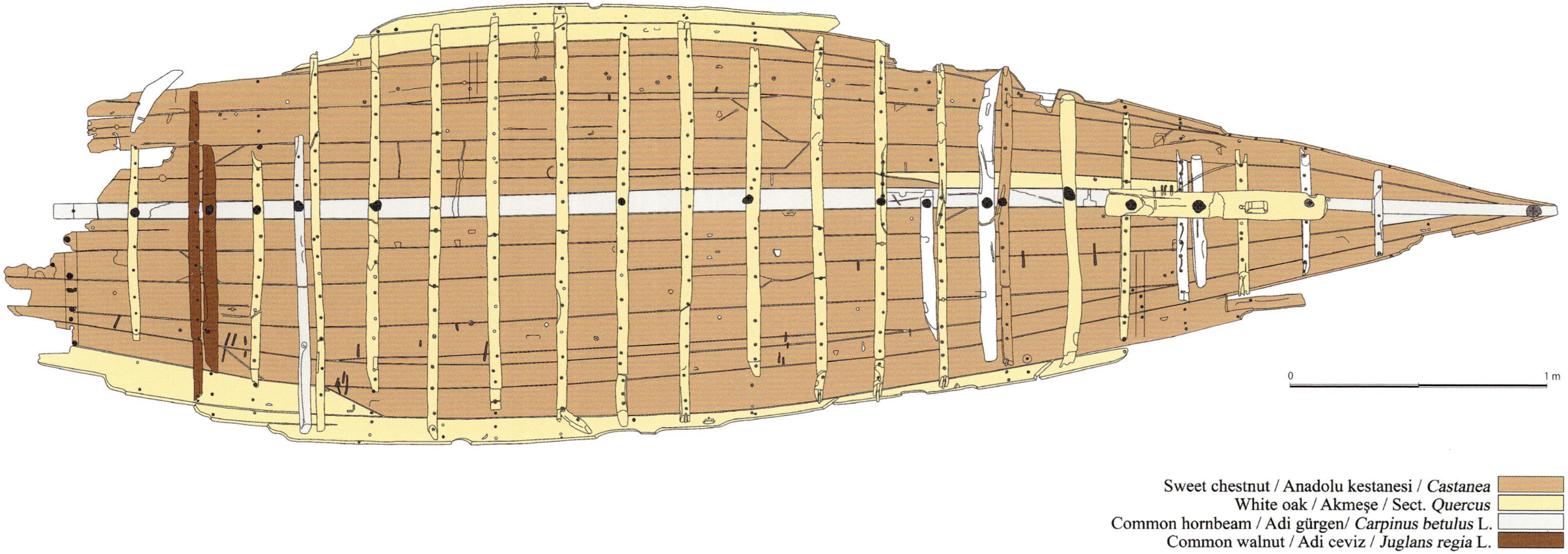

Fig. / Res. 3.3

Wreck YK6. Coloured (lower) and wood form (upper)

YK6 No.lu Gemi. Renklendirilmiş (alt) ve ahşap formu (üst)

2. Yenikapı 6 (YK6)

Ship type : Merchantman
Date : Tenth-eleventh centuries

Five genera/species were identified in a total of sixty-two samples (Table 3.3; Figs. 3.3 and 3.4). This ship was mostly built with white oak and chestnut wood. In addition, seven samples of hornbeam, two of walnut, and two of poplar were identified. Hornbeam was used for the keel and its texture is white and fine just like that of plane wood, which is more preferred for the keel actually. Its vessels are diffuse, like those of plane. As walnut was preferred much in trade and poplars grow all over they do not provide much information about provenance or repair areas.

2. Yenikapı 6 (YK6)

Geminin Türü : Ticaret gemisi
Dönemi : 10.-11. yüzyıl

Gemide 5 farklı cins/türe ait toplam 62 örneğin teşhisi yapılmıştır (Tablo 3.3; Res. 3.3 ve 3.4). Bu ticaret gemisinde büyük oranda akmeşe ve kestane ağaçları teşhis edilmiştir. Bu ağaçlara ek olarak 7 gürgen, 2 ceviz ve 2 de kavak ağacı kullanılmıştır. Omurga gürgen ağacından yapılmış olup bu ağaçların odunları, omurga yapımında daha çok tercih edilen çınar ağacı gibi beyaz renkli ve ince tekstürlüdür. Dağınık traheli (çınarla aynı tip) oduna sahiptir. Cevizin ticarette en çok kullanılmış ağaçlardan biri ve kavak ağaçlarının da hemen her bölgede yetiştirilmiş olmasından dolayı onarım bölgeleri hakkında bilgi vermemektedir.

Table / Tablo 3.3
Genera/species used in YK6 / *YK6 No.lu Gemide Kullanılan Cins/Türler*

Sample no / Örnek no	Sample type / Örnek türü	Sample code / Örnek kodu	Identification (Genus/species) / Teşhis sonucu (Cins/tür)
1	Floor timber/Döşek	D1	White oak/Akmeşe
2	Floor timber/Döşek	D2	Walnut/Ceviz
3	Floor timber/Döşek	D3	Walnut/Ceviz
4	Floor timber/Döşek	D7	White oak/Akmeşe
5	Floor timber/Döşek	D8	White oak/Akmeşe
6	Floor timber/Döşek	D9	White oak/Akmeşe
7	Floor timber/Döşek	D10	White oak/Akmeşe
8	Floor timber/Döşek	D11	White oak/Akmeşe
9	Floor timber/Döşek	D12	White oak/Akmeşe
10	Floor timber/Döşek	D13	White oak/Akmeşe
11	Floor timber/Döşek	D14	White oak/Akmeşe
12	Floor timber/Döşek	D15	White oak/Akmeşe
13	Floor timber/Döşek	D16	Poplar/Kavak
14	Floor timber/Döşek	D17	White oak/Akmeşe
15	Floor timber/Döşek	D18	Poplar/Kavak
16	Floor timber/Döşek	D19	Chestnut/Kestane
17	Floor timber/Döşek	D20	White oak/Akmeşe
18	Floor timber/Döşek	D21	White oak/Akmeşe
19	Floor timber/Döşek	D24	White oak/Akmeşe
20	Floor timber/Döşek	D26	Hornbeam/Gürgen
21	Floor timber/Döşek	E22	Hornbeam/Gürgen
22	Frame/Eğri	E4	White oak/Akmeşe
23	Frame/Eğri	E5	Hornbeam/Gürgen
24	Frame/Eğri	E6	White oak/Akmeşe
25	Frame/Eğri	E17	White oak/Akmeşe
26	Frame/Eğri	E23	White oak/Akmeşe

Sample no / Örnek no	Sample type / Örnek türü	Sample code / Örnek kodu	Identification (Genus/species) / Teşhis sonucu (Cins/tür)
27	Frame/Eğri	E25	White oak/Akmeşe
28	Portside garboard/İskele burma	İB1-1	White oak/Akmeşe
29	Portside garboard/İskele burma	İB1-2	Chestnut/Kestane
30	Portside garboard/İskele burma	İB1-3	White oak/Akmeşe,
31	Portside planking/İskele kaplama	İK1-1	Chestnut/Kestane
32	Portside planking/İskele kaplama	İK1-2	Chestnut/Kestane
33	Portside planking/İskele kaplama	İK1-3	Chestnut/Kestane
34	Portside planking/İskele kaplama	İK2-1	Chestnut/Kestane
35	Portside planking/İskele kaplama	İK2-2	Chestnut/Kestane
36	Portside planking/İskele kaplama	İK2-3	Chestnut/Kestane
37	Portside planking/İskele kaplama	İK3	Chestnut/Kestane
38	Portside planking/İskele kaplama	İK4-1	Chestnut/Kestane
39	Portside planking/İskele kaplama	İK4-2	Chestnut/Kestane
40	Portside planking/İskele kaplama	İK5-1	Chestnut/Kestane
41	Portside planking/İskele kaplama	İK5-2	White oak/Akmeşe
42	Portside planking/İskele kaplama	İK6	White oak/Akmeşe
43	Portside planking/İskele kaplama	İK2-3	Chestnut/Kestane
44	Starboard garboard/Sancak burma	SB1-1	Chestnut/Kestane
45	Starboard planking/Sancak kaplama	SK1-1	Chestnut/Kestane
46	Starboard planking/Sancak kaplama	SK1-2	Chestnut/Kestane
47	Starboard planking/Sancak kaplama	SK2-1	Chestnut/Kestane
48	Starboard planking/Sancak kaplama	SK2-2	Chestnut/Kestane
49	Starboard planking/Sancak kaplama	SK3	Chestnut/Kestane
50	Starboard planking/Sancak kaplama	SK4-1	Chestnut/Kestane
51	Starboard planking/Sancak kaplama	SK4-2	Chestnut/Kestane
52	Starboard planking/Sancak kaplama	SK5-1	Chestnut/Kestane
53	Starboard planking/Sancak kaplama	SK5-2	White oak/Akmeşe
54	Starboard planking/Sancak kaplama	SK6-1	White oak/Akmeşe
55	Starboard planking/Sancak kaplama	SK6-2	White oak/Akmeşe
56	Starboard planking/Sancak kaplama	SK6-3	White oak/Akmeşe
57	Keel/Omurga	Om	Hornbeam/Gürgen
58	Keel/Omurga	Om1	Hornbeam/Gürgen
59	Keel/Omurga	Om3	Hornbeam/Gürgen
60	Keel/Omurga	Om5	Hornbeam/Gürgen
61	Bilge keel/Yalpa omurga	YOm	White oak/Akmeşe
62	Mast step/Yelken yatağı	YY	White oak/Akmeşe

Fig. / Res. 3.4
Wreck YK6
YK6 No.lu Batık Gemi

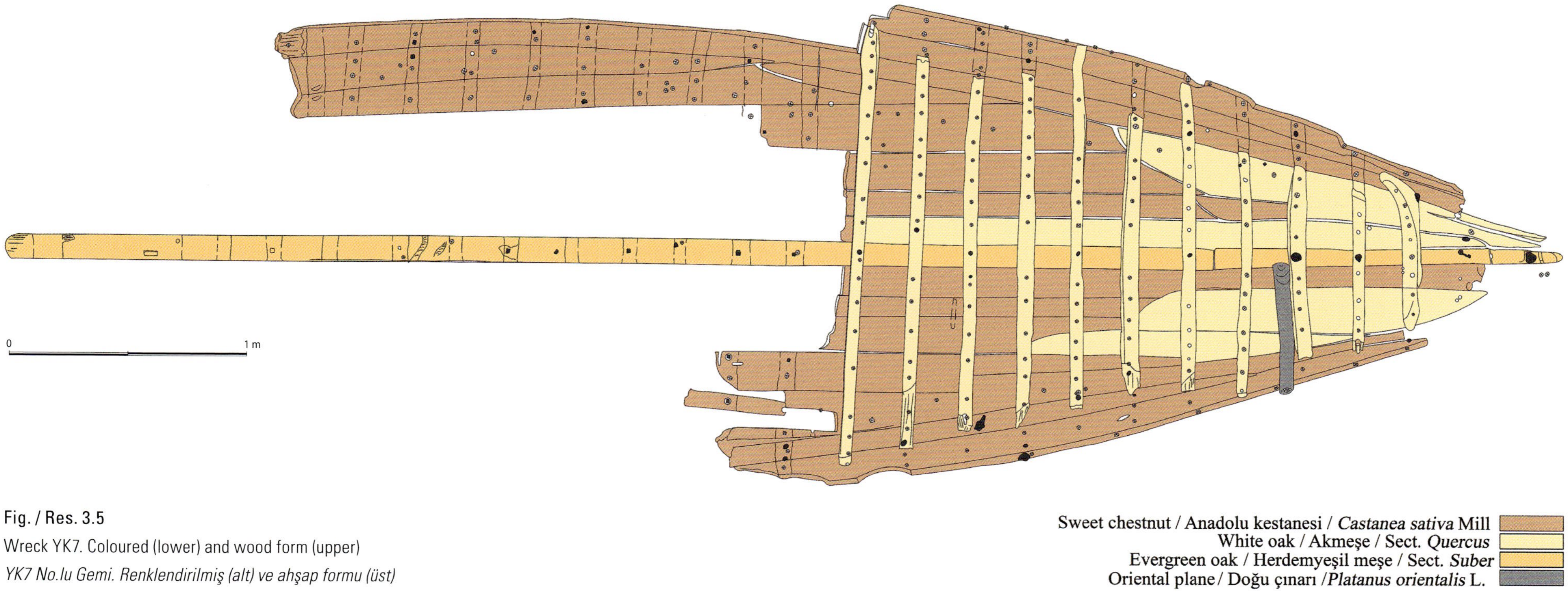

Fig. / Res. 3.5

Wreck YK7. Coloured (lower) and wood form (upper)

YK7 No.lu Gemi. Renklendirilmiş (alt) ve ahşap formu (üst)

3. Yenikapı 7 (YK7)

Ship type : Merchantman
Date : Tenth-eleventh centuries

Forty-two samples taken from this ship belonged to four genera/species identified (Table 3.4; Fig. 3.5). This ship was mainly built from white oak and chestnut wood. In addition, two samples belonged to plane and two to red oak. The keel was made of red oak whereas white oak was preferred for the rest.

3. Yenikapı 7 (YK7)

Geminin Türü : Ticaret gemisi
Dönemi : 10.-11. yüzyıl

Gemide 4 farklı cins/türe ait toplam 42 örneğin teşhisi yapılmıştır (Tablo 3.4; Res. 3.5). Bu ticaret gemisinin yapımında büyük oranda akmeşe, kestane ve bunlara ek olarak 2 çınar ve 2 kırmızı meşe ağacı kullanılmıştır. Omurga yapımında ise kırmızı meşe tercih edilmiştir. Kırmızı meşe örnekleri, bu gemide sadece omurga yapımında kullanılmış olup diğer kısımlarda genellikle akmeşe tercih edilmiştir.

Table / Tablo 3.4

Genera/species used in YK7 / *YK7 No.lu Gemide Kullanılan Cins/Türler*

Sample no / Örnek no	Sample type / Örnek türü	Sample code / Örnek kodu	Identification (Genus/species) / Teşhis sonucu (Cins/tür)
1	Floor timber/Döşek	D3	White oak/Akmeşe
2	Floor timber/Döşek	D4	White oak/Akmeşe
3	Floor timber/Döşek	D6	White oak/Akmeşe
4	Floor timber/Döşek	D7	White oak/Akmeşe
5	Floor timber/Döşek	D8	White oak/Akmeşe
6	Floor timber/Döşek	D9	White oak/Akmeşe
7	Floor timber/Döşek	D10	White oak/Akmeşe
8	Floor timber/Döşek	D11	White oak/Akmeşe
9	Floor timber/Döşek	D12	White oak/Akmeşe
10	Floor timber/Döşek	D13	White oak/Akmeşe
11	Frame/Eğri	E2	White oak/Akmeşe
12	Frame/Eğri	E3	White oak/Akmeşe
13	Frame/Eğri	E4	White oak/Akmeşe
14	Frame/Eğri	E4-1	Eastern plane/Doğu çınarı
15	Portside garboard/İskele burma	İB	White oak/Akmeşe
16	Portside planking/İskele kaplama	İK1-2	Chestnut/Kestane
17	Portside planking/İskele kaplama	İK2-1	Chestnut/Kestane
18	Portside planking/İskele kaplama	İK2-2/İK3-2	White oak/Akmeşe
19	Portside planking/İskele kaplama	İK3-1	Chestnut/Kestane
20	Portside planking/İskele kaplama	İK4-1	Chestnut/Kestane
21	Portside planking/İskele kaplama	İK4-2/İK5-2	Chestnut/Kestane
22	Portside planking/İskele kaplama	İK5-1	Chestnut/Kestane
23	Portside planking/İskele kaplama	İK6-1	Chestnut/Kestane
24	Portside planking/İskele kaplama	İK6-2	Chestnut/Kestane
25	Portside planking/İskele kaplama	İK7	Chestnut/Kestane
26	Portside planking/İskele kaplama	İK8	Chestnut/Kestane
27	Portside/İskele	İ	Chestnut/Kestane
28	Keel/Omurga	Om1	Red oak/Kırmızı meşe
29	Keel/Omurga	Om2	Red oak/Kırmızı meşe
30	Starboard garboard/Sancak burma	SB	Chestnut/Kestane
31	Starboard planking/Sancak kaplama	SK1-1	Chestnut/Kestane
32	Starboard planking/Sancak kaplama	SK1-2	White oak/Akmeşe
33	Starboard planking/Sancak kaplama	SK2-1	Chestnut/Kestane
34	Starboard planking/Sancak kaplama	SK2-2	White oak/Akmeşe
35	Starboard planking/Sancak kaplama	SK3-1	Chestnut/Kestane
36	Starboard planking/Sancak kaplama	SK4-1	Chestnut/Kestane
37	Starboard planking/Sancak kaplama	SK4-2	White oak/Akmeşe
38	Starboard planking/Sancak kaplama	SK5	Chestnut/Kestane
39	Starboard planking/Sancak kaplama	SK5-2	White oak/Akmeşe
40	Starboard planking/Sancak kaplama	SK6	Chestnut/Kestane
41	Starboard planking/Sancak kaplama	SK6-1	White oak/Akmeşe
42	Starboard/Sancak	S	Eastern plane/Doğu çınarı

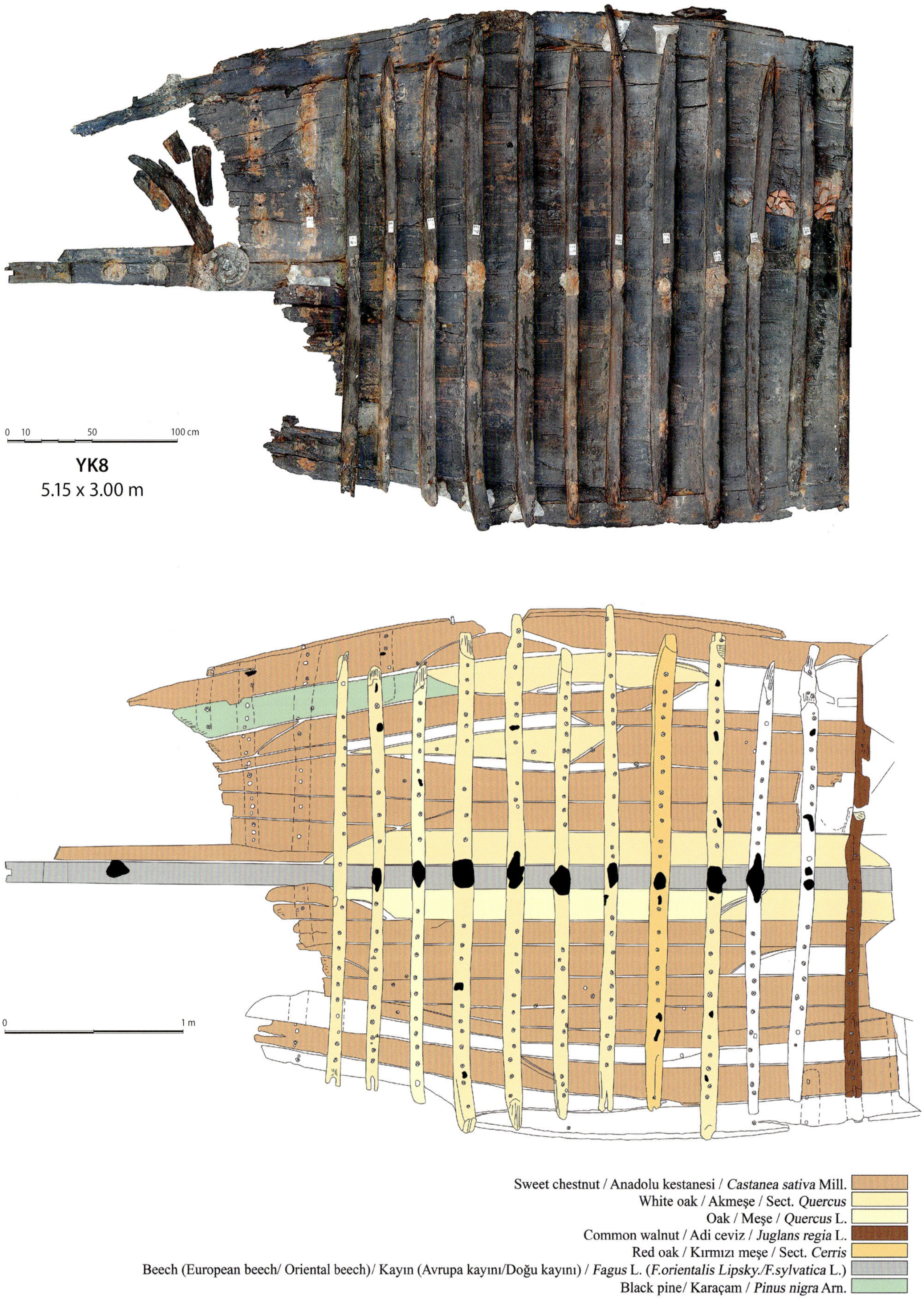

Fig. / Res. 3.6

Wreck YK8. Coloured (lower) and wood form (upper)

YK8 No.lu Gemi. Renklendirilmiş (alt) ve ahşap formu (üst)

4. Yenikapı 8 (YK8)

Ship type : Merchantman
Date : Tenth-eleventh centuries

Fifty-four samples taken belonged to five genera/species (Table 3.5; Figs. 3.6 and 3.7). This ship was mainly built with white oak and chestnut wood. In addition, one sample belonged to walnut, one to black pine, and two to plane tree. The keel was made of oak. As some oak samples had very narrow rings their group could not be ascertained. Besides, high frequency of oak used in this ship suggests these unidentified samples may belong to white oak.

4. Yenikapı 8 (YK8)

Geminin Türü : Ticaret gemisi
Dönemi : 10.-11. yüzyıl

Gemide 5 farklı cins/türe ait toplam 54 örneğin teşhisi yapılmıştır (Tablo 3.5; Res. 3.6 ve 3.7). Geminin yapımında büyük oranda akmeşe ve kestane ağaçları kullanılmıştır. Bu ağaçlara ek olarak 1 ceviz, 1 karaçam ve 2 çınar ağacı tespit edilmiştir. Omurga yapımında meşe ağacı tercih edilmiştir. Bazı meşe örneklerinde yıllık halkaların çok dar olması nedeniyle hangi gruba ait oldukları belirlenememiştir. Buna karşın gemide kullanılan meşe ağaçlarının yoğunluğuna bakıldığında bunların da akmeşe olma olasılığı yüksektir.

Table / Tablo 3.5
Genera/species used in YK8 / *YK8 No.lu Gemide Kullanılan Cins/Türler*

Sample no / Örnek no	Sample type / Örnek türü	Sample code / Örnek kodu	Identification (Genus/species) / Teşhis sonucu (Cins/tür)
1	Frame/Eğri	E4	White oak/Akmeşe
2	Frame/Eğri	E5	White oak/Akmeşe
3	Frame/Eğri	E6	Oak/Meşe
4	Frame/Eğri	E7	White oak/Akmeşe
5	Frame/Eğri	E8	White oak/Akmeşe
6	Frame/Eğri	E9	White oak/Akmeşe
7	Frame/Eğri	E10	White oak/Akmeşe
8	Frame/Eğri	E11	Red oak/Kırmızı meşe
9	Frame/Eğri	E12	White oak/Akmeşe
10	Frame/Eğri	E15	Walnut/Ceviz
11	Treenail/Ahşap çivi	E12	White oak/Akmeşe
12	Treenail/Ahşap çivi	E12	White oak/Akmeşe
13	Treenail/Ahşap çivi	E12	White oak/Akmeşe
14	Treenail/Ahşap çivi	E15	White oak/Akmeşe
15	Treenail/Ahşap çivi	E15	White oak/Akmeşe
16	Treenail/Ahşap çivi	E15	White oak/Akmeşe
17	Treenail/Ahşap çivi	E15	White oak/Akmeşe
18	Portside planking/İskele kaplama	İK1-1	Chestnut/Kestane
20	Portside planking/İskele kaplama	İK1-2	Oak/Meşe
21	Portside planking/İskele kaplama	İK1-3	White oak/Akmeşe
22	Portside planking/İskele kaplama	İK1-4	Oak/Meşe
23	Portside planking/İskele kaplama	İK2-1	Chestnut/Kestane
24	Portside planking/İskele kaplama	İK2-2	Chestnut/Kestane
25	Portside planking/İskele kaplama	İK2-3	Chestnut/Kestane
26	Portside planking/İskele kaplama	İK3-1	Chestnut/Kestane
27	Portside planking/İskele kaplama	İK3-2	Chestnut/Kestane
28	Portside planking/İskele kaplama	İK4	Chestnut/Kestane
29	Portside planking/İskele kaplama	İK5	Chestnut/Kestane

Sample no / Örnek no	Sample type / Örnek türü	Sample code / Örnek kodu	Identification (Genus/species) / Teşhis sonucu (Cins/tür)
30	Portside planking/İskele kaplama	İK7-1	Chestnut/Kestane
31	Portside planking/İskele kaplama	İK8-1	Chestnut/Kestane
32	Portside planking/İskele kaplama	İK8-2	Chestnut/Kestane
33	Keel/Omurga	Om	Beech/Kayın
34	Keel/Omurga	Om (Bow/Baş BDS)	Beech/Kayın
35	Starboard planking/Sancak kaplama	SK1-1	Chestnut/Kestane
36	Starboard planking/Sancak kaplama	SK1-2	White oak/Akmeşe
37	Starboard planking/Sancak kaplama	SK1-3	White oak/Akmeşe
38	Starboard planking/Sancak kaplama	SK2-1	Chestnut/Kestane
39	Starboard planking/Sancak kaplama	SK2-2	Chestnut/Kestane
40	Starboard planking/Sancak kaplama	SK3-1	Chestnut/Kestane
41	Starboard planking/Sancak kaplama	SK3-2	Chestnut/Kestane
42	Starboard planking/Sancak kaplama	SK5-1	White oak/Akmeşe
43	Starboard planking/Sancak kaplama	SK5-2	Chestnut/Kestane
44	Starboard planking/Sancak kaplama	SK6-2 (Sternpost/Kıç BDS)	Chestnut/Kestane
45	Starboard planking/Sancak kaplama	SK7-1	Chestnut/Kestane
46	Starboard planking/Sancak kaplama	SK7-2	Chestnut/Kestane
47	Starboard planking/Sancak kaplama	SK8-1	White oak/Akmeşe
48	Starboard planking/Sancak kaplama	SK8-1 (Planking/Kaplama, Keel/Omurga)	Black pine/Karaçam
49	Starboard planking/Sancak kaplama	SK8-2 (Planking/Kaplama)	White oak/Akmeşe
50	Starboard planking/Sancak kaplama	SK8-4 (Piece from the hole near the aft/ Kıç yönündeki geniş delikten alınan ahşap)	Oak/Meşe
51	Starboard planking/Sancak kaplama	SK9-1	Chestnut/Kestane
52	Starboard planking/Sancak kaplama	SK9-1 (Planking/Kaplama)	Chestnut/Kestane
53	Starboard planking/Sancak kaplama	SK9-2	Chestnut/Kestane
54	Starboard planking/Sancak kaplama	SK18-3	Chestnut/Kestane

Fig. / Res. 3.7
Wreck YK8
YK8 No.lu Batık Gemi

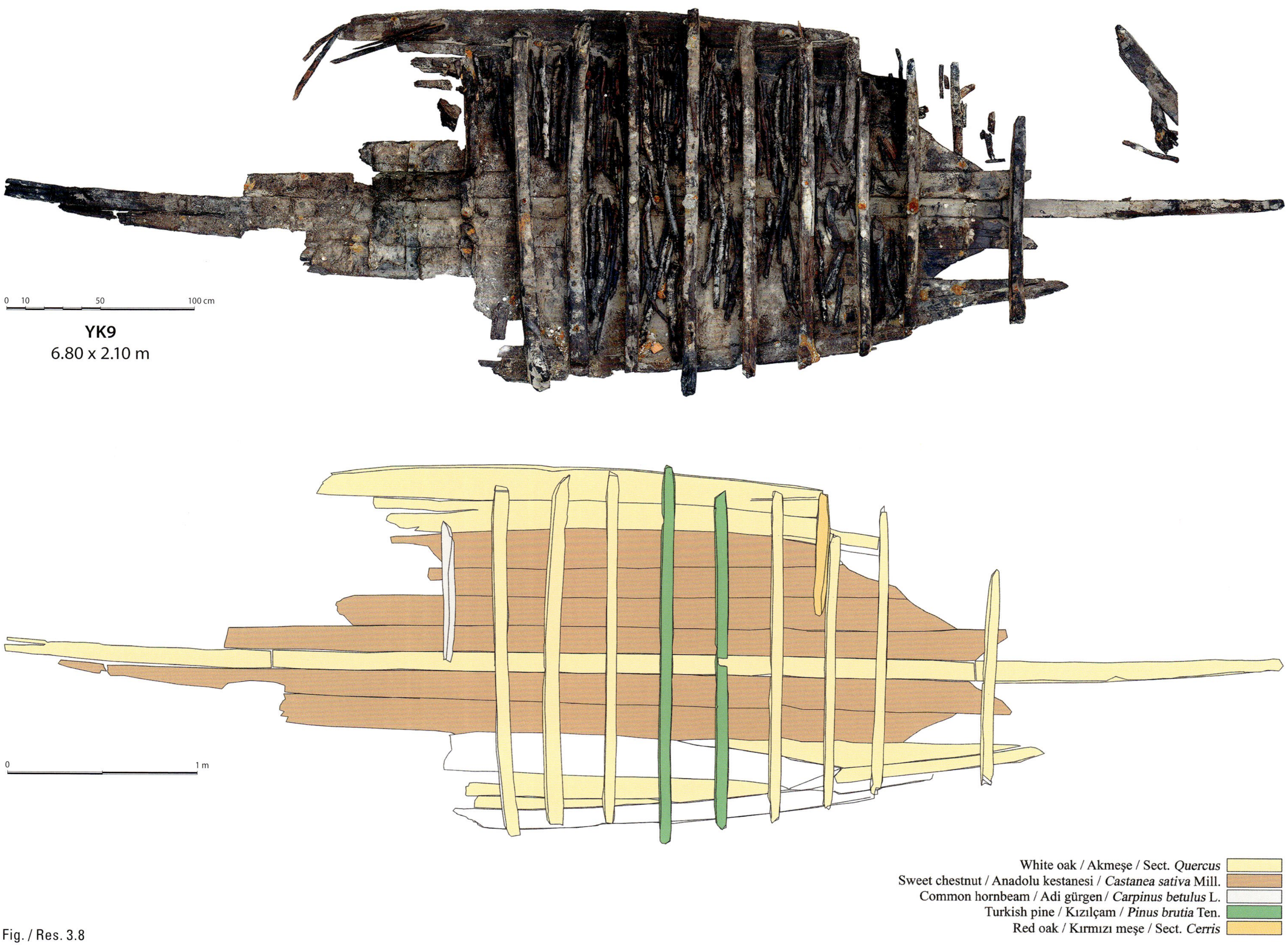

Fig. / Res. 3.8

Wreck YK9. Coloured (lower) and wood form (upper)

YK9 No.lu Gemi. Renklendirilmiş (alt) ve ahşap formu (üst)

5. Yenikapı 9 (YK9)

Ship type : Merchantman
Date : Tenth-eleventh centuries

Twenty-six samples taken belonged to five genera/species (Table 3.6; Fig. 3.8). This ship was mainly built with white oak and chestnut wood. In addition one sample belonged to red oak, one to Turkish pine, and two to hornbeam tree. The keel was made of white oak.

5. Yenikapı 9 (YK9)

Geminin Türü : Ticaret gemisi
Dönemi : 10.-11. yüzyıllar

Gemide 5 farklı cins/türe ait toplam 26 örneğin teşhisi yapılmıştır (Tablo 3.6; Res. 3.8). Geminin yapımında büyük oranda akmeşe ve kestane ağaçları ve bunlara ek olarak 1 kırmızı meşe, 2 kızılçam, 1 adi gürgen ağacı kullanılmıştır. Omurga yapımında ise akmeşe ağacı tercih edilmiştir.

Table / Tablo 3.6
Genera/species used in YK9 / *YK9 No.lu Gemide Kullanılan Cins/Türler*

Sample no / Örnek no	Sample type / Örnek türü	Sample code / Örnek kodu	Identification (Genus/species) / Teşhis sonucu (Cins/tür)
1	Frame/Eğri	E1	White oak/Akmeşe
2	Frame/Eğri	E3	White oak/Akmeşe
3	Frame/Eğri	E4	White oak/Akmeşe
4	Frame/Eğri	E4-İ1 (Futtock/Posta)	Red oak/Kırmızı meşe
5	Frame/Eğri	E5	Turkish pine/Kızılçam
6	Frame/Eğri	E6	Turkish pine/Kızılçam
7	Frame/Eğri	E7	White oak/Akmeşe
8	Frame/Eğri	E8	White oak/Akmeşe
9	Frame/Eğri	E9	White oak/Akmeşe
10	Frame/Eğri	E10	White oak/Akmeşe
11	Frame/Eğri	E11	Hornbeam/Gürgen
12	Portside garboard/İskele burma	İB	Chestnut/Kestane
13	Portside planking/İskele kaplama	İK1-2	Chestnut/Kestane
14	Portside planking/İskele kaplama	İK2	Chestnut/Kestane
15	Portside planking/İskele kaplama	İK3	Chestnut/Kestane
16	Portside planking/İskele kaplama	İK4	White oak/Akmeşe
17	Portside planking/İskele kaplama	İK5	White oak/Akmeşe
18	Portside planking/İskele kaplama	İK6	White oak/Akmeşe
19	Keel/Omurga	Om2	White oak/Akmeşe
20	Keel/Omurga	Om3	White oak/Akmeşe
21	Starboard garboard/Sancak burma	SB	Chestnut/Kestane
22	Starboard planking/Sancak kaplama	SK1	Chestnut/Kestane
23	Starboard planking/Sancak kaplama	SK2	White oak/Akmeşe
24	Starboard planking/Sancak kaplama	SK3-1	White oak/Akmeşe
25	Starboard planking/Sancak kaplama	SK4	White oak/Akmeşe
26	Starboard planking/Sancak kaplama	SK5-1	White oak/Akmeşe

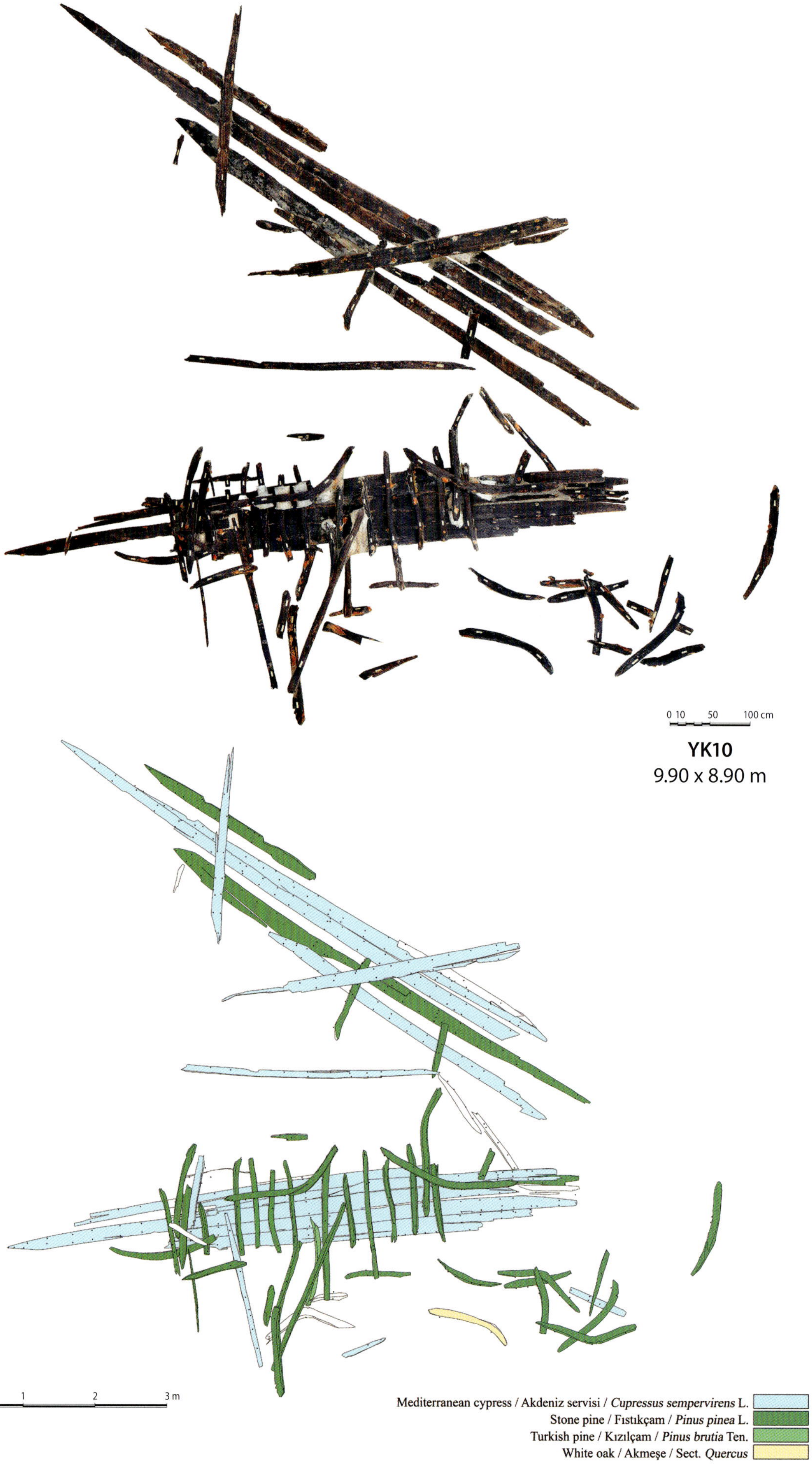

Fig. / Res. 3.9

Wreck YK10. Coloured (lower) and wood form (upper)

YK10 No.lu Gemi. Renklendirilmiş (alt) ve ahşap formu (üst)

6. Yenikapı 10 (YK10)

Ship type : Merchantman
Date : Eighth century

Sixty-four samples taken belonged to five genera/species (Table 3.7; Figs. 3.9 and 3.10). Different from preceding ships, this ship was built with cypress and stone pinewood. In addition two samples belonged to Turkish pine, one to plane, and one to white oak, and these could belong to repair pieces.

6. Yenikapı 10 (YK10)

Geminin Türü : Ticaret gemisi
Dönemi : 8. yüzyıl

Gemide 5 farklı cins/türe ait toplam 64 örneğin teşhisi yapılmıştır (Tablo 3.7; Res. 3.9 ve 3.10). Bu geminin yapımında bundan önceki gemilerden farklı olarak servi, fıstıkçamları ve bunlara ek olarak 2 kızılçam, 1 çınar ve 1 akmeşe kullanıldığı da tespit edilmiştir. Bu parçalar onarım parçaları olabilir.

Table / Tablo 3.7
Genera/species used in YK10 / *YK10 No.lu Gemide Kullanılan Cins/Türler*

Sample no / Örnek no	Sample type / Örnek türü	Sample code / Örnek kodu	Identification (Genus/species) / Teşhis sonucu (Cins/tür)
1	Frame/Eğri	E1	Stone pine/Fıstıkçamı
2	Frame/Eğri	E2	Stone pine/Fıstıkçamı
3	Frame/Eğri	E3	Stone pine/Fıstıkçamı
4	Frame/Eğri	E3-S1	Stone pine/Fıstıkçamı
5	Frame/Eğri	E4	Stone pine/Fıstıkçamı
6	Frame/Eğri	E5	Stone pine/Fıstıkçamı
7	Frame/Eğri	E61 (Broken/Kırık)	Stone pine/Fıstıkçamı
8	Frame/Eğri	E62 (Broken/Kırık)	Stone pine/Fıstıkçamı
9	Frame/Eğri	E7	Stone pine/Fıstıkçamı
10	Frame/Eğri	E8	Stone pine/Fıstıkçamı
11	Frame/Eğri	E9	Stone pine/Fıstıkçamı
12	Frame/Eğri	E10	Stone pine/Fıstıkçamı
13	Frame/Eğri	E11/AÇ/D11	Stone pine/Fıstıkçamı
14	Frame/Eğri	E12	Turkish pine/Kızılçam
15	Stringer/İç kuşak	İçK1	Turkish pine/Kızılçam
16	Stringer/İç kuşak	İçK2	Stone pine/Fıstıkçamı
17	Starboard planking/Sancak kaplama	SK1	Mediterranean cypress/Akdeniz servisi
18	Starboard planking/Sancak kaplama	SK10	Mediterranean cypress/Akdeniz servisi
19	Starboard planking/Sancak kaplama	SK11	Stone pine/Fıstıkçamı
20	Starboard planking/Sancak kaplama	SK2	Mediterranean cypress/Akdeniz servisi
21	Starboard planking/Sancak kaplama	SK3-1	Mediterranean cypress/Akdeniz servisi
22	Starboard planking/Sancak kaplama	SK3-2	Stone pine/Fıstıkçamı
23	Starboard planking/Sancak kaplama	SK4-1	Mediterranean cypress/Akdeniz servisi
24	Starboard planking/Sancak kaplama	SK4-2	Mediterranean cypress/Akdeniz servisi
25	Starboard planking/Sancak kaplama	SK5	Mediterranean cypress/Akdeniz servisi
26	Starboard planking/Sancak kaplama	SK6	Stone pine/Fıstıkçamı
27	Starboard planking/Sancak kaplama	SK7-1	Stone pine/Fıstıkçamı
28	Starboard planking/Sancak kaplama	SK7-2	Mediterranean cypress/Akdeniz servisi
29	Starboard planking/Sancak kaplama	SK8-1	Stone pine/Fıstıkçamı
30	Starboard planking/Sancak kaplama	SK8-2	Stone pine/Fıstıkçamı
31	Starboard planking/Sancak kaplama	SK9	Mediterranean cypress/Akdeniz servisi

Sample no / Örnek no	Sample type / Örnek türü	Sample code / Örnek kodu	Identification (Genus/species) / Teşhis sonucu (Cins/tür)
32	Frame from unknown position/Yeri belli olmayan eğri	YBO E1	Stone pine/Fıstıkçamı
33	Frame from unknown position/Yeri belli olmayan eğri	YBO E2	Stone pine/Fıstıkçamı
34	Frame from unknown position/Yeri belli olmayan eğri	YBO E3	Mediterranean cypress/Akdeniz servisi
35	Frame from unknown position/Yeri belli olmayan eğri	YBO E4	Stone pine/Fıstıkçamı
36	Frame from unknown position/Yeri belli olmayan eğri	YBO E5	Stone pine/Fıstıkçamı
37	Frame from unknown position/Yeri belli olmayan eğri	YBO E6	Stone pine/Fıstıkçamı
38	Frame from unknown position/Yeri belli olmayan eğri	YBO E7	Stone pine/Fıstıkçamı
39	Frame from unknown position/Yeri belli olmayan eğri	YBO E8	Stone pine/Fıstıkçamı
40	Planking from unknown position/Yeri belli olmayan kaplama	YBO E9	Stone pine/Fıstıkçamı
41	Frame from unknown position/Yeri belli olmayan eğri	YBO E11	Stone pine/Fıstıkçamı
42	Frame from unknown position/Yeri belli olmayan eğri	YBO E12	Stone pine/Fıstıkçamı
43	Frame from unknown position/Yeri belli olmayan eğri	YBO E14	Stone pine/Fıstıkçamı
44	Frame from unknown position/Yeri belli olmayan eğri	YBO E15	White oak/Akmeşe
45	Frame from unknown position/Yeri belli olmayan eğri	YBO E17	Stone pine/Fıstıkçamı
46	Frame from unknown position/Yeri belli olmayan eğri	YBO E18	Stone pine/Fıstıkçamı
47	Frame from unknown position/Yeri belli olmayan eğri	YBO E19	Stone pine/Fıstıkçamı
48	Frame from unknown position/Yeri belli olmayan eğri	YBO E20	Stone pine/Fıstıkçamı
49	Frame from unknown position/Yeri belli olmayan eğri	YBO E21	Stone pine/Fıstıkçamı
50	Frame from unknown position/Yeri belli olmayan eğri	YBO E24	Stone pine/Fıstıkçamı
51	Frame from unknown position/Yeri belli olmayan eğri	YBO E25	Stone pine/Fıstıkçamı
52	Frame from unknown position/Yeri belli olmayan eğri	YBO E27	Stone pine/Fıstıkçamı
53	Frame from unknown position/Yeri belli olmayan eğri	YBO E28	Stone pine/Fıstıkçamı
54	Planking from unknown position/Yeri belli olmayan kaplama	YBO K1	Stone pine/Fıstıkçamı
55	Planking from unknown position/Yeri belli olmayan kaplama	YBO K2	Mediterranean cypress/Akdeniz servisi
56	Planking from unknown position/Yeri belli olmayan kaplama	YBO K4	Mediterranean cypress/Akdeniz servisi
57	Planking from unknown position/Yeri belli olmayan kaplama	YBO K5	Stone pine/Fıstıkçamı
58	Planking from unknown position/Yeri belli olmayan kaplama	YBO K6	Stone pine/Fıstıkçamı
59	Planking from unknown position/Yeri belli olmayan kaplama	YBO K7	Mediterranean cypress/Akdeniz servisi
60	Planking from unknown position/Yeri belli olmayan kaplama	YBO K8	Mediterranean cypress/Akdeniz servisi
61	Planking from unknown position/Yeri belli olmayan kaplama	YBO K9	Mediterranean cypress/Akdeniz servisi
62	Planking from unknown position/Yeri belli olmayan kaplama	YBO K10	Mediterranean cypress/Akdeniz servisi
63	Planking from unknown position/Yeri belli olmayan kaplama	YBO K11	Stone pine/Fıstıkçamı
64	Planking from unknown position/Yeri belli olmayan kaplama	YBO K26	Eastern plane/Doğu çınarı

Fig. / Res. 3.10
Wreck YK10
YK10 No.lu Batık Gemi

Fig. / Res. 3.11

Wreck YK12. Coloured (upper) and wood form (lower)

YK12 No.lu Gemi. Renklendirilmiş (üst) ve ahşap formu (alt)

7. Yenikapı 12 (YK12)

Ship type : Merchantman
Date : Ninth century

Three hundred and ninety-four samples taken belonged to seven genera/species (Table 3.8; Figs. 3.11 and 3.12). This ship was mainly built with oak, chestnut, oak, and hornbeam wood. In addition, one sample belonged to beech (in the keel), eight to walnut, and one to plane tree. The beech was possibly used as repair patch.

7. Yenikapı 12 (YK12)

Geminin Türü : Ticaret gemisi
Dönemi : 9. yüzyıl

Gemide 7 farklı cins/türe ait toplam 394 örneğin teşhisi yapılmıştır (Tablo 3.8; Res. 3.11 ve 3.12). Bu geminin yapımında büyük oranda meşe, kestane, dişbudak, gürgen ağaçları ve bunlara ek olarak 1 kayın (omurga yapımında), 8 ceviz ve 1 çınar ağacı kullanılmıştır. Özellikle kayın ağacı bir tamiratta eklenmiş bir parça olabilir.

Table / Tablo 3.8
Genera/species used in YK12 / *YK12 No.lu Gemide Kullanılan Cins/Türler*

Sample no / Örnek no	Sample type / Örnek türü	Sample code / Örnek kodu	Identification (Genus/species) / Teşhis sonucu (Cins/tür)
1	Treenail/Ahşap çivi	AÇ	Hornbeam/Gürgen
2	Treenail/Ahşap çivi	E18-AÇ	Red oak/Kırmızı meşe
3	Treenail/Ahşap çivi	E18-AÇ	Red oak/Kırmızı meşe
4	Treenail/Ahşap çivi	E18-AÇ	Oak/Meşe
5	Treenail/Ahşap çivi	E18-AÇ	Oak/Meşe
6	Treenail/Ahşap çivi	E18-AÇ	Oak/Meşe
7	Treenail/Ahşap çivi	E18-AÇ	Oak/Meşe
8	Treenail/Ahşap çivi	E18-AÇ	Oak/Meşe
9	Treenail/Ahşap çivi	E18-AÇ	Oak/Meşe
10	Treenail/Ahşap çivi	E18-AÇ	Oak/Meşe
11	Treenail/Ahşap çivi	E18-AÇ	Oak/Meşe
12	Treenail/Ahşap çivi	E18-AÇ	Oak/Meşe
13	Treenail/Ahşap çivi	E18-İ1-AÇ	Oak/Meşe
14	Treenail/Ahşap çivi	E18-İ1-AÇ	Oak/Meşe
15	Treenail/Ahşap çivi	E18-İ1-AÇ	Oak/Meşe
16	Treenail/Ahşap çivi	E20-1	Ash tree/Dişbudak
17	Treenail/Ahşap çivi	21-E18-AÇ	Oak/Meşe
18	Coak/Kavela	SK3-1	Hornbeam/Gürgen
19	Coak/Kavela	SK4-2	Hornbeam/Gürgen
20	Coak/Kavela	SK5-2	Hornbeam/Gürgen
21	Wale/Çapa Tahtası	ÇT1	Oak/Meşe
22	Stanchion/Dikme	—	Ash tree/Dişbudak
23	Frame/Eğri	E2	Hornbeam/Gürgen
24	Frame/Eğri	E3	White oak/Akmeşe
25	Frame/Eğri	E4	Oak/Meşe
26	Frame/Eğri	E5	Walnut/Ceviz
27	Frame/Eğri	E6	Walnut/Ceviz
28	Frame/Eğri	E7	Walnut/Ceviz
29	Frame/Eğri	E7-S1	Ash tree/Dişbudak
30	Frame/Eğri	E8	Hornbeam/Gürgen
31	Frame/Eğri	E8-İ1	Ash tree/Dişbudak

Sample no / Örnek no	Sample type / Örnek türü	Sample code / Örnek kodu	Identification (Genus/species) / Teşhis sonucu (Cins/tür)
32	Frame/Eğri	E8-İ1	Ash tree/Dişbudak
33	Futtock/Posta	E8-İ1	Walnut/Ceviz
34	Frame/Eğri	E9	Oak/Meşe
35	Frame/Eğri	E9-S1	Ash tree/Dişbudak
36	Frame/Eğri	E10	Oak/Meşe
37	Frame/Eğri	E11	Oak/Meşe
38	Frame/Eğri	E11-S1	Ash tree/Dişbudak
39	Frame/Eğri	E12	White oak/Akmeşe
40	Frame/Eğri	E12-İ1	Ash tree/Dişbudak
41	Frame/Eğri	E13	Walnut/Ceviz
42	Frame/Eğri	E13-S1	Ash tree/Dişbudak
43	Frame/Eğri	E14	Walnut/Ceviz
44	Frame/Eğri	E15	Oak/Meşe
45	Frame/Eğri	E15-S1	Ash tree/Dişbudak
46	Frame/Eğri	E16	Hornbeam/Gürgen
47	Frame/Eğri	E17	White oak/Akmeşe
48	Frame/Eğri	E17-S1	Ash tree/Dişbudak
49	Frame/Eğri	E18	Oak/Meşe
50	Frame/Eğri	E18-S1 (Bulkhead/ Bölme kanallı posta)	Ash tree/Dişbudak
51	Frame/Eğri	E18-1	Ash tree/Dişbudak
52	Frame/Eğri	E18-S1	Ash tree/Dişbudak
53	Frame/Eğri	E19	Oak/Meşe
54	Frame/Eğri	E19-S1	Ash tree/Dişbudak
55	Frame/Eğri	E20	Ash tree/Dişbudak
56	Frame/Eğri	E21-Floor timber/Döşek	White oak/Akmeşe
57	Frame/Eğri	E21-Futtock/Posta	Ash tree/Dişbudak
58	Frame/Eğri	E21-S1	Ash tree/Dişbudak
59	Frame/Eğri	E22	Oak/Meşe
60	Frame/Eğri	E22-İ1	Ash tree/Dişbudak
61	Frame/Eğri	E23	White oak/Akmeşe
62	Frame/Eğri	E23-S1	Ash tree/Dişbudak
63	Frame/Eğri	E24	Oak/Meşe
64	Frame/Eğri	E24-İ1	Ash tree/Dişbudak
65	Frame/Eğri	E25	Walnut/Ceviz
66	Frame/Eğri	E25-S1	Ash tree/Dişbudak
67	Frame/Eğri	E26	Walnut/Ceviz
68	Ceiling/Farş	F1	Oak/Meşe
69	Ceiling/Farş	F1-B	Oak/Meşe
70	Ceiling/Farş	F2	Oak/Meşe
71	Ceiling/Farş	F3	Oak/Meşe

Sample no / Örnek no	Sample type / Örnek türü	Sample code / Örnek kodu	Identification (Genus/species) / Teşhis sonucu (Cins/tür)
72	Ceiling/Farş	F4	Oak/Meşe
73	Ceiling/Farş	F5	Oak/Meşe
74	Ceiling/Farş	F6	Oak/Meşe
75	Ceiling/Farş	F7	Oak/Meşe
76	Ceiling/Farş	F8	Oak/Meşe
77	Ceiling/Farş	F9	Oak/Meşe
78	Ceiling/Farş	F10	Oak/Meşe
79	Ceiling/Farş	F11	White oak/Akmeşe
80	Ceiling/Farş	F12	Oak/Meşe
81	Ceiling/Farş	F13	Oak/Meşe
82	Ceiling/Farş	F14	Oak/Meşe
83	Ceiling/Farş	F15	Oak/Meşe
84	Ceiling/Farş	F16	Oak/Meşe
85	Ceiling/Farş	F17	White oak/Akmeşe
86	Ceiling/Farş	F18	Oak/Meşe
87	Ceiling/Farş	F19	Oak/Meşe
88	Ceiling/Farş	F20	Oak/Meşe
89	Ceiling/Farş	F21	Oak/Meşe
90	Ceiling/Farş	F22	Oak/Meşe
91	Ceiling/Farş	F23	White oak/Akmeşe
92	Ceiling/Farş	F24	Eastern plane/Doğu çınarı
93	Ceiling/Farş	F25	Oak/Meşe
94	Ceiling/Farş	F26	Oak/Meşe
95	Ceiling/Farş	F27	Oak/Meşe
96	Ceiling/Farş	F28	Oak/Meşe
97	Ceiling/Farş	F29	Oak/Meşe
98	Ceiling/Farş	F30	Oak/Meşe
99	Ceiling/Farş	F31	Oak/Meşe
100	Ceiling/Farş	F32	White oak/Akmeşe
101	Ceiling/Farş	F33	Oak/Meşe
102	Ceiling/Farş	F34	Oak/Meşe
103	Ceiling/Farş	F35	Oak/Meşe
104	Ceiling/Farş	F36	Oak/Meşe
105	Ceiling/Farş	F37	Oak/Meşe
106	Ceiling/Farş	F38	Oak/Meşe
107	Ceiling/Farş	F39	Oak/Meşe
108	Ceiling/Farş	F40	Oak/Meşe
109	Ceiling/Farş	F41	Oak/Meşe
110	Ceiling/Farş	F42	Oak/Meşe
111	Ceiling/Farş	F43	Oak/Meşe
112	Ceiling/Farş	F45	Oak/Meşe

Fig. / Res. 3.12
Wreck YK12
YK12 No.lu Batık Gemi

Sample no / Örnek no	Sample type / Örnek türü	Sample code / Örnek kodu	Identification (Genus/species) / Teşhis sonucu (Cins/tür)
113	Ceiling/Farş	F46	Oak/Meşe
114	Portside planking/İskele kaplama	İK1	Chestnut/Kestane
115	Portside planking/İskele kaplama	İK2-1	Chestnut/Kestane
116	Portside planking/İskele kaplama	İK2-2	Chestnut/Kestane
117	Portside planking/İskele kaplama	İK3-1	Chestnut/Kestane
118	Portside planking/İskele kaplama	İK3-2	Chestnut/Kestane
119	Portside planking/İskele kaplama	İK4-1	Chestnut/Kestane
120	Portside planking/İskele kaplama	İK4-2	Chestnut/Kestane
121	Portside planking/İskele kaplama	İK5-1	Chestnut/Kestane
122	Portside planking/İskele kaplama	İK5-2	Chestnut/Kestane
123	Portside planking/İskele kaplama	İK6-1	Chestnut/Kestane
124	Portside planking/İskele kaplama	İK6-2	Chestnut/Kestane
125	Portside planking/İskele kaplama	İK7-1	Chestnut/Kestane
126	Portside planking/İskele kaplama	İK7-2	Chestnut/Kestane
127	Portside planking/İskele kaplama	İK8	Chestnut/Kestane
128	Keel/Omurga	Om1	Hornbeam/Gürgen
129	Keel/Omurga	Om2	Hornbeam/Gürgen
130	Keel/Omurga	Om3	Beech/Kayın
131	Keel/Omurga	Om4	Hornbeam/Gürgen
132	Keel/Omurga	Om5	Hornbeam/Gürgen
133	Starboard planking/Sancak kaplama	SK1	Chestnut/Kestane
134	Starboard planking/Sancak kaplama	SK2-1	Chestnut/Kestane
135	Starboard planking/Sancak kaplama	SK2-2	Chestnut/Kestane
136	Starboard planking/Sancak kaplama	SK3-1	Chestnut/Kestane
137	Starboard planking/Sancak kaplama	SK3-2	Chestnut/Kestane
138	Starboard planking/Sancak kaplama	SK4-1	Chestnut/Kestane
139	Starboard planking/Sancak kaplama	SK4-2	Chestnut/Kestane
140	Starboard planking/Sancak kaplama	SK5-1	Chestnut/Kestane
141	Starboard planking/Sancak kaplama	SK5-2	Chestnut/Kestane
142	Starboard planking/Sancak kaplama	SK6-1	Chestnut/Kestane
143	Starboard planking/Sancak kaplama	SK6-2	Chestnut/Kestane
144	Starboard planking/Sancak kaplama	SK6-3	Oak/Meşe
145	Starboard planking/Sancak kaplama	SK7-1	Chestnut/Kestane
146	Starboard planking/Sancak kaplama	SK7-2	Chestnut/Kestane
147	Starboard planking/Sancak kaplama	SK8-1	Chestnut/Kestane
148	Starboard planking/Sancak kaplama	SK8-2	Chestnut/Kestane
149	Starboard planking/Sancak kaplama	SK9	Chestnut/Kestane
150	Mast step/Yelken yatağı	İ-YY	Red oak/Kırmızı meşe
151	Mast step/Yelken yatağı	S-YY	Red oak/Kırmızı meşe
152	Mast step/Yelken yatağı	YY44	Ash tree/Dişbudak

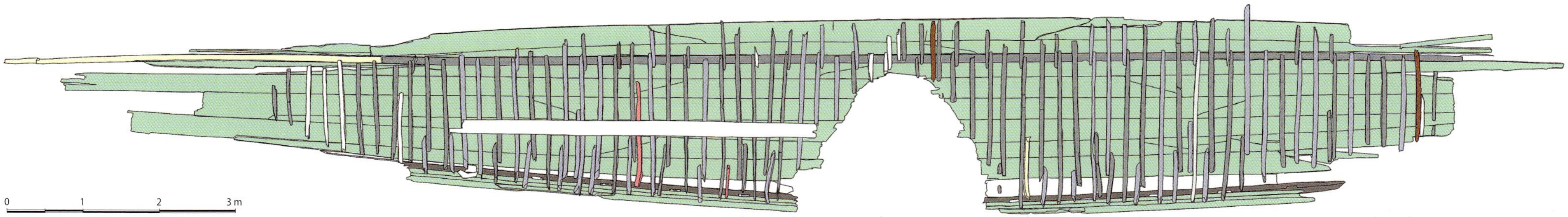

Fig. / Res. 3.13

Wreck YK13. Coloured (lower) and wood form (upper)

YK13 No.lu Kadırga. Renklendirilmiş (üst) ve ahşap formu (alt)

8. Yenikapı 13 (YK13)

Ship type : Galley
Date : Eighth-ninth centuries

One hundred and seventy-six samples taken belonged to nine genera/species (Table 3.9; Figs. 3.13 and 3.14). As different from the preceding merchantmen this galley was mainly built with black pine, plane and elm wood. Treenails were made of weaver's broom, oak and phillyrea. In addition, three samples belonged to fir, one to hornbeam, and two to walnut tree.

8. Yenikapı 13 (YK13)

Geminin Türü : Kadırga
Dönemi : 8.-9. yüzyıl

Gemide 9 farklı cins/türe ait toplam 176 örneğin teşhisi yapılmıştır (Tablo 3.9; Res. 3.13 ve 3.14). Kadırgada, ticaret gemilerinden farklı olarak karaçam, çınar ve karaağaç ana malzemeleri oluşturmaktadır. Ahşap çivilerde katırtırnağı, meşe ve akçakesme kullanılmış ve bu ana parçalar dışında, 3 göknar, 1 gürgen, 2 ceviz ağacı tercih edilmiştir.

Table / Tablo 3.9
Genera/species used in YK13 / *YK13 No.lu Gemide Kullanılan Cins/Türler*

Sample no / Örnek no	Sample type / Örnek türü	Sample code / Örnek kodu	Identification (Genus/species) / Teşhis sonucu (Cins/tür)
1	Treenail/Ahşap çivi	E50-1-AÇ	Spanish broom/Katırtırnağı
2	Treenail/Ahşap çivi	E50-1-AÇ	Oak/Meşe
3	Treenail/Ahşap çivi	E50-1-AÇ	Oak/Meşe
4	Coak/Kavela	İK3-E29-E30	Phillyrea/Akçakesme
5	Treenail/Ahşap çivi	S-E83-AÇ	Phillyrea/Akçakesme
6	Treenail/Ahşap çivi	S-E83-AÇ	Oak/Meşe
7	Treenail/Ahşap çivi	E93-1-AÇ	Spanish broom/Katırtırnağı
8	Treenail/Ahşap çivi	E93-2-AÇ	Spanish broom/Katırtırnağı
9	Treenail/Ahşap çivi	E93-3-AÇ	Spanish broom/Katırtırnağı
10	Treenail/Ahşap çivi	E93-4-AÇ	Spanish broom/Katırtırnağı
11	Treenail/Ahşap çivi	E93-5-AÇ	Phillyrea/Akçakesme
12	Treenail/Ahşap çivi	E93-6-AÇ	Spanish broom/Katırtırnağı
13	Treenail/Ahşap çivi	E93-7-AÇ	Oak/Meşe
14	Treenail/Ahşap çivi	E93-8-AÇ	Oak/Meşe
15	Treenail/Ahşap çivi	E93-9-AÇ	Oak/Meşe
16	Treenail/Ahşap çivi	E93-10-AÇ	Oak/Meşe
17	Treenail/Ahşap çivi	E93-11-AÇ	Oak/Meşe
18	Treenail/Ahşap çivi	E93-12-AÇ	Oak/Meşe
19	Treenail/Ahşap çivi	E93-13-AÇ	Spanish broom/Katırtırnağı
20	Treenail/Ahşap çivi	E93-14-AÇ	Spanish broom/Katırtırnağı
21	Treenail/Ahşap çivi	E93-15-AÇ	Spanish broom/Katırtırnağı
22	Treenail/Ahşap çivi	E93-16-AÇ	Spanish broom/Katırtırnağı
23	Treenail/Ahşap çivi	E93-17-AÇ	Spanish broom/Katırtırnağı
24	Treenail/Ahşap çivi	E93-18-AÇ	Spanish broom/Katırtırnağı
25	Treenail/Ahşap çivi	E93-19-AÇ	Spanish broom/Katırtırnağı
26	Treenail/Ahşap çivi	E93-20-AÇ	Oak/Meşe
27	Treenail/Ahşap çivi	E93-21-AÇ	Oak/Meşe
28	Treenail/Ahşap çivi	E93-22-AÇ	Phillyrea/Akçakesme
29	Treenail/Ahşap çivi	E93-23-AÇ	Oak/Meşe
30	Treenail/Ahşap çivi	E93-24-AÇ	Spanish broom/Katırtırnağı
31	Frame/Eğri	E11	Eastern plane/Doğu çınarı
32	Frame/Eğri	E12	Eastern plane/Doğu çınarı
33	Frame/Eğri	E16	Eastern plane/Doğu çınarı
34	Frame/Eğri	E17	Eastern plane/Doğu çınarı
35	Frame/Eğri	E18	Eastern plane/Doğu çınarı

Sample no / Örnek no	Sample type / Örnek türü	Sample code / Örnek kodu	Identification (Genus/species) / Teşhis sonucu (Cins/tür)
36	Frame/Eğri	E22	Eastern plane/Doğu çınarı
37	Frame/Eğri	E22-İ1	Elm tree/Karaağaç
38	Frame/Eğri	E23	Eastern plane/Doğu çınarı
39	Frame/Eğri	E23-İ1	Elm tree/Karaağaç
40	Frame/Eğri	E24	Elm tree/Karaağaç
41	Frame/Eğri	E25	Elm tree/Karaağaç
42	Frame/Eğri	E26	Eastern plane/Doğu çınarı
43	Frame/Eğri	E26-İ1	Eastern plane/Doğu çınarı
44	Frame/Eğri	E29	Eastern plane/Doğu çınarı
45	Frame/Eğri	E29-İ1	Elm tree/Karaağaç
46	Frame/Eğri	E30	Eastern plane/Doğu çınarı
47	Frame/Eğri	E31	Elm tree/Karaağaç
48	Frame/Eğri	E31-İ1	Elm tree/Karaağaç
49	Frame/Eğri	E31-İ1	Oak/Meşe
50	Frame/Eğri	E33	Eastern plane/Doğu çınarı
51	Frame/Eğri	E34	Elm tree/Karaağaç
52	Frame/Eğri	E34-İ1	Elm tree/Karaağaç
53	Frame/Eğri	E37	Eastern plane/Doğu çınarı
54	Frame/Eğri	E37-İ1	Elm tree/Karaağaç
55	Frame/Eğri	E39	Elm tree/Karaağaç
56	Frame/Eğri	E41	Eastern plane/Doğu çınarı
57	Frame/Eğri	E41-İ1	Eastern plane/Doğu çınarı
58	Frame/Eğri	E42	Eastern plane/Doğu çınarı
59	Frame/Eğri	E44	Elm tree/Karaağaç
60	Frame/Eğri	E45	Eastern plane/Doğu çınarı
61	Frame/Eğri	E47	Eastern plane/Doğu çınarı
62	Frame/Eğri	E47-İ1	Eastern plane/Doğu çınarı
63	Frame/Eğri	E50	Eastern plane/Doğu çınarı
64	Frame/Eğri	E50-İ1	Elm tree/Karaağaç
65	Frame/Eğri	E51	Eastern plane/Doğu çınarı
66	Frame/Eğri	E53	Elm tree/Karaağaç
67	Frame/Eğri	E56	Elm tree/Karaağaç
68	Frame/Eğri	E63	Eastern plane/Doğu çınarı
69	Frame/Eğri	E64	Eastern plane/Doğu çınarı
70	Frame/Eğri	E65	Eastern plane/Doğu çınarı
71	Frame/Eğri	E66	Walnut/Ceviz
72	Frame/Eğri	E67	Eastern plane/Doğu çınarı
73	Frame/Eğri	E70	Eastern plane/Doğu çınarı
74	Frame/Eğri	E73	Eastern plane/Doğu çınarı
75	Frame/Eğri	E73-İ1	Eastern plane/Doğu çınarı
76	Frame/Eğri	E76	Eastern plane/Doğu çınarı
77	Frame/Eğri	E76-İ1	Elm tree/Karaağaç
78	Frame/Eğri	E79	Eastern plane/Doğu çınarı
79	Frame/Eğri	E79-İ1	Elm tree/Karaağaç
80	Frame/Eğri	E82	Elm tree/Karaağaç
81	Frame/Eğri	E82-İ1	Eastern plane/Doğu çınarı
82	Frame/Eğri	E85	Eastern plane/Doğu çınarı
83	Frame/Eğri	E85-İ1	Elm tree/Karaağaç
84	Frame/Eğri	E86	Elm tree/Karaağaç

Sample no / Örnek no	Sample type / Örnek türü	Sample code / Örnek kodu	Identification (Genus/species) / Teşhis sonucu (Cins/tür)
85	Frame/Eğri	E87	Eastern plane/Doğu çınarı
86	Frame/Eğri	E87-İ1	Elm tree/Karaağaç
87	Frame/Eğri	E89 FROm AFT SIDE/KIÇ TAR.	Hornbeam/Gürgen
88	Frame/Eğri	E90	Eastern plane/Doğu çınarı
89	Frame/Eğri	E90-İ1	Elm tree/Karaağaç
90	Frame/Eğri	E93	Elm tree/Karaağaç
91	Frame/Eğri	E93-İ1	Eastern plane/Doğu çınarı
92	Frame/Eğri	E94	Elm tree/Karaağaç
93	Frame/Eğri	E95	Eastern plane/Doğu çınarı
94	Frame/Eğri	E98	Elm tree/Karaağaç
95	Frame/Eğri	E101	Elm tree/Karaağaç
96	Frame/Eğri	E102	Eastern plane/Doğu çınarı
97	Frame/Eğri	E103	Eastern plane/Doğu çınarı
98	Frame/Eğri	E104	Elm tree/Karaağaç
99	Frame/Eğri	E105	Walnut/Ceviz
100	Frame/Eğri	E106	Eastern plane/Doğu çınarı
101	Frame/Eğri	İ-E32-İ1	Elm tree/Karaağaç
102	Frame/Eğri	İ-E72	Eastern plane/Doğu çınarı
103	Frame/Eğri	İ-E100	Eastern plane/Doğu çınarı
104	Frame/Eğri	İ-E100-1	Eastern plane/Doğu çınarı
105	Frame/Eğri	İ-E45-İ1	—
106	Frame/Eğri	İ-E75-İ1	Oak/Meşe
107	Frame/Eğri	İ-E78	Eastern plane/Doğu çınarı
108	Frame/Eğri	İ-E81-İ1	Eastern plane/Doğu çınarı
109	Frame/Eğri	İ-E84	Eastern plane/Doğu çınarı
110	Frame/Eğri	İ-E89	Elm tree/Karaağaç
111	Frame/Eğri	İ-E92	Elm tree/Karaağaç
112	Frame/Eğri	İ-E97	Elm tree/Karaağaç
113	Frame/Eğri	İ-E27	Elm tree/Karaağaç
114	Frame/Eğri	İ-E35	Eastern plane/Doğu çınarı
115	Frame/Eğri	İ-E54	Elm tree/Karaağaç
116	Frame/Eğri	İ-E57	Eastern plane/Doğu çınarı
117	Frame/Eğri	İ-E68	Eastern plane/Doğu çınarı
118	Frame/Eğri	İ-E75	Eastern plane/Doğu çınarı
119	Frame/Eğri	İ-E81	Elm tree/Karaağaç
120	Frame/Eğri	İ-E20	Eastern plane/Doğu çınarı
121	Frame/Eğri	İ-E32	Elm tree/Karaağaç
122	Frame/Eğri	İ-E38	—
123	Frame/Eğri	İ-E48	Eastern plane/Doğu çınarı
124	Frame/Eğri	S-E36	Fir/Göknar
125	Frame/Eğri	S-E55	Elm tree/Karaağaç
126	Frame/Eğri	S-E58	Elm tree/Karaağaç
127	Frame/Eğri	S-E69	Eastern plane/Doğu çınarı
128	Frame/Eğri	S-E71	Eastern plane/Doğu çınarı
129	Frame/Eğri	S-E74	Eastern plane/Doğu çınarı
130	Frame/Eğri	S-E83	Elm tree/Karaağaç
131	Frame/Eğri	S-E88	Elm tree/Karaağaç
132	Frame/Eğri	S-E91	Elm tree/Karaağaç
133	Frame/Eğri	S-E96	Eastern plane/Doğu çınarı
134	Frame/Eğri	S-E99	Eastern plane/Doğu çınarı

Fig. / Res. 3.14
Wreck YK13 / *YK13 No.lu Batık Gemi*

Sample no / Örnek no	Sample type / Örnek türü	Sample code / Örnek kodu	Identification (Genus/species) / Teşhis sonucu (Cins/tür)
135	Frame/Eğri	S-E28	Elm tree/Karaağaç
136	Frame/Eğri	S-E40	Elm tree/Karaağaç
137	Frame/Eğri	S-E43	Eastern plane/Doğu çınarı
138	Frame/Eğri	S-E49	Eastern plane/Doğu çınarı
139	Frame/Eğri	S-E52	Eastern plane/Doğu çınarı
140	Frame/Eğri	S-E77	Eastern plane/Doğu çınarı
141	Frame/Eğri	S-E80	Elm tree/Karaağaç
142	Frame/Eğri	S-E21	Eastern plane/Doğu çınarı
143	Frame/Eğri	S-E46	Eastern plane/Doğu çınarı
144	Portside garboard/İskele burma	İB1-1	Black pine/Karaçam
145	Portside garboard/İskele burma	İB1-2	Black pine/Karaçam
146	Portside garboard/İskele burma	İB1-3	Black pine/Karaçam
147	Portside wale/İskele çapa tahtası	İÇT1	Fir/Göknar
148	Portside wale/İskele çapa tahtası	İÇT2	Black pine/Karaçam
149	Portside planking/İskele kaplama	İK1-1	Black pine/Karaçam
150	Portside planking/İskele kaplama	İK1-2	Black pine/Karaçam
151	Portside planking/İskele kaplama	İK1-3	Black pine/Karaçam
152	Portside planking/İskele kaplama	İK2-1	Black pine/Karaçam
153	Portside planking/İskele kaplama	İK2-2	Black pine/Karaçam
154	Portside planking/İskele kaplama	İK3	Black pine/Karaçam
155	Portside planking/İskele kaplama	İK4-1	Black pine/Karaçam
156	Portside planking/İskele kaplama	İK4-2	Black pine/Karaçam
157	Portside planking/İskele kaplama	İK4-3	Black pine/Karaçam
158	Portside planking/İskele kaplama	İK4-4	Black pine/Karaçam
159	Portside planking/İskele kaplama	İK4-5	Black pine/Karaçam
160	Portside planking/İskele kaplama	İK5-1	Black pine/Karaçam
161	Portside planking/İskele kaplama	İK5-2	Black pine/Karaçam
162	Portside planking/İskele kaplama	İK7-1	Black pine/Karaçam
163	Portside planking/İskele kaplama	İK7-2	Black pine/Karaçam
164	Portside planking/İskele kaplama	İK8	Black pine/Karaçam
165	Keel/Omurga	Om1	Oak/Meşe
166	Keel/Omurga	Om2	Eastern plane/Doğu çınarı
167	Starboard garboard/Sancak burma	SB1-1	Black pine/Karaçam
168	Starboard garboard/Sancak burma	SB1-2	Black pine/Karaçam
169	Starboard garboard/Sancak burma	SB1-3	Black pine/Karaçam
170	Starboard planking/Sancak kaplama	SK1-1	Black pine/Karaçam
171	Starboard planking/Sancak kaplama	SK1-2	Black pine/Karaçam
172	Starboard planking/Sancak kaplama	SK1-3	Black pine/Karaçam
173	Piece from unknown position/Yeri belli olmayan parça	YB0	Black pine/Karaçam
174	Piece from unknown position/Yeri belli olmayan parça	YB013	Elm tree/Karaağaç
175	Piece from unknown position/Yeri belli olmayan parça	YB014	Elm tree/Karaağaç
176	Piece from unknown position/Yeri belli olmayan parça	YB016	Elm tree/Karaağaç

Fig. / Res. 3.15

Wreck YK15. Coloured (lower) and wood form (upper)

YK15 No.lu Gemi. Renklendirilmiş (alt) ve ahşap formu (üst)

9. Yenikapı 15 (YK15)

Ship type : Merchantman
Date : Eighth-ninth centuries

This ship has survived in very poor condition with only ten members extant. Two pieces belong to two portside planking and five to starboard planking whereas the remaining three belong to the keel (Table 3.10; Figs. 3.15 and 3.16). All the planking samples belong to stone pine tree and the keel pieces belong to white oak tree. For the present situation the extant pieces do not show any sign of repair.

9. Yenikapı 15 (YK15)

Geminin Türü : Ticaret gemisi
Dönemi : 8.-9. yüzyıl

Gemiden geriye sadece 10 örnek günümüze ulaşmış olup bunlar 2 iskele ve 5 sancak kaplama ile 3 omurga örneğidir (Tablo 3.10; Res. 3.15 ve 3.16). Kaplama örneklerinin tamamı fıstıkçamı ağacına aittir. Omurga örnekleri ise akmeşe grubuna ait ağaçlardır. Şu haliyle geminin en azından günümüze ulaşan kısımlarının herhangi bir onarım geçirmediği görülmektedir.

Table / Tablo 3.10
Genera/species used in YK15 / *YK15 No.lu Gemide Kullanılan Cins/Türler*

Sample no / Örnek no	Sample type / Örnek türü	Sample code / Örnek kodu	Identification (Genus/species) / Teşhis sonucu (Cins/tür)
1	Portside planking/İskele kaplama	İK1	Stone pine/Fıstıkçamı
2	Portside planking/İskele kaplama	İK2	Stone pine/Fıstıkçamı
3	Keel/Omurga	Om1	White oak/Akmeşe
4	Keel/Omurga	Om2	White oak/Akmeşe
5	Keel/Omurga	Om3	White oak/Akmeşe
6	Starboard planking/Sancak kaplama	SK1	Stone pine/Fıstıkçamı
7	Starboard planking/Sancak kaplama	SK2	Stone pine/Fıstıkçamı
8	Starboard planking/Sancak kaplama	SK3	Stone pine/Fıstıkçamı
9	Starboard planking/Sancak kaplama	SK4-1	Stone pine/Fıstıkçamı
10	Starboard planking/Sancak kaplama	SK4-2	Stone pine/Fıstıkçamı

Fig. / Res. 3.16
Wreck YK15
YK15 No.lu Batık Gemi

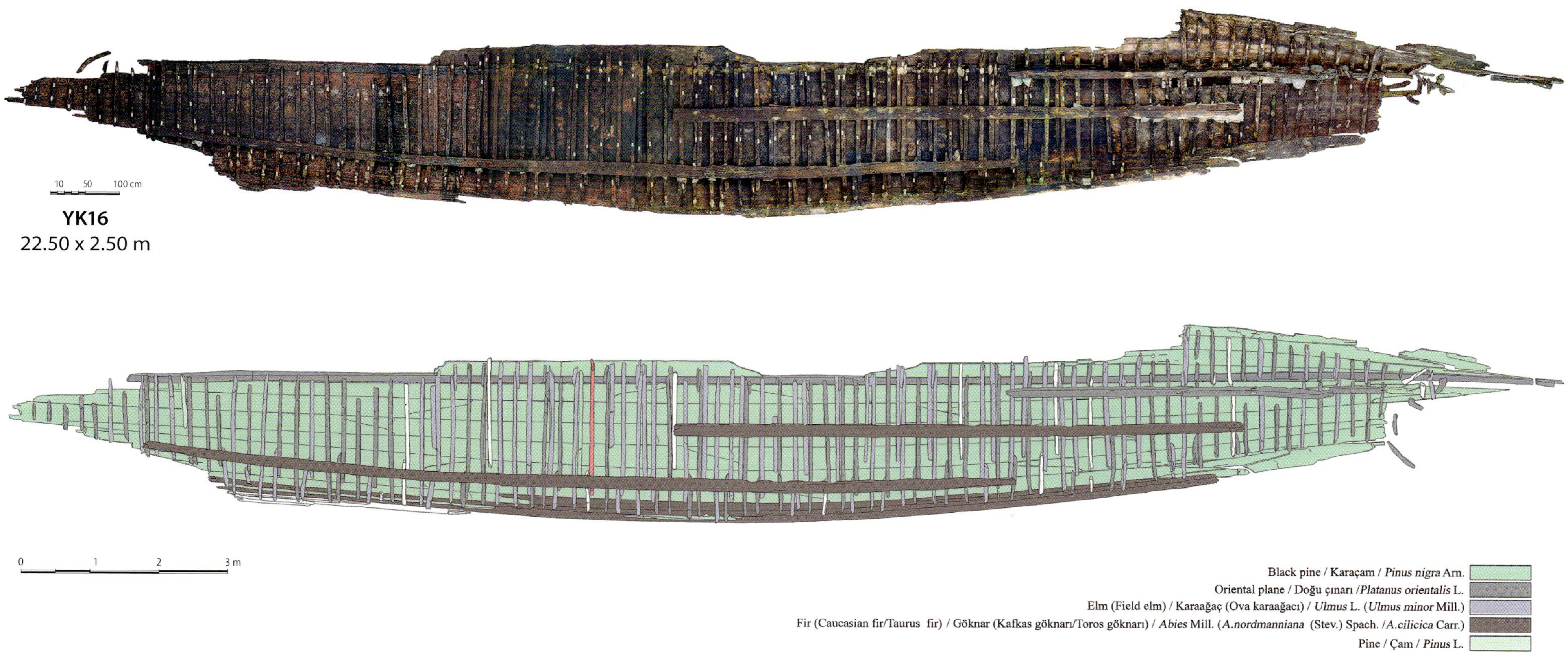

Fig. / Res. 3.17

Wreck YK16. Coloured (lower) and wood form (upper)

YK16 No.lu Gemi. Renklendirilmiş (alt) ve ahşap formu (üst)

10. Yenikapı 16 (YK16)

Ship type : Galley
Date : Eighth century

Two hundred and thirty-nine samples taken belonged to six genera/species (Table 3.11; Figs. 3.17 and 3.18). As in the galley YK13 this ship was also mainly built with black pine, plane, and elm wood. Treenails were made of weaver's broom and oak. In addition, eight samples belonged to fir; these may be pieces used for repairing the planking.

10. Yenikapı 16 (YK16)

Geminin Türü : Kadırga
Dönemi : 8. yüzyıl

Gemide 6 farklı cins/türe ait toplam 239 örneğin teşhisi yapılmıştır (Tablo 3.11; Res. 3.17 ve 3.18). Bu gemide de YK13 no.lu kadırgada olduğu gibi ana ağaçlar çınar, karaçam ve karaağaçtır. Ahşap çivilerin ana malzemesi ise katırtırnağı ve meşedir. Gemide ayrıca 8 parça da göknar kullanılmıştır. Bunlardan özellikle kaplama olarak kullanılanlar onarım parçaları olabilir.

Table / Tablo 3.11
Genera/species used in YK16 / *YK16 No.lu Gemide Kullanılan Cins/Türler*

Sample no / Örnek no	Sample type / Örnek türü	Sample code / Örnek kodu	Identification (Genus/species) / Teşhis sonucu (Cins/tür)
1	Treenail/Ahşap çivi	E23-AÇ	Red oak/Kırmızı meşe
2	Treenail/Ahşap çivi	E27-AÇ	Spanish broom/Katırtırnağı
3	Treenail/Ahşap çivi	E35-AÇ	Spanish broom/Katırtırnağı
4	Treenail/Ahşap çivi	E36-AÇ	Oak/Meşe
5	Treenail/Ahşap çivi	E36-SK1-AÇ	Spanish broom/Katırtırnağı
6	Treenail/Ahşap çivi	E46-AÇ	Spanish broom/Katırtırnağı
7	Treenail/Ahşap çivi	E47-AÇ	Spanish broom/Katırtırnağı
8	Treenail/Ahşap çivi	E51-AÇ	Spanish broom/Katırtırnağı
9	Treenail/Ahşap çivi	E116-AÇ	Oak/Meşe
10	Treenail/Ahşap çivi	E117-AÇ	Oak/Meşe
11	Treenail/Ahşap çivi	E128-AÇ	Eastern plane/Doğu çınarı
12	Treenail/Ahşap çivi	E129-AÇ	Spanish broom/Katırtırnağı
13	Treenail/Ahşap çivi	E130-AÇ	Spanish broom/Katırtırnağı
14	Treenail/Ahşap çivi	E131-AÇ	Spanish broom/Katırtırnağı
15	Treenail/Ahşap çivi	E132-AÇ	Oak/Meşe
16	Treenail/Ahşap çivi	İSK-E38-AÇ	Spanish broom/Katırtırnağı
17	Treenail/Ahşap çivi	İSK-E41-AÇ	Spanish broom/Katırtırnağı
18	Treenail/Ahşap çivi	S-E25-AÇ	Spanish broom/Katırtırnağı
19	Treenail/Ahşap çivi	S-E30-AÇ	Spanish broom/Katırtırnağı
20	Frame/Eğri	E1	Eastern plane/Doğu çınarı
21	Frame/Eğri	E2	Eastern plane/Doğu çınarı
22	Frame/Eğri	E5	Eastern plane/Doğu çınarı
23	Frame/Eğri	E8	Eastern plane/Doğu çınarı
24	Frame/Eğri	E11	Eastern plane/Doğu çınarı
25	Frame/Eğri	E14	Elm tree/Karaağaç
26	Frame/Eğri	E17-S1	Elm tree/Karaağaç
27	Frame/Eğri	E20	Eastern plane/Doğu çınarı
28	Frame/Eğri	E20-S1	Eastern plane/Doğu çınarı
29	Frame/Eğri	E23	Eastern plane/Doğu çınarı
30	Frame/Eğri	E23-S1	Elm tree/Karaağaç
31	Frame/Eğri	E26	Elm tree/Karaağaç

Sample no / Örnek no	Sample type / Örnek türü	Sample code / Örnek kodu	Identification (Genus/species) / Teşhis sonucu (Cins/tür)
32	Frame/Eğri	E26 / S-E27	Fir/Göknar
33	Frame/Eğri	E29	Elm tree/Karaağaç
34	Frame/Eğri	E29-S1	Eastern plane/Doğu çınarı
35	Frame/Eğri	E32	Elm tree/Karaağaç
36	Frame/Eğri	E32-S1	Eastern plane/Doğu çınarı
37	Frame/Eğri	E36	Elm tree/Karaağaç
38	Frame/Eğri	E39	Elm tree/Karaağaç
39	Frame/Eğri	E39-S1	Eastern plane/Doğu çınarı
40	Frame/Eğri	E42	Elm tree/Karaağaç
41	Frame/Eğri	E43	Elm tree/Karaağaç
42	Frame/Eğri	E43-S1	Elm tree/Karaağaç
43	Frame/Eğri	E46	Elm tree/Karaağaç
44	Frame/Eğri	E47	Eastern plane/Doğu çınarı
45	Frame/Eğri	E47-S1	Eastern plane/Doğu çınarı
46	Frame/Eğri	E50	Elm tree/Karaağaç
47	Frame/Eğri	E51	Eastern plane/Doğu çınarı
48	Frame/Eğri	E51-S1	Eastern plane/Doğu çınarı
49	Frame/Eğri	E54	Elm tree/Karaağaç
50	Frame/Eğri	E55	Eastern plane/Doğu çınarı
51	Frame/Eğri	E55-S1	Elm tree/Karaağaç
52	Frame/Eğri	E58	Elm tree/Karaağaç
53	Frame/Eğri	E59	Eastern plane/Doğu çınarı
54	Frame/Eğri	E59-S1	Elm tree/Karaağaç
55	Frame/Eğri	E62	Elm tree/Karaağaç
56	Frame/Eğri	E63	Eastern plane/Doğu çınarı
57	Frame/Eğri	E63-S1	Eastern plane/Doğu çınarı
58	Frame/Eğri	E66	Elm tree/Karaağaç
59	Frame/Eğri	E67	Elm tree/Karaağaç
60	Frame/Eğri	E67-S1	Elm tree/Karaağaç
61	Frame/Eğri	E70	Elm tree/Karaağaç
62	Frame/Eğri	E71	Elm tree/Karaağaç
63	Frame/Eğri	E71-S1	Eastern plane/Doğu çınarı
64	Frame/Eğri	E74	Elm tree/Karaağaç
65	Frame/Eğri	E75	Elm tree/Karaağaç
66	Frame/Eğri	E75-S	Eastern plane/Doğu çınarı
67	Frame/Eğri	E76	Elm tree/Karaağaç
68	Frame/Eğri	E77	Elm tree/Karaağaç
69	Frame/Eğri	E80	Elm tree/Karaağaç
70	Frame/Eğri	E80-S1	Eastern plane/Doğu çınarı
71	Frame/Eğri	E84	Elm tree/Karaağaç
72	Frame/Eğri	E84-S1	Eastern plane/Doğu çınarı
73	Frame/Eğri	E85	Elm tree/Karaağaç
74	Frame/Eğri	E88	Elm tree/Karaağaç

Sample no / Örnek no	Sample type / Örnek türü	Sample code / Örnek kodu	Identification (Genus/species) / Teşhis sonucu (Cins/tür)
75	Frame/Eğri	E88-S1	Elm tree/Karaağaç
76	Frame/Eğri	E89	Elm tree/Karaağaç
77	Frame/Eğri	E92	—
78	Frame/Eğri	E92-S1	Spanish broom/Katırtırnağı
79	Frame/Eğri	E93	Black pine/Karaçam
80	Frame/Eğri	E96	Eastern plane/Doğu çınarı
81	Frame/Eğri	E96-S1	Elm tree/Karaağaç
82	Frame/Eğri	E97	Elm tree/Karaağaç
83	Frame/Eğri	E100	Elm tree/Karaağaç
84	Frame/Eğri	E100-S1	Eastern plane/Doğu çınarı
85	Frame/Eğri	E103	Elm tree/Karaağaç
86	Frame/Eğri	E103-S1	Elm tree/Karaağaç
87	Frame/Eğri	E104	Poor quality sample not identified/Örnek kötü, teşhis edilemedi
88	Frame/Eğri	E107	Eastern plane/Doğu çınarı
89	Frame/Eğri	E107-S1	Eastern plane/Doğu çınarı
90	Frame/Eğri	E110	Elm tree/Karaağaç
91	Frame/Eğri	E110-S1	Elm tree/Karaağaç
92	Frame/Eğri	E112	Elm tree/Karaağaç
93	Frame/Eğri	E114	Eastern plane/Doğu çınarı
94	Frame/Eğri	E115	Eastern plane/Doğu çınarı
95	Frame/Eğri	E115-S1	Elm tree/Karaağaç
96	Frame/Eğri	E116	Eastern plane/Doğu çınarı
97	Frame/Eğri	E117	Eastern plane/Doğu çınarı
98	Frame/Eğri	E117-S1	Eastern plane/Doğu çınarı
99	Frame/Eğri	E118	Eastern plane/Doğu çınarı
100	Frame/Eğri	E119	Elm tree/Karaağaç
101	Frame/Eğri	E119-S1	Elm tree/Karaağaç
102	Frame/Eğri	E120	Eastern plane/Doğu çınarı
103	Frame/Eğri	E121	Eastern plane/Doğu çınarı
104	Frame/Eğri	E121-S1	Elm tree/Karaağaç
105	Frame/Eğri	E122	Elm tree/Karaağaç
106	Frame/Eğri	E123	Eastern plane/Doğu çınarı
107	Frame/Eğri	E123-S1	Elm tree/Karaağaç
108	Frame/Eğri	E124	Elm tree/Karaağaç
109	Frame/Eğri	E125	Eastern plane/Doğu çınarı
110	Frame/Eğri	E125-S1	Elm tree/Karaağaç
111	Frame/Eğri	E126	Eastern plane/Doğu çınarı
112	Frame/Eğri	E129	Elm tree/Karaağaç
113	Frame/Eğri	E130	Elm tree/Karaağaç
114	Frame/Eğri	E131	Eastern plane/Doğu çınarı
115	Frame/Eğri	E132	Elm tree/Karaağaç
116	Frame/Eğri	E133	Eastern plane/Doğu çınarı
117	Frame/Eğri	E134	Elm tree/Karaağaç

Sample no / Örnek no	Sample type / Örnek türü	Sample code / Örnek kodu	Identification (Genus/species) / Teşhis sonucu (Cins/tür)
118	Frame/Eğri	E135	Eastern plane/Doğu çınarı
119	Frame/Eğri	E136	Eastern plane/Doğu çınarı
120	Frame/Eğri	E137	Eastern plane/Doğu çınarı
121	Frame/Eğri	E138	Eastern plane/Doğu çınarı
122	Frame/Eğri	E139	Eastern plane/Doğu çınarı
123	Frame/Eğri	E01	Eastern plane/Doğu çınarı
124	Frame/Eğri	E02	Pine/Çam
125	Frame/Eğri	E03	Elm tree/Karaağaç
126	Frame/Eğri	İ-E4	Elm tree/Karaağaç
127	Frame/Eğri	İ-E7	Elm tree/Karaağaç
128	Frame/Eğri	İ-E9	Elm tree/Karaağaç
129	Frame/Eğri	İ-E13	Eastern plane/Doğu çınarı
130	Frame/Eğri	İ-E16	Eastern plane/Doğu çınarı
131	Frame/Eğri	İ-E19	Eastern plane/Doğu çınarı
132	Frame/Eğri	İ-E21	Elm tree/Karaağaç
133	Frame/Eğri	İ-E24	Eastern plane/Doğu çınarı
134	Frame/Eğri	İ-E28	Elm tree/Karaağaç
135	Frame/Eğri	İ-E31	Eastern plane/Doğu çınarı
136	Frame/Eğri	İ-E33	Eastern plane/Doğu çınarı
137	Frame/Eğri	İ-E38	Elm tree/Karaağaç
138	Frame/Eğri	İ-E41	Eastern plane/Doğu çınarı
139	Frame/Eğri	İ-E45	Eastern plane/Doğu çınarı
140	Frame/Eğri	İ-E49	Elm tree/Karaağaç
141	Frame/Eğri	İ-E53	Elm tree/Karaağaç
142	Frame/Eğri	İ-E57	Elm tree/Karaağaç
143	Frame/Eğri	İ-E61	Eastern plane/Doğu çınarı
144	Frame/Eğri	İ-E65	Eastern plane/Doğu çınarı
145	Frame/Eğri	İ-E69	Eastern plane/Doğu çınarı
146	Frame/Eğri	İ-E72	Eastern plane/Doğu çınarı
147	Frame/Eğri	İ-E79	Eastern plane/Doğu çınarı
148	Frame/Eğri	İ-E82	Eastern plane/Doğu çınarı
149	Frame/Eğri	İ-E87	Elm tree/Karaağaç
150	Frame/Eğri	İ-E91	Eastern plane/Doğu çınarı
151	Frame/Eğri	İ-E95	Elm tree/Karaağaç
152	Frame/Eğri	İ-E99	Eastern plane/Doğu çınarı
153	Frame/Eğri	İ-E101	Elm tree/Karaağaç
154	Frame/Eğri	İ-E106	Eastern plane/Doğu çınarı
155	Frame/Eğri	İ-E108	Elm tree/Karaağaç
156	Frame/Eğri	İ-E128	Pine/Çam
157	Frame/Eğri	S-E3	Eastern plane/Doğu çınarı
158	Frame/Eğri	S-E6	Elm tree/Karaağaç

Sample no / Örnek no	Sample type / Örnek türü	Sample code / Örnek kodu	Identification (Genus/species) / Teşhis sonucu (Cins/tür)
159	Frame/Eğri	S-E10	Elm tree/Karaağaç
160	Frame/Eğri	S-E12	Eastern plane/Doğu çınarı
161	Frame/Eğri	S-E15	Eastern plane/Doğu çınarı
162	Frame/Eğri	S-E17	Eastern plane/Doğu çınarı
163	Frame/Eğri	S-E18	Eastern plane/Doğu çınarı
164	Frame/Eğri	S-E22	Elm tree/Karaağaç
165	Frame/Eğri	S-E23	Pine/Çam
166	Frame/Eğri	S-E25	Eastern plane/Doğu çınarı
167	Frame/Eğri	S-E27	Elm tree/Karaağaç
168	Frame/Eğri	S-E30	Eastern plane/Doğu çınarı
169	Frame/Eğri	S-E34	Elm tree/Karaağaç
170	Frame/Eğri	S-E37	Eastern plane/Doğu çınarı
171	Frame/Eğri	S-E40	Eastern plane/Doğu çınarı
172	Frame/Eğri	S-E44	Eastern plane/Doğu çınarı
173	Frame/Eğri	S-E48	Elm tree/Karaağaç
174	Frame/Eğri	S-E52	Elm tree/Karaağaç
175	Frame/Eğri	S-E56	Elm tree/Karaağaç
176	Frame/Eğri	S-E60	Eastern plane/Doğu çınarı
177	Frame/Eğri	S-E64	Eastern plane/Doğu çınarı
178	Frame/Eğri	S-E68	Eastern plane/Doğu çınarı
179	Frame/Eğri	S-E73	Eastern plane/Doğu çınarı
180	Frame/Eğri	S-E78	Eastern plane/Doğu çınarı
181	Frame/Eğri	S-E83	Eastern plane/Doğu çınarı
182	Frame/Eğri	S-E86	Elm tree/Karaağaç
183	Frame/Eğri	S-E90	Eastern plane/Doğu çınarı
184	Frame/Eğri	S-E94	Elm tree/Karaağaç
185	Frame/Eğri	S-E98	Eastern plane/Doğu çınarı
186	Frame/Eğri	S-E102	Elm tree/Karaağaç
187	Frame/Eğri	S-E105	Eastern plane/Doğu çınarı
188	Frame/Eğri	S-E109	Elm tree/Karaağaç
189	Frame/Eğri	S-E111	Elm tree/Karaağaç
190	Frame/Eğri	S-E127	Eastern plane/Doğu çınarı
191	Frame/Eğri	S-E127-S1	—
192	Portside garboard/İskele burma	İB1-1	Black pine/Karaçam
193	Portside garboard/İskele burma	İB1-2	Black pine/Karaçam
194	Portside planking/İskele kaplama	İK1	Black pine/Karaçam
195	Portside planking/İskele kaplama	İK2-1	Black pine/Karaçam
196	Portside planking/İskele kaplama	İK2-2	Black pine/Karaçam
197	Portside planking/İskele kaplama	İK3	Black pine/Karaçam
198	Keel/Omurga	İçOm	Eastern plane/Doğu çınarı
199	Keel/Omurga	Om1	Eastern plane/Doğu çınarı

Fig. / Res. 3.18
Wreck YK16
YK16 No.lu Batık Gemi

Sample no / Örnek no	Sample type / Örnek türü	Sample code / Örnek kodu	Identification (Genus/species) / Teşhis sonucu (Cins/tür)
200	Keel/Omurga	Om2	Eastern plane/Doğu çınarı
201	Keel/Omurga	Om3	Eastern plane/Doğu çınarı
202	Keel/Omurga	Om4	Eastern plane/Doğu çınarı
203	Starboard garboard/Sancak burma	SB1-1	Black pine/Karaçam
204	Starboard garboard/Sancak burma	SB1-2	Black pine/Karaçam
205	Starboard garboard/Sancak burma	SB1-3	Black pine/Karaçam
206	Starboard wale/Sancak çapa tahtası	SÇT1-1	Fir/Göknar
207	Starboard wale/Sancak çapa tahtası	SÇT1-2	Fir/Göknar
208	Starboard wale/Sancak çapa tahtası	SÇT2	Fir/Göknar
209	Starboard planking/Sancak kaplama	SK1-1	Poor quality sample not identified/Örnek kötü, teşhis edilemedi
210	Starboard planking/Sancak kaplama	SK1-2	Black pine/Karaçam
211	Starboard planking/Sancak kaplama	SK1-3	Black pine/Karaçam
212	Starboard planking/Sancak kaplama	SK1-4	Black pine/Karaçam
213	Starboard planking/Sancak kaplama	SK1-5	Black pine/Karaçam
214	Starboard planking/Sancak kaplama	SK2-1	Black pine/Karaçam
215	Starboard planking/Sancak kaplama	SK2-2	Black pine/Karaçam
216	Starboard planking/Sancak kaplama	SK2-3	Black pine/Karaçam
217	Starboard planking/Sancak kaplama	SK3-1	Black pine/Karaçam
218	Starboard planking/Sancak kaplama	SK3-2	Black pine/Karaçam
219	Starboard planking/Sancak kaplama	SK4-1	Black pine/Karaçam
220	Starboard planking/Sancak kaplama	SK4-2	Black pine/Karaçam
221	Starboard planking/Sancak kaplama	SK4-3	Black pine/Karaçam
222	Starboard planking/Sancak kaplama	SK5-1	Black pine/Karaçam
223	Starboard planking/Sancak kaplama	SK5-2	Black pine/Karaçam
224	Starboard planking/Sancak kaplama	SK5-3	Black pine/Karaçam
225	Starboard planking/Sancak kaplama	SK6	Black pine/Karaçam
226	Starboard planking/Sancak kaplama	SK7-1	Fir/Göknar
227	Starboard planking/Sancak kaplama	SK7-2	Black pine/Karaçam
228	Starboard planking/Sancak kaplama	SK8-1	Black pine/Karaçam
229	Starboard planking/Sancak kaplama	SK8-2	Black pine/Karaçam
230	Starboard planking/Sancak kaplama	SK9	Black pine/Karaçam
231	Starboard planking/Sancak kaplama	SK10	Fir/Göknar
232	Piece from unknown position/Yeri belli olmayan parça	YB01 (Bow/Baş SK)	Eastern plane/Doğu çınarı
233	Piece from unknown position/Yeri belli olmayan parça	YB02 (Bow/Baş İSK)	Elm tree/Karaağaç
234	Piece from unknown position/Yeri belli olmayan parça	YB03 (Bow/Baş İSK)	Eastern plane/Doğu çınarı
235	Piece from unknown position/Yeri belli olmayan parça	YB04 (Bow/Baş)	Eastern plane/Doğu çınarı
236	Piece from unknown position/Yeri belli olmayan parça	YB05 (İSK)	Eastern plane/Doğu çınarı
237	Piece from unknown position/Yeri belli olmayan parça	YB07 (İSK)	Elm tree/Karaağaç
238	Stringer/İç kuşak	İçK1	Fir/Göknar
239	Stringer/İç kuşak	İçK2	Fir/Göknar

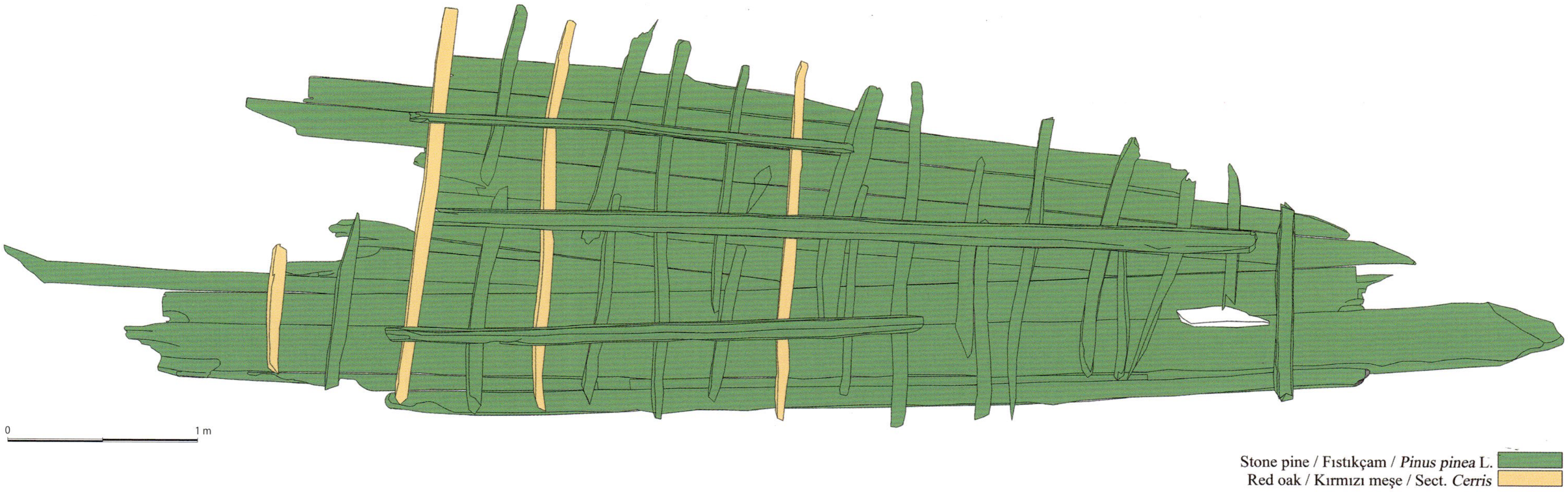

Fig. / Res. 3.19

Wreck YK17. Coloured (lower) and wood form (upper)

YK17 No.lu Gemi. Renklendirilmiş (alt) ve ahşap formu (üst)

11. Yenikapı 17 (YK17)

Ship type : Merchantman
Date : Eighth-ninth centuries

Forty-six samples taken belonged to four genera/species (Table 3.12; Figs. 3.19 and 3.20). The main members of this ship were built with stone pine and red oak wood. One sample of chestnut wood did not belong to the ship itself, but rather to its cargo. One sample of elm belonged to a frame of unknown position.

11. Yenikapı 17 (YK17)

Geminin Türü : Ticaret gemisi
Dönemi : 8.-9. yüzyıl

Gemide 4 farklı cins/türe ait toplam 46 örneğin teşhisi yapılmıştır (Tablo 3.12; Res. 3.19 ve 3.20). Geminin ana parçaları fıstıkçamı ve kırmızı meşedir. Teşhis edilen 1 adet kestane örneği geminin parçası olmayıp, yükünden bir parça olabilir. 1 adet de karaağaç teşhis edilmiş olup yeri belli olmayan bir eğridir.

Table / Tablo 3.12
Genera/species used in YK17 / *YK17 No.lu Gemide Kullanılan Cins/Türler*

Sample no / Örnek no	Sample type / Örnek türü	Sample code / Örnek kodu	Identification (Genus/species) / Teşhis sonucu (Cins/tür)
1	Wale/Çapa Tahtası	ÇT1	Stone pine/Fıstıkçamı
2	Wale/Çapa Tahtası	ÇT2	Stone pine/Fıstıkçamı
3	Frame/Eğri	E3	Stone pine/Fıstıkçamı
4	Frame/Eğri	E4	Stone pine/Fıstıkçamı
5	Frame/Eğri	E5	Stone pine/Fıstıkçamı
6	Frame/Eğri	E6	Stone pine/Fıstıkçamı
7	Frame/Eğri	E7	Stone pine/Fıstıkçamı
8	Frame/Eğri	E8	Stone pine/Fıstıkçamı
9	Frame/Eğri	E9	Stone pine/Fıstıkçamı
10	Frame/Eğri	E10	Stone pine/Fıstıkçamı
11	Frame/Eğri	E11	Stone pine/Fıstıkçamı
12	Frame/Eğri	E12	Stone pine/Fıstıkçamı
13	Frame/Eğri	E13	Stone pine/Fıstıkçamı
14	Frame/Eğri	E14	Red oak/Kırmızı meşe
15	Frame/Eğri	E15	Stone pine/Fıstıkçamı
16	Frame/Eğri	E16	Stone pine/Fıstıkçamı
17	Frame/Eğri	E17	Stone pine/Fıstıkçamı
18	Frame/Eğri	E18	Stone pine/Fıstıkçamı
19	Frame/Eğri	E19	Stone pine/Fıstıkçamı
20	Frame/Eğri	E20	Red oak/Kırmızı meşe
21	Frame/Eğri	E21	Stone pine/Fıstıkçamı
22	Frame/Eğri	E22	Stone pine/Fıstıkçamı
23	Frame/Eğri	E23	Red oak/Kırmızı meşe
24	Frame/Eğri	E24	Stone pine/Fıstıkçamı
25	Frame/Eğri	E25	Red oak/Kırmızı meşe
26	Stringer/İç kuşak	İçK1	Stone pine/Fıstıkçamı
27	Stringer/İç kuşak	İçK2	Stone pine/Fıstıkçamı
28	Stringer/İç kuşak	İçK3	Stone pine/Fıstıkçamı
29	Wood/Odun	—	Chestnut/Kestane
30	Keel/Omurga	Om2	Stone pine/Fıstıkçamı
31	Starboard planking/Sancak kaplama	SK1	Stone pine/Fıstıkçamı
32	Starboard planking/Sancak kaplama	SK1-2	Stone pine/Fıstıkçamı
33	Starboard planking/Sancak kaplama	SK2	Stone pine/Fıstıkçamı
34	Starboard planking/Sancak kaplama	SK3	Stone pine/Fıstıkçamı
35	Starboard planking/Sancak kaplama	SK4	Stone pine/Fıstıkçamı
36	Starboard planking/Sancak kaplama	SK5	Stone pine/Fıstıkçamı
37	Starboard planking/Sancak kaplama	SK6	Stone pine/Fıstıkçamı

Fig. / Res. 3.20
Wreck YK17
YK17 No.lu Batık Gemi

Sample no / Örnek no	Sample type / Örnek türü	Sample code / Örnek kodu	Identification (Genus/species) / Teşhis sonucu (Cins/tür)
38	Starboard planking/Sancak kaplama	SK7	Stone pine/Fıstıkçamı
39	Starboard planking/Sancak kaplama	SK8	Stone pine/Fıstıkçamı
40	Starboard planking/Sancak kaplama	SK9	Stone pine/Fıstıkçamı
41	Starboard planking/Sancak kaplama	SK10	Stone pine/Fıstıkçamı
42	Starboard planking/Sancak kaplama	SK11	Stone pine/Fıstıkçamı
43	Starboard planking/Sancak kaplama	SK11-2	Stone pine/Fıstıkçamı
44	Frame from unknown position/Yeri belli olmayan eğri	YBO E1	Elm tree/Karaağaç
45	Frame from unknown position/Yeri belli olmayan eğri	YBO E2	Stone pine/Fıstıkçamı
46	Frame from unknown position/Yeri belli olmayan eğri	YBO E3	Stone pine/Fıstıkçamı

YK18
8.56 x 3.10 m

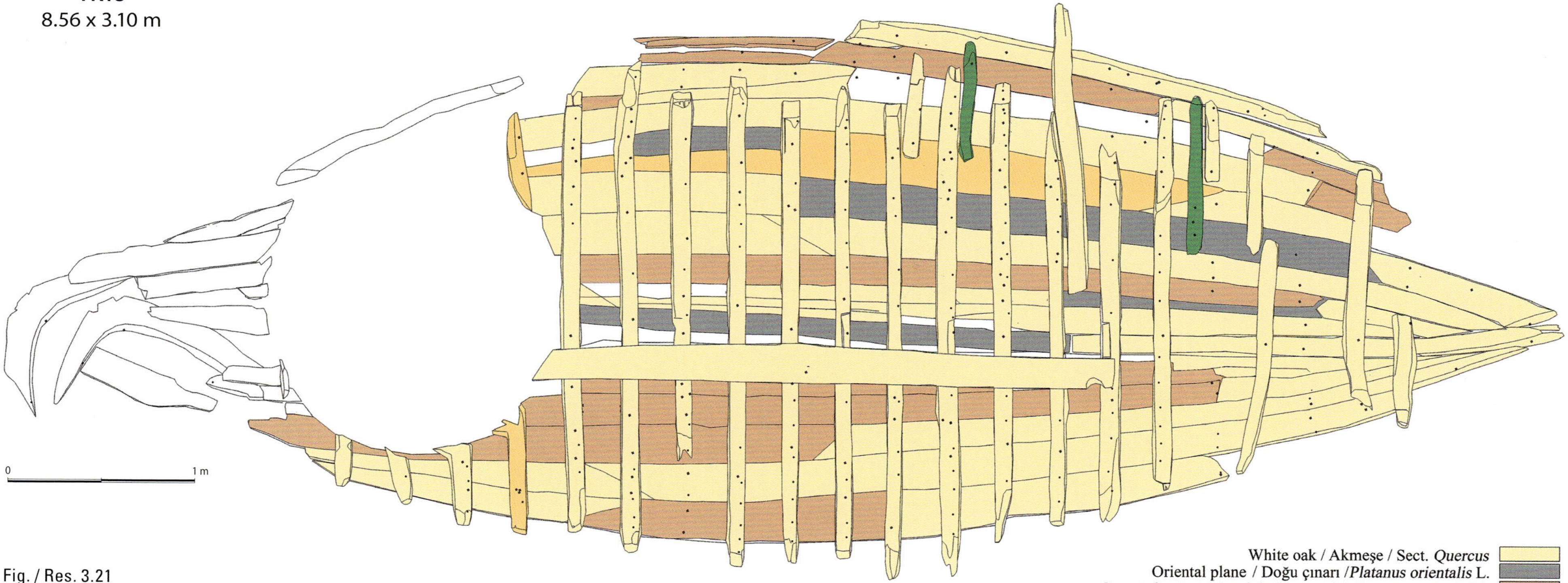

Fig. / Res. 3.21
Wreck YK18. Coloured (lower) and wood form (upper)
YK18 No.lu Gemi . Renklendirilmiş (alt) ve ahşap formu (üst)

White oak / Akmeşe / Sect. *Quercus*
Oriental plane / Doğu çınarı /*Platanus orientalis* L.
Sweet chestnut / Anadolu kestanesi / *Castanea sativa* Mill.
Stone pine / Fıstıkçam / *Pinus pinea* L.
Red oak / Kırmızı meşe / Sect. *Cerris*

12. Yenikapı 18 (YK18)

Ship type : Merchantman
Date : Tenth-eleventh centuries

Eighty-four samples taken belonged to four genera/species (Table 3.13; Figs. 3.21 and 3.22). The main members of this ship were built with oak and chestnut wood as well as some plane wood. In addition, two samples of stone pine may belong to repair pieces.

12. Yenikapı 18 (YK18)

Geminin Türü : Ticaret gemisi
Dönemi : 10.-11. yüzyıl

Gemide 4 farklı cinse ait toplam 84 örneğin teşhisi yapılmıştır (Tablo 3.13; Res. 3.21 ve 3.22). Geminin ana malzemeleri başta meşe olmak üzere, kestane ve az sayıda çınar ağacıdır. Bunlara ek olarak 2 fıstıkçamı örneği onarım esnasında kullanılmış parçalar olabilir.

Table / Tablo 3.13
Genera/species used in YK18 / *YK18 No.lu Gemide Kullanılan Cins/Türler*

Sample no / Örnek no	Sample type / Örnek türü	Sample code / Örnek kodu	Identification (Genus/species) / Teşhis sonucu (Cins/tür)
1	Treenail/Ahşap çivi	E11	White oak/Akmeşe
2	Treenail/Ahşap çivi	E12	White oak/Akmeşe
3	Treenail/Ahşap çivi	E15	White oak/Akmeşe
4	Treenail/Ahşap çivi	E16	White oak/Akmeşe
5	Frame/Eğri	E2	White oak/Akmeşe
6	Frame/Eğri	E3	White oak/Akmeşe
7	Frame/Eğri	E5	White oak/Akmeşe
8	Frame/Eğri	E5-İ1	White oak/Akmeşe
9	Frame/Eğri	E6-İ1	White oak/Akmeşe
10	Frame/Eğri	E6-İ2	Stone pine/Fıstıkçamı
11	Frame/Eğri	E7	White oak/Akmeşe
12	Frame/Eğri	E8	White oak/Akmeşe
13	Frame/Eğri	E9	White oak/Akmeşe
14	Frame/Eğri	E9-İ1	White oak/Akmeşe
15	Frame/Eğri	E10	White oak/Akmeşe
16	Frame/Eğri	E11	White oak/Akmeşe
17	Frame/Eğri	E11-İ1	Stone pine/Fıstıkçamı
18	Frame/Eğri	E12	White oak/Akmeşe
19	Frame/Eğri	E12-İ1	White oak/Akmeşe
20	Frame/Eğri	E13	White oak/Akmeşe
21	Frame/Eğri	E14	White oak/Akmeşe
22	Frame/Eğri	E15	White oak/Akmeşe
23	Frame/Eğri	E16	White oak/Akmeşe
24	Frame/Eğri	E17	White oak/Akmeşe
25	Frame/Eğri	E18	White oak/Akmeşe
26	Frame/Eğri	E19-S1	Red oak/Kırmızı meşe
27	Frame/Eğri	E19-İ2	Red oak/Kırmızı meşe
28	Frame/Eğri	E20	White oak/Akmeşe
29	Frame/Eğri	E21	White oak/Akmeşe
30	Frame/Eğri	E22	White oak/Akmeşe
31	Frame/Eğri	F1	White oak/Akmeşe
32	Portside garboard/İskele burma	İB1	White oak/Akmeşe
33	Portside garboard/İskele burma	İB2	White oak/Akmeşe
34	Portside wale/İskele çapa tahtası	İÇT	White oak/Akmeşe
35	Portside planking/İskele kaplama	İK1-1	White oak/Akmeşe
36	Portside planking/İskele kaplama	İK1-2	Eastern plane/Doğu çınarı
37	Portside planking/İskele kaplama	İK1-3	White oak/Akmeşe

Fig. / Res. 3.22
Wreck YK18
YK18 No.lu Batık Gemi

Sample no / Örnek no	Sample type / Örnek türü	Sample code / Örnek kodu	Identification (Genus/species) / Teşhis sonucu (Cins/tür)
38	Portside planking/İskele kaplama	İK1-4	White oak/Akmeşe
39	Portside planking/İskele kaplama	İK2-1	Chestnut/Kestane
40	Portside planking/İskele kaplama	İK3-1	White oak/Akmeşe
41	Portside planking/İskele kaplama	İK3-2	White oak/Akmeşe
42	Portside planking/İskele kaplama	İK3-3	White oak/Akmeşe
43	Portside planking/İskele kaplama	İK3-4	White oak/Akmeşe
44	Portside planking/İskele kaplama	İK4-1	White oak/Akmeşe
45	Portside planking/İskele kaplama	İK4-2	Eastern plane/Doğu çınarı
46	Portside planking/İskele kaplama	İK4-3	White oak/Akmeşe
47	Portside planking/İskele kaplama	İK4-4	Oak/Meşe
48	Portside planking/İskele kaplama	İK5-1	White oak/Akmeşe
49	Portside planking/İskele kaplama	İK5-2	Red oak/Kırmızı meşe
50	Portside planking/İskele kaplama	İK5-2	Eastern plane/Doğu çınarı
51	Portside planking/İskele kaplama	İK5-3	Eastern plane/Doğu çınarı
52	Portside planking/İskele kaplama	İK6	White oak/Akmeşe
53	Portside planking/İskele kaplama	İK7-1	Chestnut/Kestane
54	Portside planking/İskele kaplama	İK7-2	White oak/Akmeşe
55	Portside planking/İskele kaplama	İK7-3	White oak/Akmeşe
56	Portside planking/İskele kaplama	İK7-4	White oak/Akmeşe
57	Portside planking/İskele kaplama	İK8-1	Chestnut/Kestane
58	Portside planking/İskele kaplama	İK8-3	White oak/Akmeşe
59	Portside planking/İskele kaplama	İK8-4	White oak/Akmeşe
60	Portside planking/İskele kaplama	İK8-5	Chestnut/Kestane
61	Portside planking/İskele kaplama	İK8-6	White oak/Akmeşe
62	Portside planking/İskele kaplama	İK9-1	White oak/Akmeşe
63	Portside planking/İskele kaplama	İK9-2	Chestnut/Kestane
64	Portside planking/İskele kaplama	İK9-3	Chestnut/Kestane
65	Portside planking/İskele kaplama	İK9-4	White oak/Akmeşe
66	Keel/Omurga	Om1	White oak/Akmeşe
67	Keel/Omurga	Om2	White oak/Akmeşe
68	Keel/Omurga	Om3	Eastern plane/Doğu çınarı
69	Starboard garboard/Sancak burma	SB1 (E2 / E6)	White oak/Akmeşe
70	Starboard garboard/Sancak burma	SB2	White oak/Akmeşe
71	Starboard planking/Sancak kaplama	SK1-1	White oak/Akmeşe
72	Starboard planking/Sancak kaplama	SK1-2	Chestnut/Kestane
73	Starboard planking/Sancak kaplama	SK2-1	White oak/Akmeşe
74	Starboard planking/Sancak kaplama	SK2-2	White oak/Akmeşe
75	Starboard planking/Sancak kaplama	SK2-3	Chestnut/Kestane
76	Starboard planking/Sancak kaplama	SK3-1	White oak/Akmeşe
77	Starboard planking/Sancak kaplama	SK3-2	White oak/Akmeşe
78	Starboard planking/Sancak kaplama	SK3-2	Chestnut/Kestane
79	Starboard planking/Sancak kaplama	SK4-1	White oak/Akmeşe
80	Starboard planking/Sancak kaplama	SK4-2	White oak/Akmeşe
81	Starboard planking/Sancak kaplama	SK5-1	White oak/Akmeşe
82	Starboard planking/Sancak kaplama	SK5-2	Chestnut/Kestane
83	Starboard planking/Sancak kaplama	SK5-3	White oak/Akmeşe
84	Starboard planking/Sancak kaplama	SK5-4	White oak/Akmeşe

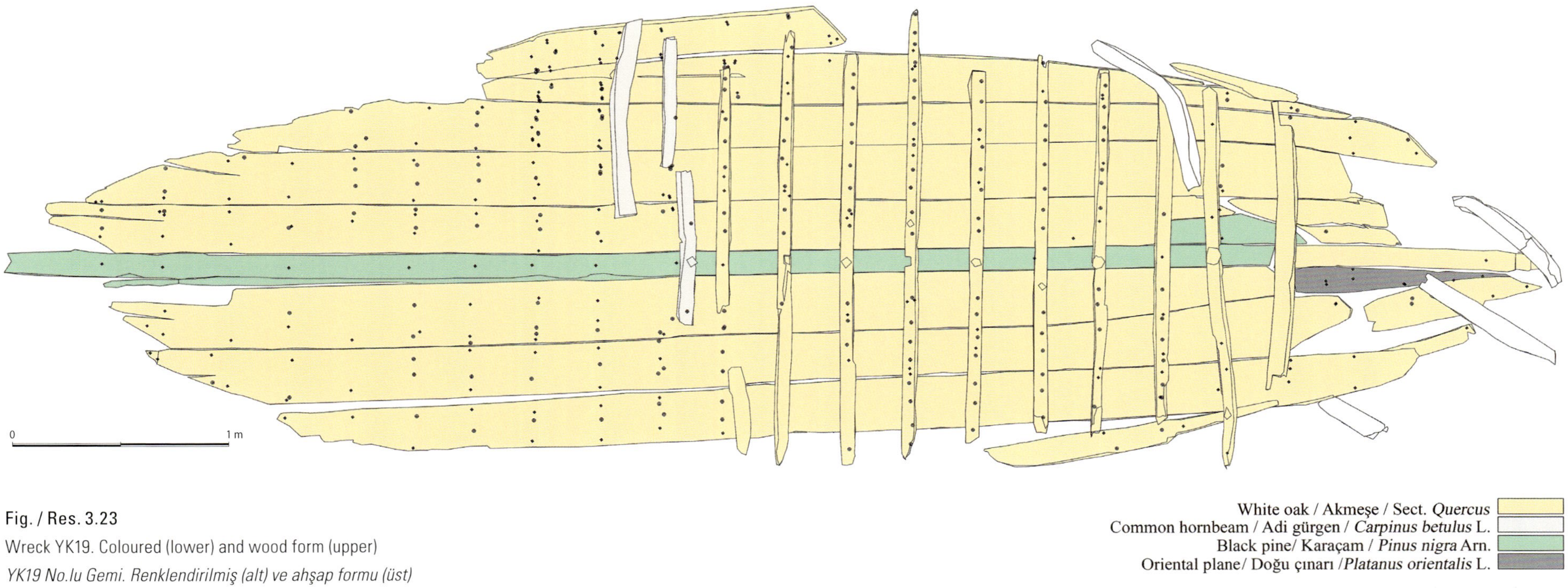

Fig. / Res. 3.23

Wreck YK19. Coloured (lower) and wood form (upper)

YK19 No.lu Gemi. Renklendirilmiş (alt) ve ahşap formu (üst)

13. Yenikapı 19 (YK19)

Ship type : Merchantman
Date : Eighth century

Forty-four samples taken from this merchantman of the eighth century (Figs. 3.23, 3.24 and 3.25) belonged to four genera/species (Table 3.14). The ship was built with white oak wood. In addition, two samples of hornbeam, four samples of black pine and one of plane have been identified. The plane wood was used for the keel itself.

13. Yenikapı 19 (YK19)

Geminin Türü : Ticaret gemisi
Dönemi : 8. yüzyıl

Yenikapı 19 (YK19) no.lu batık gemi, 8. yüzyıla ait olan bir ticaret gemisidir (Res. 3.23, 3.24 ve 3.25). Gemide 4 farklı cinse ait toplam 44 örneğin teşhisi yapılmıştır (Tablo 3.14). Gemideki ana ağaç akmeşedir. Ayrıca 2 gürgen, 4 karaçam ve 1 çınar ağacı da kullanılmıştır. Çınar ağacı ana parçalardan biri olup omurganın ana malzemesidir.

Table / Tablo 3.14
Genera/species used in YK19 / *YK19 No.lu Gemide Kullanılan Cins/Türler*

Sample no / Örnek no	Sample type / Örnek türü	Sample code / Örnek kodu	Identification (Genus/species) / Teşhis sonucu (Cins/tür)
1	Frame/Eğri	E1	White oak/Akmeşe
2	Frame/Eğri	E2	White oak/Akmeşe
3	Frame/Eğri	E3	White oak/Akmeşe
4	Frame/Eğri	E4	White oak/Akmeşe
5	Frame/Eğri	E5	White oak/Akmeşe
6	Frame/Eğri	E6	White oak/Akmeşe
7	Frame/Eğri	E7	White oak/Akmeşe
8	Frame/Eğri	E8	White oak/Akmeşe
9	Frame/Eğri	E9	White oak/Akmeşe
10	Frame/Eğri	E10	White oak/Akmeşe
11	Frame/Eğri	E11	Hornbeam/Gürgen
12	Frame/Eğri	E12	Hornbeam/Gürgen
13	Portside garboard/İskele burma	İB1-1	White oak/Akmeşe
14	Portside garboard/İskele burma	İB1-2	Black pine/Karaçam
15	Portside garboard/İskele burma	İB1-3	White oak/Akmeşe
16	Portside planking/İskele kaplama	İK1	White oak/Akmeşe
17	Portside planking/İskele kaplama	İK2	White oak/Akmeşe
18	Portside planking/İskele kaplama	İK3	White oak/Akmeşe
19	Portside planking/İskele kaplama	İK4	White oak/Akmeşe
20	Keel/Omurga	Om1	White oak/Akmeşe
21	Keel/Omurga	Om2	Eastern plane/Doğu çınarı
22	Starboard garboard/Sancak burma	SB1-1	Black pine/Karaçam
23	Starboard garboard/Sancak burma	SB1-2	White oak/Akmeşe
24	Starboard planking/Sancak kaplama	SK1-1	White oak/Akmeşe
25	Starboard planking/Sancak kaplama	SK1-2	White oak/Akmeşe
26	Starboard planking/Sancak kaplama	SK2	White oak/Akmeşe
27	Starboard planking/Sancak kaplama	SK3	White oak/Akmeşe
28	Piece from unknown position/Yeri belli olmayan parça	YBO1	White oak/Akmeşe
29	Piece from unknown position/Yeri belli olmayan parça	YBO2	White oak/Akmeşe
30	Piece from unknown position/Yeri belli olmayan parça	YBO3	White oak/Akmeşe
31	Piece from unknown position/Yeri belli olmayan parça	YBO4	White oak/Akmeşe
32	Piece from unknown position/Yeri belli olmayan parça	YBO5	White oak/Akmeşe

Fig. / Res. 3.24
Wreck YK19
YK19 No.lu Batık Gemi

Sample no / Örnek no	Sample type / Örnek türü	Sample code / Örnek kodu	Identification (Genus/species) / Teşhis sonucu (Cins/tür)
33	Piece from unknown position/Yeri belli olmayan parça	YB06	Black pine/Karaçam
34	Piece from unknown position/Yeri belli olmayan parça	YB07	White oak/Akmeşe
35	Piece from unknown position/Yeri belli olmayan parça	YB08	White oak/Akmeşe
36	Piece from unknown position/Yeri belli olmayan parça	YB09	White oak/Akmeşe
37	Piece from unknown position/Yeri belli olmayan parça	YB010	White oak/Akmeşe
38	Piece from unknown position/Yeri belli olmayan parça	YB011	Black pine/Karaçam
39	Piece from unknown position/Yeri belli olmayan parça	YB012	White oak/Akmeşe
40	Piece from unknown position/Yeri belli olmayan parça	YB013	White oak/Akmeşe
41	Piece from unknown position/Yeri belli olmayan parça	YB014	White oak/Akmeşe
42	Piece from unknown position/Yeri belli olmayan parça	YB015	White oak/Akmeşe
43	Piece from unknown position/Yeri belli olmayan parça	YB016	White oak/Akmeşe
44	Piece from unknown position/Yeri belli olmayan parça	YB017	White oak/Akmeşe

Fig. / Res. 3.25
Wreck YK19
YK19 No.lu Batık Gemi

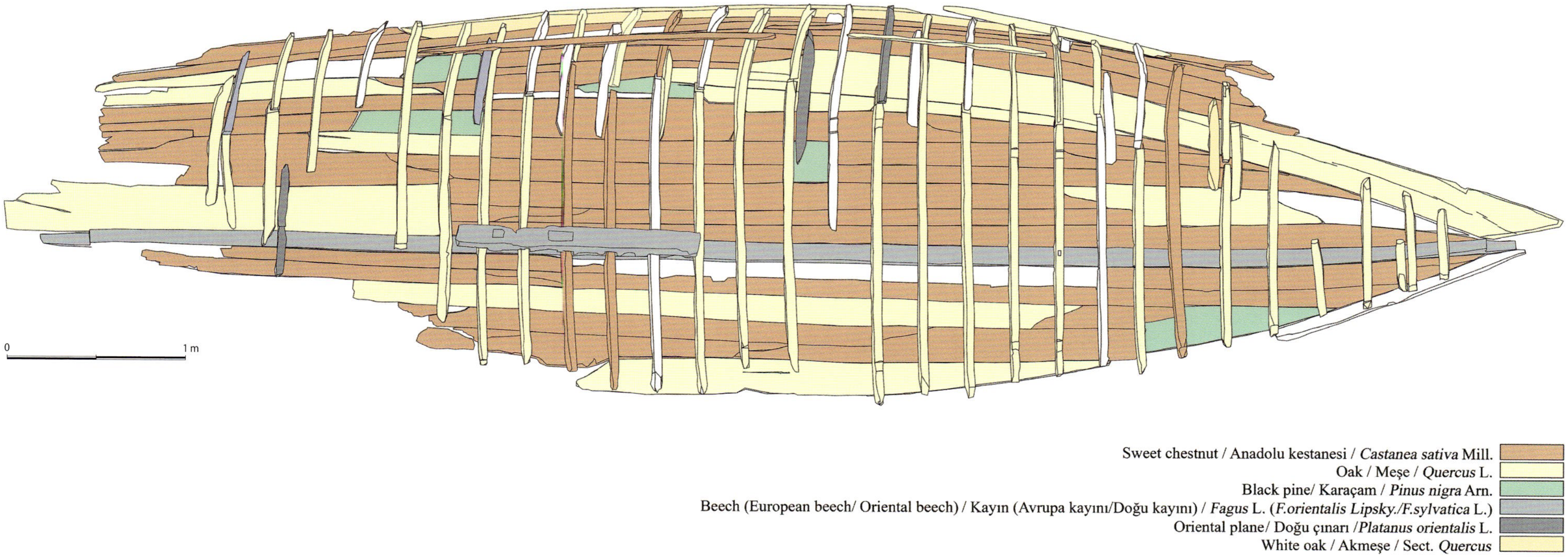

Fig. / Res. 3.26

Wreck YK20. Coloured (lower) and wood form (upper)

YK20 No.lu Gemi . Renklendirilmiş (alt) ve ahşap formu (üst)

14. Yenikapı 20 (YK20)

Ship type : Merchantman
Date : Ninth-tenth centuries

One hundred and twenty-seven samples taken belonged to seven genera/species (Table 3.15; Fig. 3.26). The main members of this ship were built with oak and chestnut wood as well as beech for the keel. In addition two samples of pine, four of plane and three of elm identified belong to various parts of the ship.

14. Yenikapı 20 (YK20)

Geminin Türü : Ticaret gemisi
Dönemi : 9.-10. yüzyıl

Gemide 7 farklı cins/türe ait toplam 127 örneğin teşhisi yapılmıştır (Tablo 3.15; Res. 3.26). Geminin ana parçalarını kestane, meşe ve kayın (omurga yapımında) ağaçları oluşturmaktadır. Ayrıca 6 çam, 4 çınar ve 3 karaağaç geminin değişik kısımlarında kullanılmıştır.

Table / Tablo 3.15

Genera/species used in YK20 / *YK20 No.lu Gemide Kullanılan Cins/Türler*

Sample no / Örnek no	Sample type / Örnek türü	Sample code / Örnek kodu	Identification (Genus/species) / Teşhis sonucu (Cins/tür)
1	Tree nail/Ahşap çivi	E29-AÇ	White oak/Akmeşe
2	Tree nail/Ahşap çivi	E30-AÇ	White oak/Akmeşe
3	Tree nail/Ahşap çivi	E32-AÇ	White oak/Akmeşe
4	Tree nail/Ahşap çivi	E32-AÇ	White oak/Akmeşe
5	Frame/Eğri	15-S1	Elm tree/Karaağaç
6	Wale/Çapa Tahtası	ÇT1	Chestnut/Kestane
7	Wale/Çapa Tahtası	ÇT2	Oak/Meşe
8	Frame/Eğri	E10	Oak/Meşe
9	Frame/Eğri	E11	Oak/Meşe
10	Frame/Eğri	E11-S1	Oak/Meşe
11	Frame/Eğri	E12	Oak/Meşe
12	Frame/Eğri	E12-S1	Elm tree/Karaağaç
13	Frame/Eğri	E13	Oak/Meşe
14	Frame/Eğri	E13-S1	Poor quality sample not identified/Örnek kötü, teşhis edilemedi
15	Frame/Eğri	E14	Chestnut/Kestane
16	Frame/Eğri	E14-S1	Oak/Meşe
17	Frame/Eğri	E15	Chestnut/Kestane
18	Frame/Eğri	E15-S1	Oak/Meşe
19	Frame/Eğri	E16-S2	Oak/Meşe
20	Frame/Eğri	E16-S1	Chestnut/Kestane
21	Frame/Eğri	E17	Oak/Meşe
22	Frame/Eğri	E18	Oak/Meşe
23	Frame/Eğri	E19	Oak/Meşe
24	Frame/Eğri	E19-E1-S1	Oak/Meşe
25	Frame/Eğri	E19-S2	Eastern plane/Doğu çınarı
26	Frame/Eğri	E2	Oak/Meşe
27	Frame/Eğri	E21	Oak/Meşe
28	Frame/Eğri	E21-S1	Eastern plane/Doğu çınarı
29	Frame/Eğri	E22	Oak/Meşe
30	Frame/Eğri	E23	Oak/Meşe
31	Frame/Eğri	E23-S1	Poor quality sample not identified/Örnek kötü, teşhis edilemedi
32	Frame/Eğri	E24	Oak/Meşe
33	Frame/Eğri	E25	Oak/Meşe
34	Frame/Eğri	E25-S1 (Bulkhead/Bölme kanallı eğri-posta)	Oak/Meşe
35	Frame/Eğri	E26-S2	Eastern plane/Doğu çınarı

Sample no / Örnek no	Sample type / Örnek türü	Sample code / Örnek kodu	Identification (Genus/species) / Teşhis sonucu (Cins/tür)
36	Frame/Eğri	E26-S2	Oak/Meşe
37	Frame/Eğri	E26-S1	Oak/Meşe
38	Frame/Eğri	E27	Oak/Meşe
39	Frame/Eğri	E27-S1	Poor quality sample not identified/Örnek kötü, teşhis edilemedi
40	Frame/Eğri	E28	Chestnut/Kestane
41	Frame/Eğri	E29	Oak/Meşe
42	Frame/Eğri	E29	Oak/Meşe
43	Frame/Eğri	E29-S2	Oak/Meşe
44	Frame/Eğri	E29-S2	White oak/Akmeşe
45	Frame/Eğri	E29-S3	Oak/Meşe
46	Frame/Eğri	E29-S1	Oak/Meşe
47	Frame/Eğri	E3	Oak/Meşe
48	Frame/Eğri	E30	Oak/Meşe
49	Frame/Eğri	E31	Oak/Meşe
50	Frame/Eğri	E31-İ1	Oak/Meşe
51	Frame/Eğri	E32	Oak/Meşe
52	Frame/Eğri	E33	Oak/Meşe
53	Frame/Eğri	E33-İ1	Oak/Meşe
54	Frame/Eğri	E34	Oak/Meşe
55	Frame/Eğri	E5	Oak/Meşe
56	Frame/Eğri	E5-S2	Elm tree/Karaağaç
57	Frame/Eğri	E5-S1	Oak/Meşe
58	Frame/Eğri	E6	Oak/Meşe
59	Frame/Eğri	E6-S1	Oak/Meşe
60	Frame/Eğri	E7	Eastern plane/Doğu çınarı
61	Frame/Eğri	E8	Oak/Meşe
62	Frame/Eğri	E9-S1	Poor quality sample not identified/Örnek kötü, teşhis edilemedi
63	Portside garboard/İskele burma	İB1	Chestnut/Kestane
64	Stringer/İç kuşak	İçK1	Poor quality sample not identified/Örnek kötü, teşhis edilemedi
65	Stringer/İç kuşak	İçK2	Beech/Kayın
66	Portside planking/İskele kaplama	İK4-2	Chestnut/Kestane
67	Portside planking/İskele kaplama	İK1-1	Chestnut/Kestane
68	Portside planking/İskele kaplama	İK1-2	Chestnut/Kestane
69	Portside planking/İskele kaplama	İK2-1	Chestnut/Kestane
70	Portside planking/İskele kaplama	İK2-1	Oak/Meşe
71	Portside planking/İskele kaplama	İK2-2	Chestnut/Kestane
72	Portside planking/İskele kaplama	İK3-2	Chestnut/Kestane
73	Portside planking/İskele kaplama	İK4-1	Chestnut/Kestane
74	Portside planking/İskele kaplama	İK4-3	Oak/Meşe
75	Portside planking/İskele kaplama	İK4-4	Black pine/Karaçam
76	Portside planking/İskele kaplama	İK5-1	Oak/Meşe
77	Deck beam/Kemere	—	Oak/Meşe
78	Keel/Omurga	Om1	Beech/Kayın
79	Keel/Omurga	Om1	Beech/Kayın
80	Keel/Omurga	Om2	Beech/Kayın
81	Starboard garboard/Sancak burma	SB1	Oak/Meşe

Sample no / Örnek no	Sample type / Örnek türü	Sample code / Örnek kodu	Identification (Genus/species) / Teşhis sonucu (Cins/tür)
82	Starboard garboard/Sancak burma	SB2	Chestnut/Kestane
83	Starboard garboard/Sancak burma	SB3	Chestnut/Kestane
84	Starboard planking/Sancak kaplama	SK1-1	Chestnut/Kestane
85	Starboard planking/Sancak kaplama	SK1-2	Chestnut/Kestane
86	Starboard planking/Sancak kaplama	SK2-1	Chestnut/Kestane
87	Starboard planking/Sancak kaplama	SK2-2	Oak/Meşe
88	Starboard planking/Sancak kaplama	SK 3-1	Chestnut/Kestane
89	Starboard planking/Sancak kaplama	SK3-2	Chestnut/Kestane
90	Starboard planking/Sancak kaplama	SK3-3	Black pine/Karaçam
91	Starboard planking/Sancak kaplama	SK3-4	Chestnut/Kestane
92	Starboard planking/Sancak kaplama	SK3-5	Chestnut/Kestane
93	Starboard planking/Sancak kaplama	SK4-1	Oak/Meşe
94	Starboard planking/Sancak kaplama	SK4-2	Chestnut/Kestane
95	Starboard planking/Sancak kaplama	SK4-3	Chestnut/Kestane
96	Starboard planking/Sancak kaplama	SK5-1	Chestnut/Kestane
97	Starboard planking/Sancak kaplama	SK5-1	Oak/Meşe
98	Starboard planking/Sancak kaplama	SK5-2	White oak/Akmeşe
99	Starboard planking/Sancak kaplama	SK5-2	Oak/Meşe
100	Starboard planking/Sancak kaplama	SK5-3	Black pine/Karaçam
101	Starboard planking/Sancak kaplama	SK5-4	Chestnut/Kestane
102	Starboard planking/Sancak kaplama	SK5-5	Chestnut/Kestane
103	Starboard planking/Sancak kaplama	SK5-6	Oak/Meşe
104	Starboard planking/Sancak kaplama	SK5-6(2)	Chestnut/Kestane
105	Starboard planking/Sancak kaplama	SK6-1	Chestnut/Kestane
106	Starboard planking/Sancak kaplama	SK6-2	Chestnut/Kestane
107	Starboard planking/Sancak kaplama	SK7-1	Black pine/Karaçam
108	Starboard planking/Sancak kaplama	SK7-2	Oak/Meşe
109	Starboard planking/Sancak kaplama	SK7-3	Oak/Meşe
110	Starboard planking/Sancak kaplama	SK8-1	Oak/Meşe
111	Starboard planking/Sancak kaplama	SK8-2	Chestnut/Kestane
112	Starboard planking/Sancak kaplama	SK8-3	Pine/Çam
113	Starboard planking/Sancak kaplama	SK8-3	Chestnut/Kestane
114	Starboard planking/Sancak kaplama	SK 8-4	Oak/Meşe
115	Starboard planking/Sancak kaplama	SK 9-1	Oak/Meşe
116	Starboard planking/Sancak kaplama	SK9-2	Poor quality sample not identified/Örnek kötü, teşhis edilemedi
117	Starboard planking/Sancak kaplama	SK9-3	Black pine/Karaçam
118	Starboard planking/Sancak kaplama	SK9-4	Chestnut/Kestane
119	Starboard planking/Sancak kaplama	SK10	Chestnut/Kestane
120	Starboard planking/Sancak kaplama	SK11	Chestnut/Kestane
121	Starboard planking/Sancak kaplama	SK12-1	Chestnut/Kestane
122	Starboard planking/Sancak kaplama	SK12-2	Poor quality sample not identified/Örnek kötü, teşhis edilemedi
123	Starboard planking/Sancak kaplama	SK12-3	Chestnut/Kestane
124	Starboard planking/Sancak kaplama	SK13-1	Chestnut/Kestane
125	Starboard planking/Sancak kaplama	SK13-2	Poor quality sample not identified/Örnek kötü, teşhis edilemedi
126	Starboard planking/Sancak kaplama	SK13-2	White oak/Akmeşe
127	Mast step/Yelken yatağı	—	Beech/Kayın

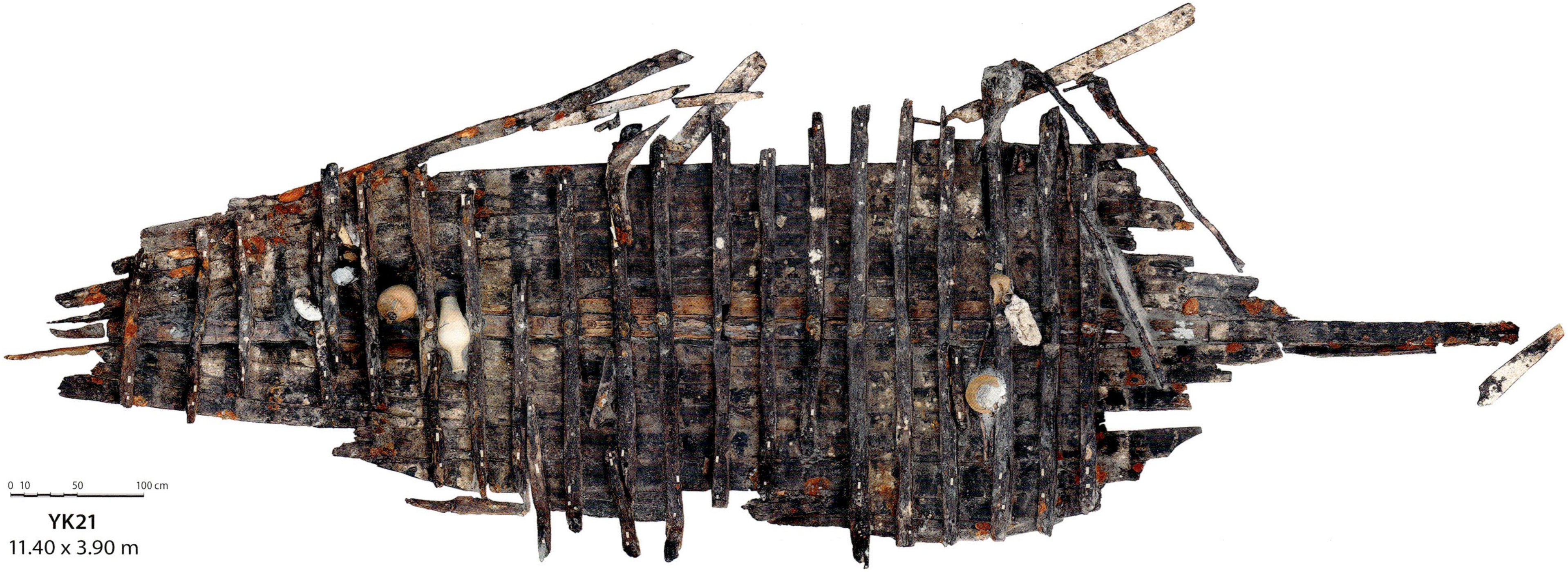

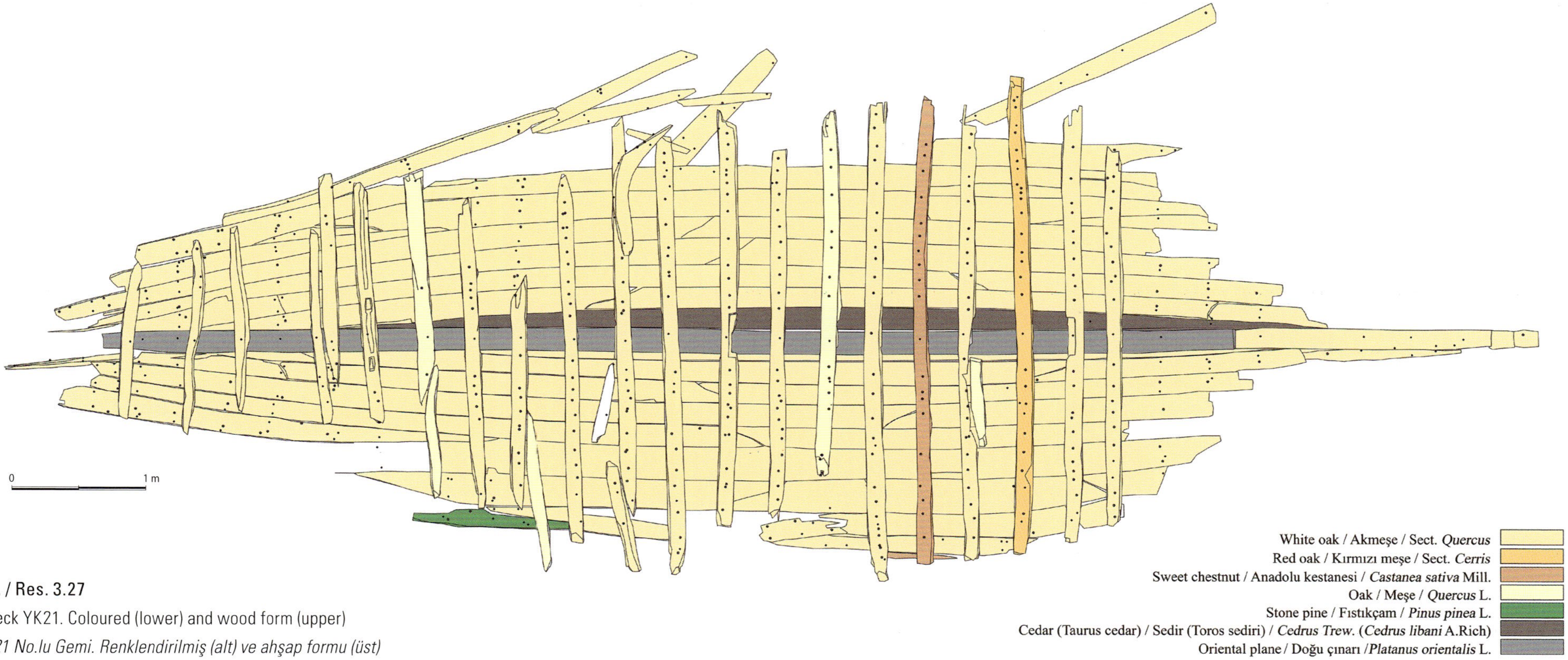

Fig. / Res. 3.27

Wreck YK21. Coloured (lower) and wood form (upper)

YK21 No.lu Gemi. Renklendirilmiş (alt) ve ahşap formu (üst)

15. Yenikapı 21 (YK21)

Ship type : Merchantman
Date : Ninth-tenth centuries

Eighty-nine samples taken belonged to four genera/species (Table 3.16; Figs. 3.27 and 3.28). The main material of this ship is white oak wood. Two samples of chestnut, one of fir, one of stone pine, and one of plane were also identified; however, the plane wood was used for the keel and the others may belong to repair pieces.

15. Yenikapı 21 (YK21)

Geminin Türü : Ticaret gemisi
Dönemi : 9.-10. yüzyıl

Gemide 4 farklı cins/türe ait toplam 89 örneğin teşhisi yapılmıştır (Tablo 3.16; Res. 3.27 ve 3.28). Geminin ana malzemesi akmeşe ağacıdır. 2 kestane, 1 göknar, 1 fıstıkçamı, 1 çınar ağacı da kullanılmış olmakla beraber bunlardan omurga yapımında kullanılan çınar dışında diğerleri onarım parçaları olabilir.

Table / Tablo 3.16

Genera/species used in YK21 / *YK21 No.lu Gemide Kullanılan Cins/Türler*

Sample no / Örnek no	Sample type / Örnek türü	Sample code / Örnek kodu	Identification (Genus/species) / Teşhis sonucu (Cins/tür)
1	Treenail/Ahşap çivi	E2-AÇ	White oak/Akmeşe
2	Treenail/Ahşap çivi	E2-AÇ	White oak/Akmeşe
3	Treenail/Ahşap çivi	E13-AÇ	Red oak/Kırmızı meşe
4	Treenail/Ahşap çivi	E13-AÇ	White oak/Akmeşe
5	Treenail/Ahşap çivi	E12-AÇ	White oak/Akmeşe
6	Treenail/Ahşap çivi	E12-AÇ	Red oak/Kırmızı meşe
7	Treenail/Ahşap çivi	E21-AÇ	Red oak/Kırmızı meşe
8	Treenail/Ahşap çivi	E22-AÇ	White oak/Akmeşe
9	Frame/Eğri	E1	White oak/Akmeşe
10	Frame/Eğri	E2	White oak/Akmeşe
11	Frame/Eğri	E3	Red oak/Kırmızı meşe
12	Frame/Eğri	E4	Oak/Meşe
13	Frame/Eğri	E5	White oak/Akmeşe
14	Frame/Eğri	E6	Chestnut/Kestane
15	Frame/Eğri	E7	White oak/Akmeşe
16	Frame/Eğri	E8	Oak/Meşe
17	Frame/Eğri	E9	White oak/Akmeşe
18	Frame/Eğri	E10	White oak/Akmeşe
19	Frame/Eğri	E11	White oak/Akmeşe
20	Frame/Eğri	E12	White oak/Akmeşe
21	Frame/Eğri	E12-S1	White oak/Akmeşe
22	Frame/Eğri	E13	White oak/Akmeşe
23	Frame/Eğri	E14	White oak/Akmeşe
24	Frame/Eğri	E14-S1	Oak/Meşe
25	Frame/Eğri	E15	White oak/Akmeşe
26	Frame/Eğri	E16	Oak/Meşe
27	Frame/Eğri	E16-S1	Oak/Meşe
28	Frame/Eğri	E17	White oak/Akmeşe
29	Frame/Eğri	E18	White oak/Akmeşe
30	Frame/Eğri	E19	White oak/Akmeşe
31	Frame/Eğri	E20	White oak/Akmeşe
32	Frame/Eğri	E21	White oak/Akmeşe
33	Frame/Eğri	E22	White oak/Akmeşe
34	Portside garboard/İskele burma	İB1	Fir/Göknar
35	Portside planking/İskele kaplama	İK1-1	White oak/Akmeşe

Sample no / Örnek no	Sample type / Örnek türü	Sample code / Örnek kodu	Identification (Genus/species) / Teşhis sonucu (Cins/tür)
36	Portside planking/İskele kaplama	İK1-2	White oak/Akmeşe
37	Portside planking/İskele kaplama	İK1-3	White oak/Akmeşe
38	Portside planking/İskele kaplama	İK2-1	White oak/Akmeşe
39	Portside planking/İskele kaplama	İK2-2	White oak/Akmeşe
40	Portside planking/İskele kaplama	İK3-1	White oak/Akmeşe
41	Portside planking/İskele kaplama	İK3-2	White oak/Akmeşe
42	Portside planking/İskele kaplama	İK3-3	White oak/Akmeşe
43	Portside planking/İskele kaplama	İK4-1	White oak/Akmeşe
44	Portside planking/İskele kaplama	İK4-2	White oak/Akmeşe
45	Portside planking/İskele kaplama	İK5	White oak/Akmeşe
46	Portside planking/İskele kaplama	İK6-1	White oak/Akmeşe
47	Portside planking/İskele kaplama	İK6-2	White oak/Akmeşe
48	Portside planking/İskele kaplama	İK6-3	White oak/Akmeşe
49	Portside planking/İskele kaplama	İK6-4	White oak/Akmeşe
50	Portside planking/İskele kaplama	İK6-5	White oak/Akmeşe
51	Portside planking/İskele kaplama	İK7-1	White oak/Akmeşe
52	Portside planking/İskele kaplama	İK7-2	White oak/Akmeşe
53	Portside planking/İskele kaplama	İK7-3	White oak/Akmeşe
54	Portside planking/İskele kaplama	İK7-4	White oak/Akmeşe
55	Portside planking/İskele kaplama	İK7-5	White oak/Akmeşe
56	Portside planking/İskele kaplama	İK7-6	White oak/Akmeşe
57	Portside planking/İskele kaplama	İK8	White oak/Akmeşe
58	Portside planking/İskele kaplama	İK9-1	White oak/Akmeşe
59	Portside planking/İskele kaplama	İK9-2	White oak/Akmeşe
60	Keel/Omurga	Om1	White oak/Akmeşe
61	Keel/Omurga	Om2	Eastern plane/Doğu çınarı
62	Starboard garboard/Sancak burma	SB1-2	White oak/Akmeşe
63	Starboard planking/Sancak kaplama	SK1-1	White oak/Akmeşe
64	Starboard planking/Sancak kaplama	SK1-2	White oak/Akmeşe
65	Starboard planking/Sancak kaplama	SK1-3	White oak/Akmeşe
66	Starboard planking/Sancak kaplama	SK1-4	White oak/Akmeşe
67	Starboard planking/Sancak kaplama	SK2-1	White oak/Akmeşe
68	Starboard planking/Sancak kaplama	SK2-2	White oak/Akmeşe
69	Starboard planking/Sancak kaplama	SK2-3	White oak/Akmeşe
70	Starboard planking/Sancak kaplama	SK2-4	White oak/Akmeşe
71	Starboard planking/Sancak kaplama	SK3-1	White oak/Akmeşe
72	Starboard planking/Sancak kaplama	SK3-2	White oak/Akmeşe
73	Starboard planking/Sancak kaplama	SK4-1	White oak/Akmeşe
74	Starboard planking/Sancak kaplama	SK4-2	White oak/Akmeşe
75	Starboard planking/Sancak kaplama	SK5-1	White oak/Akmeşe
76	Starboard planking/Sancak kaplama	SK5-2	White oak/Akmeşe
77	Starboard planking/Sancak kaplama	SK6-2	White oak/Akmeşe
78	Starboard planking/Sancak kaplama	SK6-3	White oak/Akmeşe
79	Starboard planking/Sancak kaplama	SK6-4	White oak/Akmeşe
80	Starboard planking/Sancak kaplama	SK7-1	White oak/Akmeşe
81	Starboard planking/Sancak kaplama	SK7-2	White oak/Akmeşe

Sample no / Örnek no	Sample type / Örnek türü	Sample code / Örnek kodu	Identification (Genus/species) / Teşhis sonucu (Cins/tür)
82	Starboard planking/Sancak kaplama	SK7-3	White oak/Akmeşe
83	Starboard planking/Sancak kaplama	SK7-4	White oak/Akmeşe
84	Starboard planking/Sancak kaplama	SK7-5	White oak/Akmeşe
85	Starboard planking/Sancak kaplama	SK7-6	Stone pine/Fıstıkçamı
86	Starboard planking/Sancak kaplama	SK8A	White oak/Akmeşe
87	Starboard planking/Sancak kaplama	SK8B	White oak/Akmeşe
88	Starboard planking/Sancak kaplama	SK9A	White oak/Akmeşe
89	Starboard planking/Sancak kaplama	SK9B	Chestnut/Kestane

Fig. / Res. 3.28
Wreck YK21
YK21 No.lu Batık Gemi

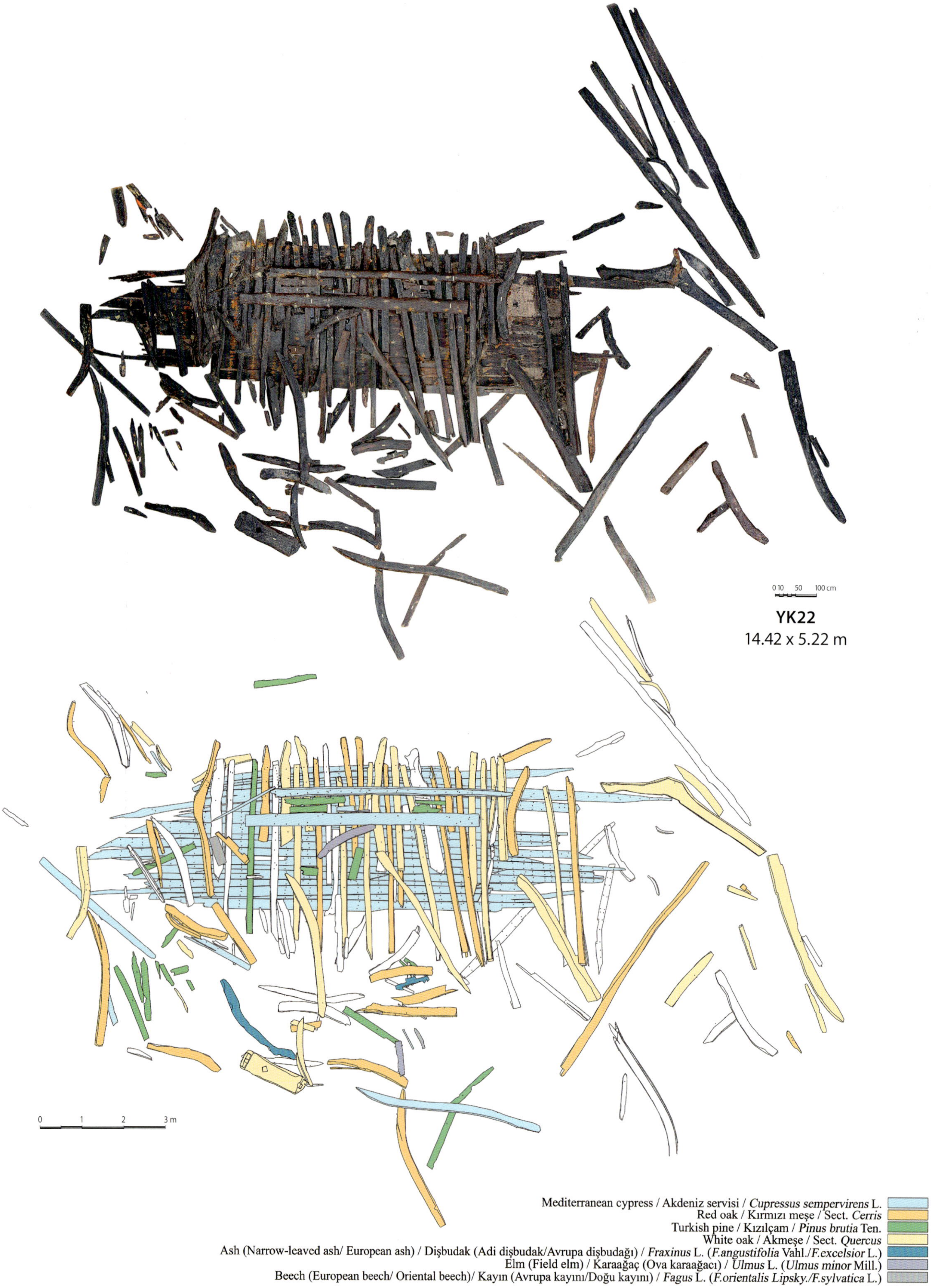

Fig. / Res. 3.29

Wreck YK22. Coloured (lower) and wood form (upper)

YK22 No.lu Gemi. Renklendirilmiş (alt) ve ahşap formu (üst)

16. Yenikapı 22 (YK22)

Ship type : Merchantman
Date : Fifth-sixth centuries

Two hundred and fifty-eight samples taken belonged to nine genera/species (Table 3.87; Figs. 3.29 and 3.30). The main members of this ship were built with cypress, Turkish pine, white oak, and red oak. One sample of hornbeam, three of beech, two of ash, two of stone pine, and six of elm do not belong to the main ship members. They were probably used for repair. Particularly the position of the elm samples in the ship could not be identified.

16. Yenikapı 22 (YK22)

Geminin Türü : Ticaret gemisi
Dönemi : 5.-6. yüzyıl

Gemide 9 farklı cins/türe ait toplam 258 örneğin teşhisi yapılmıştır (Tablo 3.17; Res. 3.29 ve 3.30). Geminin ana parçaları servi, kızılçam akmeşe ve kırmızı meşedir. 1 gürgen, 3 kayın, 2 dişbudak, 2 fıstıkçamı ve 6 karaağaç geminin ana parçaları değildir. Bunlar büyük olasıklıkla onarım esnasında kullanılmış parçalardır. Bunlar içerisinde özellikle karaağaçların nerelerde kullanıldığı da tanımlanamamıştır.

Table / Tablo 3.17
Genera/species used in YK22 / *YK22 No.lu Gemide Kullanılan Cins/Türler*

Sample no / Örnek no	Sample type / Örnek türü	Sample code / Örnek kodu	Identification (Genus/species) / Teşhis sonucu (Cins/tür)
1	Frame/Eğri	E1	White oak/Akmeşe
2	Frame/Eğri	E2	—
3	Frame/Eğri	E3	Turkish pine/Kızılçam
4	Frame/Eğri	E4-S1	Red oak/Kırmızı meşe
5	Frame/Eğri	E5	White oak/Akmeşe
6	Frame/Eğri	E5-S1	—
7	Frame/Eğri	E6	Red oak/Kırmızı meşe
8	Frame/Eğri	E6-S1	White oak/Akmeşe
9	Frame/Eğri	E7	White oak/Akmeşe
10	Frame/Eğri	E8	White oak/Akmeşe
11	Frame/Eğri	E9	White oak/Akmeşe
12	Frame/Eğri	E9-S1	Red oak/Kırmızı meşe
13	Frame/Eğri	E9-S2	Red oak/Kırmızı meşe
14	Frame/Eğri	E10	Red oak/Kırmızı meşe
15	Frame/Eğri	E10-S1	White oak/Akmeşe
16	Frame/Eğri	E11/1	White oak/Akmeşe
17	Frame/Eğri	E11/2	Red oak/Kırmızı meşe
18	Frame/Eğri	E12	White oak/Akmeşe
19	Frame/Eğri	E13	Red oak/Kırmızı meşe
20	Frame/Eğri	E13-S1	—
21	Frame/Eğri	E14	Red oak/Kırmızı meşe
22	Frame/Eğri	E14-S1	Red oak/Kırmızı meşe
23	Frame/Eğri	E15	White oak/Akmeşe
24	Frame/Eğri	E16	White oak/Akmeşe
25	Frame/Eğri	E16- S1	White oak/Akmeşe
26	Frame/Eğri	E16-S2	White oak/Akmeşe
27	Frame/Eğri	E17	White oak/Akmeşe
28	Frame/Eğri	E18	Red oak/Kırmızı meşe
29	Keel/Omurga	Om1	Mediterranean cypress/Akdeniz servisi
30	Keel/Omurga	Om2	White oak/Akmeşe
31	Starboard wale/Sancak çapa tahtası	SÇT1	Mediterranean cypress/Akdeniz servisi
32	Starboard wale/Sancak çapa tahtası	SÇT2-1	Mediterranean cypress/Akdeniz servisi

Fig. / Res. 3.30
Wreck YK22
YK22 No.lu Batık Gemi

Sample no / Örnek no	Sample type / Örnek türü	Sample code / Örnek kodu	Identification (Genus/species) / Teşhis sonucu (Cins/tür)
33	Starboard wale/Sancak çapa tahtası	SÇT2-2	Mediterranean cypress/Akdeniz servisi
34	Starboard ceiling/Sancak farş	SF1	Turkish pine/Kızılçam
35	Starboard ceiling/Sancak farş	SF2	Turkish pine/Kızılçam
36	Starboard ceiling/Sancak farş	SF3	Turkish pine/Kızılçam
37	Starboard ceiling/Sancak farş	SF4	Turkish pine/Kızılçam
38	Starboard ceiling/Sancak farş	SF5	Turkish pine/Kızılçam
39	Starboard ceiling/Sancak farş	SF6	Turkish pine/Kızılçam
40	Starboard ceiling/Sancak farş	SF7	Turkish pine/Kızılçam
41	Starboard ceiling/Sancak farş	SF8	Turkish pine/Kızılçam
42	Starboard ceiling/Sancak farş	SF9	Mediterranean cypress/Akdeniz servisi
43	Starboard ceiling/Sancak farş	SF10	Turkish pine/Kızılçam
44	Starboard ceiling/Sancak farş	SF11	Turkish pine/Kızılçam
45	Starboard ceiling/Sancak farş	SF12	—
46	Starboard planking/Sancak kaplama	SK1	Mediterranean cypress/Akdeniz servisi
47	Starboard planking/Sancak kaplama	SK2	Mediterranean cypress/Akdeniz servisi
48	Starboard planking/Sancak kaplama	SK3	Mediterranean cypress/Akdeniz servisi
49	Starboard planking/Sancak kaplama	SK4	Mediterranean cypress/Akdeniz servisi
50	Starboard planking/Sancak kaplama	SK5-1	Mediterranean cypress/Akdeniz servisi
51	Starboard planking/Sancak kaplama	SK5-2	Mediterranean cypress/Akdeniz servisi
52	Starboard planking/Sancak kaplama	SK6-1	Mediterranean cypress/Akdeniz servisi
53	Starboard planking/Sancak kaplama	SK6-2	Mediterranean cypress/Akdeniz servisi
54	Starboard planking/Sancak kaplama	SK7-1	Mediterranean cypress/Akdeniz servisi
55	Starboard planking/Sancak kaplama	SK7-2	—
56	Starboard planking/Sancak kaplama	SK8	Mediterranean cypress/Akdeniz servisi
57	Starboard planking/Sancak kaplama	SK9	Mediterranean cypress/Akdeniz servisi
58	Starboard planking/Sancak kaplama	SK10-1	Mediterranean cypress/Akdeniz servisi
59	Starboard planking/Sancak kaplama	SK10-2	Mediterranean cypress/Akdeniz servisi
60	Starboard planking/Sancak kaplama	SK11	Mediterranean cypress/Akdeniz servisi
61	Starboard planking/Sancak kaplama	SK12-1	Mediterranean cypress/Akdeniz servisi
62	Starboard planking/Sancak kaplama	SK12-2	Mediterranean cypress/Akdeniz servisi
63	Starboard planking/Sancak kaplama	SK13-1	Mediterranean cypress/Akdeniz servisi
64	Starboard planking/Sancak kaplama	SK13-2	Mediterranean cypress/Akdeniz servisi
65	Starboard planking/Sancak kaplama	SK13-3	Mediterranean cypress/Akdeniz servisi
66	Starboard planking/Sancak kaplama	SK14-1	—
67	Starboard planking/Sancak kaplama	SK14-2	Mediterranean cypress/Akdeniz servisi
68	Starboard planking/Sancak kaplama	SK15-1	Mediterranean cypress/Akdeniz servisi
69	Starboard planking/Sancak kaplama	SK15-2	Mediterranean cypress/Akdeniz servisi
70	Starboard planking/Sancak kaplama	SK16-1	Mediterranean cypress/Akdeniz servisi
71	Starboard planking/Sancak kaplama	SK16-2	Mediterranean cypress/Akdeniz servisi
72	Unidentified piece/Tanımlanamayan parça	TP1	White oak/Akmeşe
73	Unidentified piece/Tanımlanamayan parça	TP2	Elm tree/Karaağaç
74	Unidentified piece/Tanımlanamayan parça	TP3	Ash tree/Dişbudak
75	Unidentified piece/Tanımlanamayan parça	TP4	Beech/Kayın
76	Unidentified piece/Tanımlanamayan parça	TP5	Red oak/Kırmızı meşe
77	Unidentified piece/Tanımlanamayan parça	TP6	Red oak/Kırmızı meşe
78	Unidentified piece/Tanımlanamayan parça	TP7	Red oak/Kırmızı meşe

Sample no / Örnek no	Sample type / Örnek türü	Sample code / Örnek kodu	Identification (Genus/species) / Teşhis sonucu (Cins/tür)
79	Unidentified piece/Tanımlanamayan parça	TP8	Mediterranean cypress/Akdeniz servisi
80	Unidentified piece/Tanımlanamayan parça	TP9	Red oak/Kırmızı meşe
81	Unidentified piece/Tanımlanamayan parça	TP10	Red oak/Kırmızı meşe
82	Unidentified piece/Tanımlanamayan parça	TP11	Mediterranean cypress/Akdeniz servisi
83	Unidentified piece/Tanımlanamayan parça	TP12	White oak/Akmeşe
84	Unidentified piece/Tanımlanamayan parça	TP13	Red oak/Kırmızı meşe
85	Unidentified piece/Tanımlanamayan parça	TP15	White oak/Akmeşe
86	Unidentified piece/Tanımlanamayan parça	TP16	Red oak/Kırmızı meşe
87	Unidentified piece/Tanımlanamayan parça	TP17	White oak/Akmeşe
88	Unidentified piece/Tanımlanamayan parça	TP18	Beech/Kayın
89	Unidentified piece/Tanımlanamayan parça	TP19	Elm tree/Karaağaç
90	Unidentified piece/Tanımlanamayan parça	TP20	White oak/Akmeşe
91	Unidentified piece/Tanımlanamayan parça	TP21	—
92	Unidentified piece/Tanımlanamayan parça	TP22	Red oak/Kırmızı meşe
93	Unidentified piece/Tanımlanamayan parça	TP23	White oak/Akmeşe
94	Unidentified piece/Tanımlanamayan parça	TP24	—
95	Unidentified piece/Tanımlanamayan parça	TP25	Red oak/Kırmızı meşe
96	Unidentified piece/Tanımlanamayan parça	TP26	White oak/Akmeşe
97	Unidentified piece/Tanımlanamayan parça	TP27	White oak/Akmeşe
98	Unidentified piece/Tanımlanamayan parça	TP28	White oak/Akmeşe
99	Unidentified piece/Tanımlanamayan parça	TP29	—
100	Unidentified piece/Tanımlanamayan parça	TP31	White oak/Akmeşe
101	Unidentified piece/Tanımlanamayan parça	TP32	Elm tree/Karaağaç
102	Unidentified piece/Tanımlanamayan parça	TP33	White oak/Akmeşe
103	Unidentified piece/Tanımlanamayan parça	TP34	White oak/Akmeşe
104	Unidentified piece/Tanımlanamayan parça	TP35	Elm tree/Karaağaç
105	Unidentified piece/Tanımlanamayan parça	TP36	Red oak/Kırmızı meşe
106	Unidentified piece/Tanımlanamayan parça	TP38	Red oak/Kırmızı meşe
107	Unidentified piece/Tanımlanamayan parça	TP39	White oak/Akmeşe
108	Unidentified piece/Tanımlanamayan parça	TP40	Elm tree/Karaağaç
109	Unidentified piece/Tanımlanamayan parça	TP41	Red oak/Kırmızı meşe
110	Unidentified piece/Tanımlanamayan parça	TP42	White oak/Akmeşe
111	Unidentified piece/Tanımlanamayan parça	TP43	Red oak/Kırmızı meşe
112	Unidentified piece/Tanımlanamayan parça	TP45	White oak/Akmeşe
113	Unidentified piece/Tanımlanamayan parça	TP46	White oak/Akmeşe
114	Unidentified piece/Tanımlanamayan parça	TP47	—
115	Unidentified piece/Tanımlanamayan parça	TP48	Red oak/Kırmızı meşe
116	Unidentified piece/Tanımlanamayan parça	TP49	Red oak/Kırmızı meşe
117	Unidentified piece/Tanımlanamayan parça	TP50	White oak/Akmeşe
118	Unidentified piece/Tanımlanamayan parça	TP53	White oak/Akmeşe
119	Unidentified piece/Tanımlanamayan parça	TP54	White oak/Akmeşe
120	Wale from unknown position/Yeri belli olmayan çapa tahtası	YBO ÇT19	Mediterranean cypress/Akdeniz servisi
121	Frame from unknown position/Yeri belli olmayan eğri	YBO E1	White oak/Akmeşe
122	Frame from unknown position/Yeri belli olmayan eğri	YBO E2	Red oak/Kırmızı meşe
123	Frame from unknown position/Yeri belli olmayan eğri	YBO E3	White oak/Akmeşe
124	Frame from unknown position/Yeri belli olmayan eğri	YBO E4	Red oak/Kırmızı meşe

Sample no / Örnek no	Sample type / Örnek türü	Sample code / Örnek kodu	Identification (Genus/species) / Teşhis sonucu (Cins/tür)
125	Frame from unknown position/Yeri belli olmayan eğri	YBO E5	Ash tree/Dişbudak
126	Frame from unknown position/Yeri belli olmayan eğri	YBO E6	Red oak/Kırmızı meşe
127	Frame from unknown position/Yeri belli olmayan eğri	YBO E7	Red oak/Kırmızı meşe
128	Frame from unknown position/Yeri belli olmayan eğri	YBO E8	White oak/Akmeşe
129	Frame from unknown position/Yeri belli olmayan eğri	YBO E9	—
130	Frame from unknown position/Yeri belli olmayan eğri	YBO E10	—
131	Frame from unknown position/Yeri belli olmayan eğri	YBO E11	White oak/Akmeşe
132	Frame from unknown position/Yeri belli olmayan eğri	YBO E12	Mediterranean cypress/Akdeniz servisi
133	Frame from unknown position/Yeri belli olmayan eğri	YBO E13	Red oak/Kırmızı meşe
134	Frame from unknown position/Yeri belli olmayan eğri	YBO E14	Mediterranean cypress/Akdeniz servisi
135	Frame from unknown position/Yeri belli olmayan eğri	YBO E15	Red oak/Kırmızı meşe
136	Frame from unknown position/Yeri belli olmayan eğri	YBO E16	Red oak/Kırmızı meşe
137	Frame from unknown position/Yeri belli olmayan eğri	YBO E17	Red oak/Kırmızı meşe
138	Frame from unknown position/Yeri belli olmayan eğri	YBO E18	Red oak/Kırmızı meşe
139	Frame from unknown position/Yeri belli olmayan eğri	YBO E19	—
140	Frame from unknown position/Yeri belli olmayan eğri	YBO E20	Red oak/Kırmızı meşe
141	Frame from unknown position/Yeri belli olmayan eğri	YBO E21	White oak/Akmeşe
142	Frame from unknown position/Yeri belli olmayan eğri	YBO E22	White oak/Akmeşe
143	Frame from unknown position/Yeri belli olmayan eğri	YBO E23	Red oak/Kırmızı meşe
144	Frame from unknown position/Yeri belli olmayan eğri	YBO E24	White oak/Akmeşe
145	Frame from unknown position/Yeri belli olmayan eğri	YBO E25	White oak/Akmeşe
146	Frame from unknown position/Yeri belli olmayan eğri	YBO E26	Red oak/Kırmızı meşe
147	Frame from unknown position/Yeri belli olmayan eğri	YBO E28	White oak/Akmeşe
148	Frame from unknown position/Yeri belli olmayan eğri	YBO E29	—
149	Frame from unknown position/Yeri belli olmayan eğri	YBO E30	—
150	Frame from unknown position/Yeri belli olmayan eğri	YBO E31	White oak/Akmeşe
151	Frame from unknown position/Yeri belli olmayan eğri	YBO E32	White oak/Akmeşe
152	Frame from unknown position/Yeri belli olmayan eğri	YBO E33	White oak/Akmeşe
153	Frame from unknown position/Yeri belli olmayan eğri	YBO E34	Hornbeam/Gürgen
154	Frame from unknown position/Yeri belli olmayan eğri	YBO E36	White oak/Akmeşe
155	Frame from unknown position/Yeri belli olmayan eğri	YBO E37	—
156	Frame from unknown position/Yeri belli olmayan eğri	YBO E38	White oak/Akmeşe
157	Frame from unknown position/Yeri belli olmayan eğri	YBO E38 Frame/ Eğri	—
158	Frame from unknown position/Yeri belli olmayan eğri	YBO E39	—
159	Frame from unknown position/Yeri belli olmayan eğri	YBO E40	White oak/Akmeşe
160	Frame from unknown position/Yeri belli olmayan eğri	YBO E41	Red oak/Kırmızı meşe
161	Frame from unknown position/Yeri belli olmayan eğri	YBO E42	Red oak/Kırmızı meşe
162	Frame from unknown position/Yeri belli olmayan eğri	YBO E43	Elm tree/Karaağaç
163	Frame from unknown position/Yeri belli olmayan eğri	YBO E44	Red oak/Kırmızı meşe
164	Frame from unknown position/Yeri belli olmayan eğri	YBO E45	—
165	Frame from unknown position/Yeri belli olmayan eğri	YBO E46	Red oak/Kırmızı meşe
166	Frame from unknown position/Yeri belli olmayan eğri	YBO E47	Red oak/Kırmızı meşe
167	Frame from unknown position/Yeri belli olmayan eğri	YBO E48	White oak/Akmeşe
168	Frame from unknown position/Yeri belli olmayan eğri	YBO E50	Turkish pine/Kızılçam
169	Frame from unknown position/Yeri belli olmayan eğri	YBO E51	Turkish pine/Kızılçam

Sample no / Örnek no	Sample type / Örnek türü	Sample code / Örnek kodu	Identification (Genus/species) / Teşhis sonucu (Cins/tür)
170	Frame from unknown position/Yeri belli olmayan eğri	YBO E52	White oak/Akmeşe
171	Frame from unknown position/Yeri belli olmayan eğri	YBO E53	Beech/Kayın
172	Frame from unknown position/Yeri belli olmayan eğri	YBO E54	White oak/Akmeşe
173	Frame from unknown position/Yeri belli olmayan eğri	YBO E55	White oak/Akmeşe
174	Frame from unknown position/Yeri belli olmayan eğri	YBO E56	Red oak/Kırmızı meşe
175	Frame from unknown position/Yeri belli olmayan eğri	YBO E57	Red oak/Kırmızı meşe
176	Frame from unknown position/Yeri belli olmayan eğri	YBO E58	Red oak/Kırmızı meşe
177	Frame from unknown position/Yeri belli olmayan eğri	YBO E59	Red oak/Kırmızı meşe
178	Frame from unknown position/Yeri belli olmayan eğri	YBO E60	White oak/Akmeşe
179	Frame from unknown position/Yeri belli olmayan eğri	YBO E61	Turkish pine/Kızılçam
180	Frame from unknown position/Yeri belli olmayan eğri	YBO E62	White oak/Akmeşe
181	Frame from unknown position/Yeri belli olmayan eğri	YBO E64	Red oak/Kırmızı meşe
182	Frame from unknown position/Yeri belli olmayan eğri	YBO E65	White oak/Akmeşe
183	Frame from unknown position/Yeri belli olmayan eğri	YBO E67	—
184	Frame from unknown position/Yeri belli olmayan eğri	YBO E68	—
185	Frame from unknown position/Yeri belli olmayan eğri	YBO E69	White oak/Akmeşe
186	Frame from unknown position/Yeri belli olmayan eğri	YBO E70	Red oak/Kırmızı meşe
187	Frame from unknown position/Yeri belli olmayan eğri	YBO E71	Red oak/Kırmızı meşe
188	Frame from unknown position/Yeri belli olmayan eğri	YBO E72	White oak/Akmeşe
189	Frame from unknown position/Yeri belli olmayan eğri	YBO E73	Red oak/Kırmızı meşe
190	Frame from unknown position/Yeri belli olmayan eğri	YBO E75	Red oak/Kırmızı meşe
191	Frame from unknown position/Yeri belli olmayan eğri	YBO E77	White oak/Akmeşe
192	Frame from unknown position/Yeri belli olmayan eğri	YBO E78	White oak/Akmeşe
193	Frame from unknown position/Yeri belli olmayan eğri	YBO E79	White oak/Akmeşe
194	Frame from unknown position/Yeri belli olmayan eğri	YBO E80	White oak/Akmeşe
195	Frame from unknown position/Yeri belli olmayan eğri	YBO E81	White oak/Akmeşe
196	Frame from unknown position/Yeri belli olmayan eğri	YBO E82	Red oak/Kırmızı meşe
197	Frame from unknown position/Yeri belli olmayan eğri	YBO E83	White oak/Akmeşe
198	Frame from unknown position/Yeri belli olmayan eğri	YBO E84	White oak/Akmeşe
199	Frame from unknown position/Yeri belli olmayan eğri	YBO E85	Turkish pine/Kızılçam
200	Frame from unknown position/Yeri belli olmayan eğri	YBO E86	White oak/Akmeşe
201	Frame from unknown position/Yeri belli olmayan eğri	YBO E87	White oak/Akmeşe
202	Frame from unknown position/Yeri belli olmayan eğri	YBO E91	White oak/Akmeşe
203	Frame from unknown position/Yeri belli olmayan eğri	YBO E92	White oak/Akmeşe
204	Ceiling from unknown position/Yeri belli olmayan farş	YBO F1	Turkish pine/Kızılçam
205	Ceiling from unknown position/Yeri belli olmayan farş	YBO F2	Turkish pine/Kızılçam
206	Ceiling from unknown position/Yeri belli olmayan farş	YBO F3	Turkish pine/Kızılçam
207	Ceiling from unknown position/Yeri belli olmayan farş	YBO F4	—
208	Ceiling from unknown position/Yeri belli olmayan farş	YBO F5	Mediterranean cypress/Akdeniz servisi
209	Planking from unknown position/Yeri belli olmayan kaplama	YBO K1	Mediterranean cypress/Akdeniz servisi
210	Planking from unknown position/Yeri belli olmayan kaplama	YBO K2	White oak/Akmeşe
211	Planking from unknown position/Yeri belli olmayan kaplama	YBO K3	Mediterranean cypress/Akdeniz servisi
212	Planking from unknown position/Yeri belli olmayan kaplama	YBO K4	Red oak/Kırmızı meşe
213	Planking from unknown position/Yeri belli olmayan kaplama	YBO K5	Turkish pine/Kızılçam
214	Planking from unknown position/Yeri belli olmayan kaplama	YBO K7	Mediterranean cypress/Akdeniz servisi

Sample no / Örnek no	Sample type / Örnek türü	Sample code / Örnek kodu	Identification (Genus/species) / Teşhis sonucu (Cins/tür)
215	Planking from unknown position/Yeri belli olmayan kaplama	YBO K11	White oak/Akmeşe
216	Planking from unknown position/Yeri belli olmayan kaplama	YBO K12	Mediterranean cypress/Akdeniz servisi
217	Planking from unknown position/Yeri belli olmayan kaplama	YBO K13	Turkish pine/Kızılçam
218	Planking from unknown position/Yeri belli olmayan kaplama	YBO K14	Turkish pine/Kızılçam
219	Planking from unknown position/Yeri belli olmayan kaplama	YBO K15	Mediterranean cypress/Akdeniz servisi
220	Planking from unknown position/Yeri belli olmayan kaplama	YBO K16	Turkish pine/Kızılçam
221	Planking from unknown position/Yeri belli olmayan kaplama	YBO K17	Turkish pine/Kızılçam
222	Planking from unknown position/Yeri belli olmayan kaplama	YBO K18	Turkish pine/Kızılçam
223	Planking from unknown position/Yeri belli olmayan kaplama	YBO K20	White oak/Akmeşe
224	Planking from unknown position/Yeri belli olmayan kaplama	YBO K21	Mediterranean cypress/Akdeniz servisi
225	Planking from unknown position/Yeri belli olmayan kaplama	YBO K22	Turkish pine/Kızılçam
226	Planking from unknown position/Yeri belli olmayan kaplama	YBO K24	Turkish pine/Kızılçam
227	Planking from unknown position/Yeri belli olmayan kaplama	YBO K25	Turkish pine/Kızılçam
228	Planking from unknown position/Yeri belli olmayan kaplama	YBO K26	Mediterranean cypress/Akdeniz servisi
229	Planking from unknown position/Yeri belli olmayan kaplama	YBO K27	Turkish pine/Kızılçam
230	Planking from unknown position/Yeri belli olmayan kaplama	YBO K28	Turkish pine/Kızılçam
231	Planking from unknown position/Yeri belli olmayan kaplama	YBO K29	White oak/Akmeşe
232	Planking from unknown position/Yeri belli olmayan kaplama	YBO K30	Turkish pine/Kızılçam
233	Planking from unknown position/Yeri belli olmayan kaplama	YBO K31	White oak/Akmeşe
234	Planking from unknown position/Yeri belli olmayan kaplama	YBO K32	Turkish pine/Kızılçam
235	Planking from unknown position/Yeri belli olmayan kaplama	YBO K34	Turkish pine/Kızılçam
236	Planking from unknown position/Yeri belli olmayan kaplama	YBO K35	White oak/Akmeşe
237	Planking from unknown position/Yeri belli olmayan kaplama	YBO K36	Mediterranean cypress/Akdeniz servisi
238	Planking from unknown position/Yeri belli olmayan kaplama	YBO K37	Mediterranean cypress/Akdeniz servisi
239	Planking from unknown position/Yeri belli olmayan kaplama	YBO K39	Red oak/Kırmızı meşe
240	Planking from unknown position/Yeri belli olmayan kaplama	YBO K40	—
241	Planking from unknown position/Yeri belli olmayan kaplama	YBO K41	—
242	Planking from unknown position/Yeri belli olmayan kaplama	YBO K43 / YBO K42	Stone pine/Fıstıkçamı
243	Planking from unknown position/Yeri belli olmayan kaplama	YBO K44	Mediterranean cypress/Akdeniz servisi
244	Planking from unknown position/Yeri belli olmayan kaplama	YBO K45	—
245	Planking from unknown position/Yeri belli olmayan kaplama	YBO K46	Mediterranean cypress/Akdeniz servisi
246	Planking from unknown position/Yeri belli olmayan kaplama	YBO K48	Mediterranean cypress/Akdeniz servisi
247	Planking from unknown position/Yeri belli olmayan kaplama	YBO K49	—
248	Planking from unknown position/Yeri belli olmayan kaplama	YBO K50	White oak/Akmeşe
249	Planking from unknown position/Yeri belli olmayan kaplama	YBO K51	White oak/Akmeşe
250	Planking from unknown position/Yeri belli olmayan kaplama	YBO K53	Red oak/Kırmızı meşe
251	Planking from unknown position/Yeri belli olmayan kaplama	YBO K54	Red oak/Kırmızı meşe
252	Planking from unknown position/Yeri belli olmayan kaplama	YBO K55	White oak/Akmeşe
253	Planking from unknown position/Yeri belli olmayan kaplama	YBO K56	—
254	Planking from unknown position/Yeri belli olmayan kaplama	YBO K57	Stone pine/Fıstıkçamı
255	Keel from unknown position/Yeri belli olmayan omurga	YBO Om	White oak/Akmeşe
256	Stringer/İç kuşak	İçK1	Mediterranean cypress/Akdeniz servisi
257	Stringer/İç kuşak	İçK2	Mediterranean cypress/Akdeniz servisi
258	Stringer/İç kuşak	İçK3	Mediterranean cypress/Akdeniz servisi

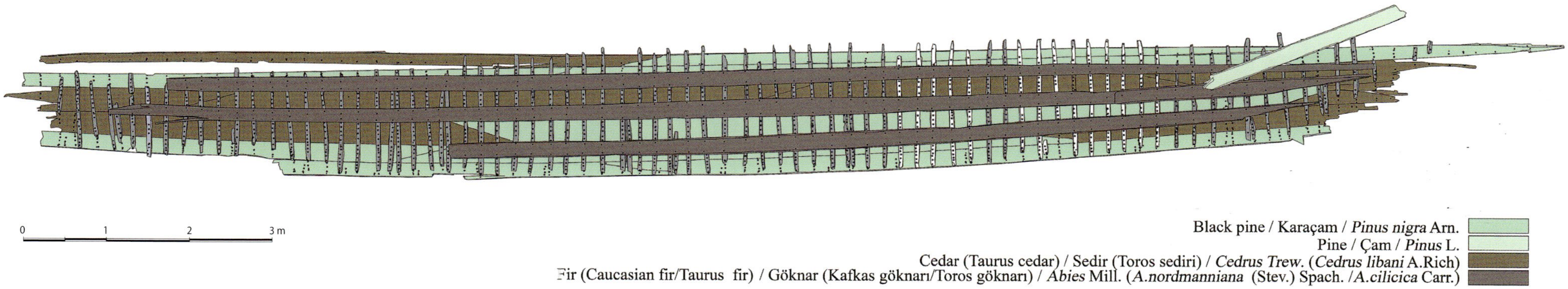

Fig. / Res. 3.31

Wreck YK25. Coloured (lower) and wood form (upper)

YK25 No.lu Gemi. Renklendirilmiş (alt) ve ahşap formu (üst)

17. Yenikapı 25 (YK25)

Ship type : Galley
Date : Tenth-eleventh centuries

One hundred and forty-four samples taken belonged to six genera/species (Table 3.18; Fig. 3.31). This ship's main members were mainly built with black pine, plane and cedar wood. Treenails were made of weaver's broom and oak. In addition one sample belonged to elm and four to fir. Fir was used for the wales, so they may belong to main members. Members examined do not indicate any repairs.

17. Yenikapı 25 (YK25)

Geminin Türü : Kadırga
Dönemi : 10.-11. yüzyıl

Gemide 7 farklı cinse ait toplam 144 örneğin teşhisi yapılmıştır (Tablo 3.18; Res. 3.31). Geminin ana parçaları çınar, karaçam ve sedir ağaçlarıdır. Ahşap çiviler meşe ve katırtırnağından yapılmıştır. Ayrıca 1 karaağaç ve 4 göknar örneği de gemi yapımında kullanılmıştır. Göknar ağaçları iç kuşak yapımında kullanıldığı için bunlar da ana parçalar olabilir. Geminin parçaları incelendiğinde, onarım geçirmemiş bir gemi olarak değerlendirilebilir.

Table / Tablo 3.18

Genera/species used in YK25 / *YK25 No.lu Gemide Kullanılan Cins/Türler*

Sample no / Örnek no	Sample type / Örnek türü	Sample code / Örnek kodu	Identification (Genus/species) / Teşhis sonucu (Cins/tür)
1	Treenail/Ahşap çivi	E18-AÇ	Oak/Meşe
2	Treenail/Ahşap çivi	E18-AÇ	Oak/Meşe
3	Treenail/Ahşap çivi	E18-AÇ	Oak/Meşe
4	Treenail/Ahşap çivi	E18-AÇ	Oak/Meşe
5	Treenail/Ahşap çivi	E18-AÇ	Oak/Meşe
6	Treenail/Ahşap çivi	E18-AÇ	Oak/Meşe
7	Treenail/Ahşap çivi	E18-AÇ	Oak/Meşe
8	Treenail/Ahşap çivi	E18-AÇ	Oak/Meşe
9	Treenail/Ahşap çivi	E18-AÇ	Oak/Meşe
10	Treenail/Ahşap çivi	E18-AÇ	Spanish broom/Katırtırnağı
11	Treenail/Ahşap çivi	E27-AÇ	Oak/Meşe
12	Treenail/Ahşap çivi	E27-AÇ	Oak/Meşe
13	Treenail/Ahşap çivi	E27-AÇ	Oak/Meşe
14	Treenail/Ahşap çivi	E27-AÇ	Oak/Meşe
15	Treenail/Ahşap çivi	E27-AÇ	Oak/Meşe
16	Treenail/Ahşap çivi	E27-AÇ	Oak/Meşe
17	Treenail/Ahşap çivi	E27-AÇ	Oak/Meşe
18	Treenail/Ahşap çivi	E27-AÇ	Oak/Meşe
19	Treenail/Ahşap çivi	E28-AÇ	Spanish broom/Katırtırnağı
20	Treenail/Ahşap çivi	E28-AÇ	Oak/Meşe
21	Treenail/Ahşap çivi	E28-AÇ	Oak/Meşe
22	Treenail/Ahşap çivi	E28-AÇ	Oak/Meşe
23	Treenail/Ahşap çivi	E28-AÇ	Spanish broom/Katırtırnağı
24	Treenail/Ahşap çivi	E28-AÇ	Oak/Meşe
25	Treenail/Ahşap çivi	E28-AÇ	Oak/Meşe
26	Treenail/Ahşap çivi	E42-AÇ	Oak/Meşe
27	Treenail/Ahşap çivi	E42-AÇ	Spanish broom/Katırtırnağı
28	Treenail/Ahşap çivi	E42-AÇ	Oak/Meşe
29	Treenail/Ahşap çivi	E42-AÇ	Oak/Meşe
30	Treenail/Ahşap çivi	E42-AÇ	Oak/Meşe
31	Treenail/Ahşap çivi	E42-AÇ	Oak/Meşe
32	Treenail/Ahşap çivi	E54-AÇ	Oak/Meşe
33	Treenail/Ahşap çivi	E54-AÇ	Oak/Meşe
34	Treenail/Ahşap çivi	E54-AÇ	Oak/Meşe
35	Treenail/Ahşap çivi	E54-AÇ	Oak/Meşe
36	Treenail/Ahşap çivi	E54-AÇ	Oak/Meşe
37	Coak/Kavela	İK3-2 / İK2-4	Spanish broom/Katırtırnağı

Sample no / Örnek no	Sample type / Örnek türü	Sample code / Örnek kodu	Identification (Genus/species) / Teşhis sonucu (Cins/tür)
38	Coak/Kavela	İK3-2 / İK2-4	Spanish broom/Katırtırnağı
39	Coak/Kavela	İK3-2 / İK2-4	Spanish broom/Katırtırnağı
40	Coak/Kavela	İK3-2 / İK2-4	Spanish broom/Katırtırnağı
41	Coak/Kavela	İK3-2 / İK2-4	Spanish broom/Katırtırnağı
42	Coak/Kavela	İK3-2 / İK2-4	Spanish broom/Katırtırnağı
43	Coak/Kavela	İK3-2 / İK2-4	Spanish broom/Katırtırnağı
44	Coak/Kavela	İK3-2 / İK2-4	Spanish broom/Katırtırnağı
45	Coak/Kavela	İK3-2 / İK2-4	Spanish broom/Katırtırnağı
46	Coak/Kavela	İK4-2 / İK3-2	Spanish broom/Katırtırnağı
47	Coak/Kavela	İK4-2 / İK3-2	Spanish broom/Katırtırnağı
48	Coak/Kavela	İK4-2 / İK3-2	Spanish broom/Katırtırnağı
49	Coak/Kavela	İK4-2 / İK3-2	Spanish broom/Katırtırnağı
50	Frame/Eğri	E1	Eastern plane/Doğu çınarı
51	Frame/Eğri	E2	Eastern plane/Doğu çınarı
52	Frame/Eğri	E3	Eastern plane/Doğu çınarı
53	Frame/Eğri	E4	Eastern plane/Doğu çınarı
54	Frame/Eğri	E4-İ1	Eastern plane/Doğu çınarı
55	Frame/Eğri	E5	Eastern plane/Doğu çınarı
56	Frame/Eğri	E6	Elm tree/Karaağaç
57	Frame/Eğri	E7	Eastern plane/Doğu çınarı
58	Frame/Eğri	E8	Eastern plane/Doğu çınarı
59	Frame/Eğri	E9	Eastern plane/Doğu çınarı
60	Frame/Eğri	E10	Eastern plane/Doğu çınarı
61	Frame/Eğri	E11	Eastern plane/Doğu çınarı
62	Frame/Eğri	E11-E1	Eastern plane/Doğu çınarı
63	Frame/Eğri	E12	Eastern plane/Doğu çınarı
64	Frame/Eğri	E13	Eastern plane/Doğu çınarı
65	Frame/Eğri	E14	Eastern plane/Doğu çınarı
66	Frame/Eğri	E15	Eastern plane/Doğu çınarı
67	Frame/Eğri	E16	Eastern plane/Doğu çınarı
68	Frame/Eğri	E17	Eastern plane/Doğu çınarı
69	Frame/Eğri	E18	Eastern plane/Doğu çınarı
70	Frame/Eğri	E19	Eastern plane/Doğu çınarı
71	Frame/Eğri	E20	Eastern plane/Doğu çınarı
72	Frame/Eğri	E20-İ1	Eastern plane/Doğu çınarı
73	Frame/Eğri	E21	Eastern plane/Doğu çınarı
74	Frame/Eğri	E22	Eastern plane/Doğu çınarı
75	Frame/Eğri	E23	Eastern plane/Doğu çınarı
76	Frame/Eğri	E23-İ1	Eastern plane/Doğu çınarı
77	Frame/Eğri	E24	Eastern plane/Doğu çınarı
78	Frame/Eğri	E25	Eastern plane/Doğu çınarı
79	Frame/Eğri	E26	Eastern plane/Doğu çınarı
80	Frame/Eğri	E27	Eastern plane/Doğu çınarı
81	Frame/Eğri	E28	Eastern plane/Doğu çınarı
82	Frame/Eğri	E29	Eastern plane/Doğu çınarı
83	Frame/Eğri	E30	Eastern plane/Doğu çınarı
84	Frame/Eğri	E31	Eastern plane/Doğu çınarı
85	Frame/Eğri	E32	Eastern plane/Doğu çınarı
86	Frame/Eğri	E33	Eastern plane/Doğu çınarı
87	Frame/Eğri	E33-İ1	Eastern plane/Doğu çınarı
88	Frame/Eğri	E34	Eastern plane/Doğu çınarı
89	Frame/Eğri	E35	Eastern plane/Doğu çınarı
90	Frame/Eğri	E36	Eastern plane/Doğu çınarı

Sample no / Örnek no	Sample type / Örnek türü	Sample code / Örnek kodu	Identification (Genus/species) / Teşhis sonucu (Cins/tür)
91	Frame/Eğri	E36-İ1	Eastern plane/Doğu çınarı
92	Frame/Eğri	E37	Eastern plane/Doğu çınarı
93	Frame/Eğri	E38	Eastern plane/Doğu çınarı
94	Frame/Eğri	E39	Eastern plane/Doğu çınarı
95	Frame/Eğri	E40	Eastern plane/Doğu çınarı
96	Frame/Eğri	E41	Eastern plane/Doğu çınarı
97	Frame/Eğri	E42	Eastern plane/Doğu çınarı
98	Frame/Eğri	E43	Eastern plane/Doğu çınarı
99	Frame/Eğri	E43	Eastern plane/Doğu çınarı
100	Frame/Eğri	E44	Eastern plane/Doğu çınarı
101	Frame/Eğri	E45	Eastern plane/Doğu çınarı
102	Frame/Eğri	E46	Eastern plane/Doğu çınarı
103	Frame/Eğri	E46-İ	Eastern plane/Doğu çınarı
104	Frame/Eğri	E47	Eastern plane/Doğu çınarı
105	Frame/Eğri	E48	Eastern plane/Doğu çınarı
106	Frame/Eğri	E54	Eastern plane/Doğu çınarı
107	Frame/Eğri	E55	Eastern plane/Doğu çınarı
108	Frame/Eğri	E65	Eastern plane/Doğu çınarı
109	Frame/Eğri	E66	Eastern plane/Doğu çınarı
110	Frame/Eğri	E69	Eastern plane/Doğu çınarı
111	Frame/Eğri	E70-İ1	Eastern plane/Doğu çınarı
112	Frame/Eğri	E70-İ1	Eastern plane/Doğu çınarı
113	Frame/Eğri	E71	Eastern plane/Doğu çınarı
114	Frame/Eğri	E72	Eastern plane/Doğu çınarı
115	Frame/Eğri	E73	Eastern plane/Doğu çınarı
116	Frame/Eğri	E74	Eastern plane/Doğu çınarı
117	Frame/Eğri	E75	Eastern plane/Doğu çınarı
118	Frame/Eğri	E76	Eastern plane/Doğu çınarı
119	Frame/Eğri	E77	Eastern plane/Doğu çınarı
120	Frame/Eğri	E78	Eastern plane/Doğu çınarı
121	Frame/Eğri	E80	Eastern plane/Doğu çınarı
122	Frame/Eğri	E81	Eastern plane/Doğu çınarı
123	Portside garboard/İskele burma	İB1-1	Taurus cedar/Toros sediri
124	Portside garboard/İskele burma	İB1-2	Black pine/Karaçam
125	Portside planking/İskele kaplama	İK1-1	Black pine/Karaçam
126	Portside planking/İskele kaplama	İK1-2	Black pine/Karaçam
127	Portside planking/İskele kaplama	İK1-3	Black pine/Karaçam
128	Portside planking/İskele kaplama	İK2-1	Taurus cedar/Toros sediri
129	Portside planking/İskele kaplama	İK2-3	Taurus cedar/Toros sediri
130	Portside planking/İskele kaplama	İK2-4	Taurus cedar/Toros sediri
131	Portside planking/İskele kaplama	İK2-5	Taurus cedar/Toros sediri
132	Portside planking/İskele kaplama	İK3-1	Taurus cedar/Toros sediri
133	Portside planking/İskele kaplama	İK3-2	Black pine/Karaçam
134	Portside planking/İskele kaplama	İK3-3	Taurus cedar/Toros sediri
135	Portside planking/İskele kaplama	İK4-1	Black pine/Karaçam
136	Portside planking/İskele kaplama	İK4-2	Black pine/Karaçam
137	Portside planking/İskele kaplama	İK4-3	Taurus cedar/Toros sediri
138	Portside planking/İskele kaplama	İK5-1	Black pine/Karaçam
139	Portside planking/İskele kaplama	İK5-2	Black pine/Karaçam
140	Bench/Oturak	—	Pine/Çam
141	Stringer/İç kuşak	İçK1	Fir/Göknar
142	Stringer/İç kuşak	İçK2.1	Fir/Göknar
143	Stringer/İç kuşak	İçK2.2	Fir/Göknar
144	Stringer/İç kuşak	İçK3	Fir/Göknar

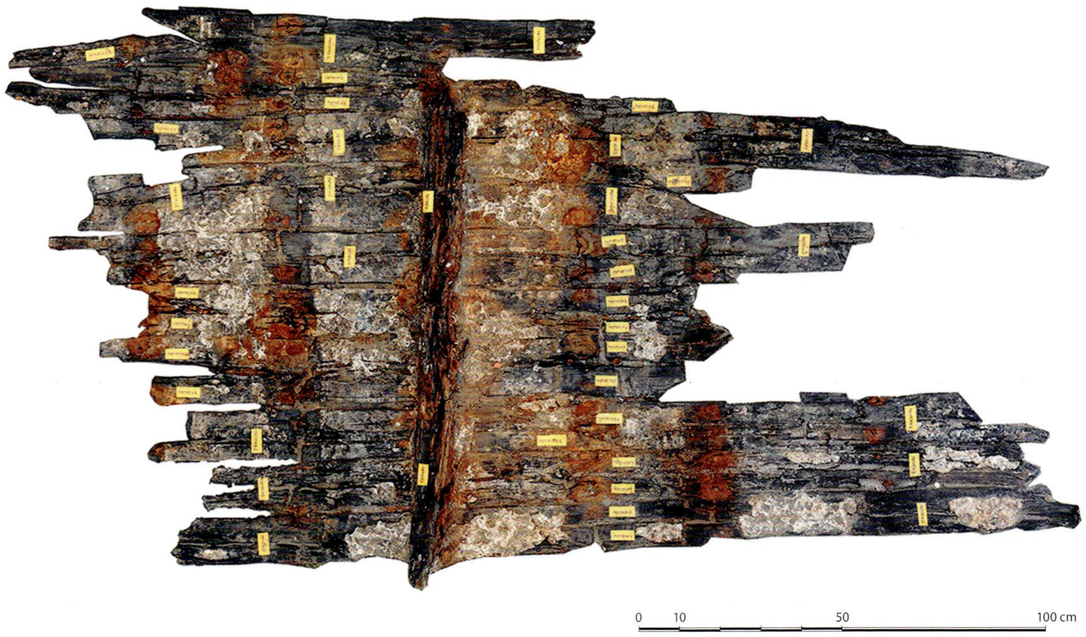

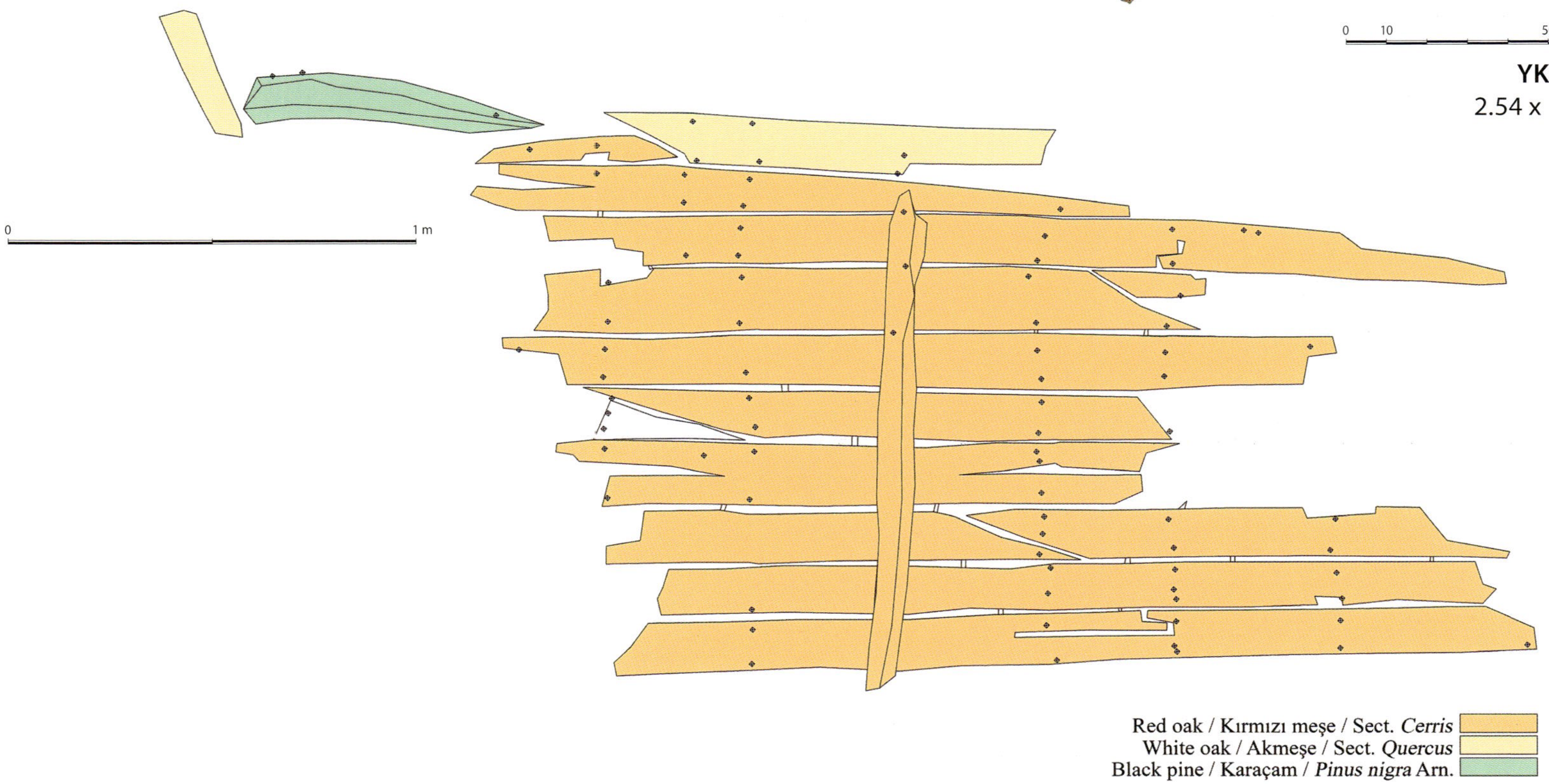

Fig. / Res. 3.32

Wreck YK26. Coloured (upper) and wood form (lower)

YK26 No.lu Gemi. Renklendirilmiş (üst) ve ahşap formu (alt)

18. Yenikapı 26 (YK26)

Ship type : Merchantman
Date : Fifth-sixth centuries

Seventeen samples taken belonged to three genera/species (Table 3.19; Figs. 3.32 and 3.33). Only seventeen pieces of the ship have survived and a significant part belongs to red oak, which seems to be the ship's main material. In addition, three samples of white oak and one sample of black pine were identified. The piece of black pine is a section of framing from an unknown area of the vessel.

18. Yenikapı 26 (YK26)

Geminin Türü : Ticaret gemisi
Dönemi : 5.-6. yüzyıl

Gemide 3 farklı cins/türe ait toplam 17 örneğin teşhisi yapılmıştır (Tablo 3.19; Res. 3.32 ve 3.33). Gemiden geriye sadece 17 parça kalmış olup bunların da önemli bir kısmı kırmızı meşe ağacıdır. Teşhisler, geminin ana malzemesinin kırmızı meşe olduğunu göstermiştir. Ayrıca 3 akmeşe ve bir karaçam ağacı da teşhis edilmiştir. Karaçam yeri belli olmayan bir eğri örneğidir.

Table / Tablo 3.19
Genera/species used in YK26 / *YK26 No.lu Gemide Kullanılan Cins/Türler*

Sample no / Örnek no	Sample type / Örnek türü	Sample code / Örnek kodu	Identification (Genus/species) / Teşhis sonucu (Cins/tür)
1	Frame/Eğri	E1	Red oak/Kırmızı meşe
2	Portside planking/İskele kaplama	İK1-1	White oak/Akmeşe
3	Portside planking/İskele kaplama	İK1-2	Red oak/Kırmızı meşe
4	Portside planking/İskele kaplama	İK2	Red oak/Kırmızı meşe
5	Portside planking/İskele kaplama	İK3	Red oak/Kırmızı meşe
6	Portside planking/İskele kaplama	İK4-1	Red oak/Kırmızı meşe
7	Portside planking/İskele kaplama	İK4-2	Red oak/Kırmızı meşe
8	Portside planking/İskele kaplama	İK5	Red oak/Kırmızı meşe
9	Portside planking/İskele kaplama	İK6-1	White oak/Akmeşe
10	Portside planking/İskele kaplama	İK6-2	—
11	Portside planking/İskele kaplama	İK7	Red oak/Kırmızı meşe
12	Portside planking/İskele kaplama	İK8-1	Red oak/Kırmızı meşe
13	Portside planking/İskele kaplama	İK8-2	Red oak/Kırmızı meşe
14	Portside planking/İskele kaplama	İK9	Red oak/Kırmızı meşe
15	Portside planking/İskele kaplama	İK10	Red oak/Kırmızı meşe
16	Frame from unknown position/Yeri belli olmayan eğri	YBO E1	Black pine/Karaçam
17	Planking from unknown position/Yeri belli olmayan kaplama	YBO K1	White oak/Akmeşe

Fig. / Res. 3.33
Wreck YK26
YK26 No.lu Batık Gemi

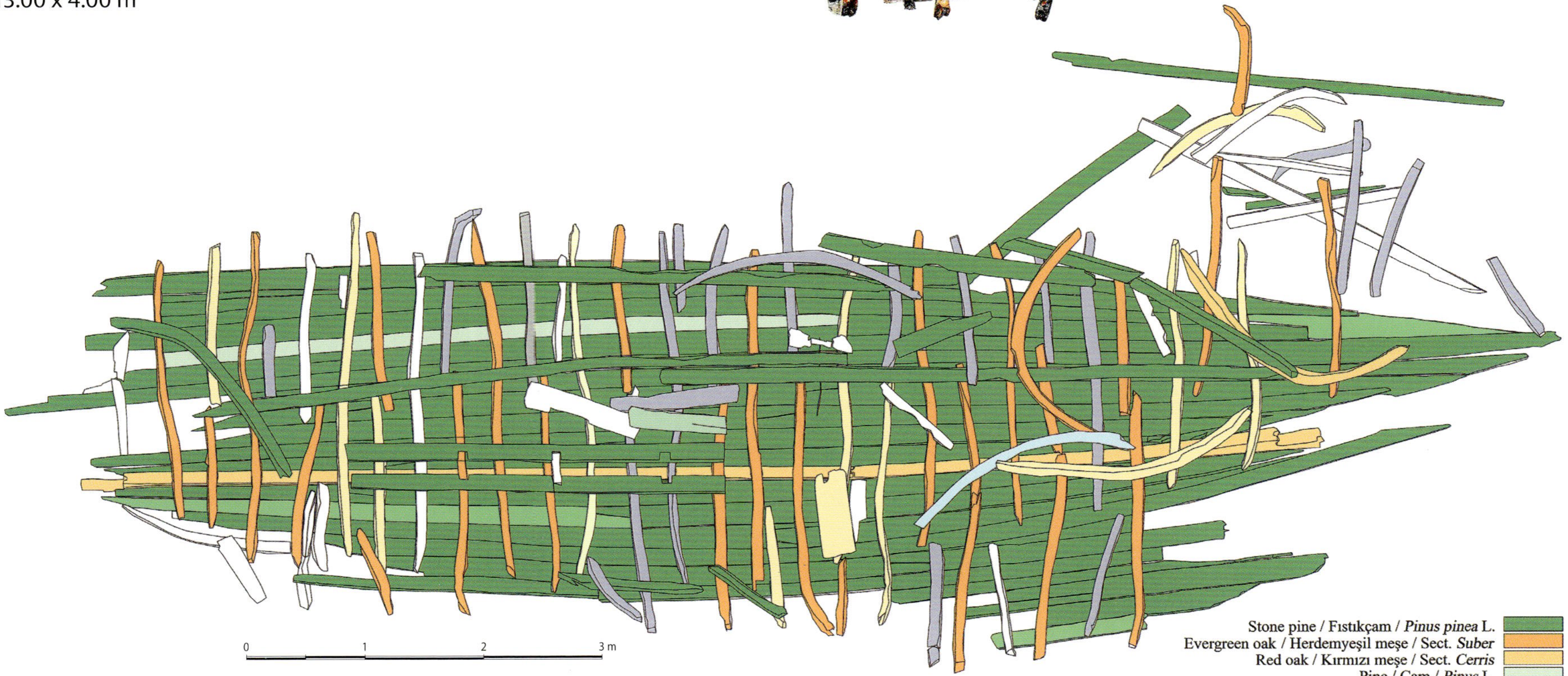

Fig. / Res. 3.34

Wreck YK27. Coloured (lower) and wood form (upper)

YK27 No.lu Gemi. Renklendirilmiş (alt) ve ahşap formu (üst)

19. Yenikapı 27 (YK27)

Ship type : Merchantman
Date : Eighth-ninth centuries

One hundred and forty samples taken from this merchantman of the eighth-ninth centuries (Fig. 3.34) belonged to eight genera/species (Table 3.20). The planking of this ship was built with stone pine; frames with elm, white and red oak, and evergreen oak. In addition, one sample of cypress, one of beech, and one of poplar identified were probably used for repair.

19. Yenikapı 27 (YK27)

Geminin Türü : Ticaret gemisi
Dönemi : 8.-9. yüzyıl

Yenikapı 27 (YK27) no.lu batık gemi, 8.-9. yüzyıla ait olan bir ticaret gemisidir (Res. 3.34). Gemide 8 farklı cins/türe ait toplam 140 örneğin teşhisi yapılmıştır (Tablo 3.20). Gemi kaplamalarının ana malzemesi fıstıkçamı; eğrilerin ana malzemesi karaağaç, akmeşe, kırmızı meşe ve herdemyeşil meşedir. Gemide ayrıca 1 servi, 1 kayın ve 1 kavak ağacı teşhis edilmiş olup bu parçalar tamirata ait olabilir.

Table / Tablo 3.20
Genera/species used in YK27 / *YK27 No.lu Gemide Kullanılan Cins/Türler*

Sample no / Örnek no	Sample type / Örnek türü	Sample code / Örnek kodu	Identification (Genus/species) / Teşhis sonucu (Cins/tür)
1	Frame/Eğri	E1	Evergreen oak/Herdemyeşil meşe
2	Frame/Eğri	E4	Evergreen oak/Herdemyeşil meşe
3	Frame/Eğri	E7	White oak/Akmeşe
4	Frame/Eğri	E13	Evergreen oak/Herdemyeşil meşe
5	Frame/Eğri	E16	Oak/Meşe
6	Frame/Eğri	E16-İ1	Elm tree/Karaağaç
7	Frame/Eğri	E16-S1	Elm tree/Karaağaç
8	Frame/Eğri	E19	Elm tree/Karaağaç
9	Frame/Eğri	E19-S1	Elm tree/Karaağaç
10	Frame/Eğri	E22	Evergreen oak/Herdemyeşil meşe
11	Frame/Eğri	E22-İ1	White oak/Akmeşe
12	Frame/Eğri	E25	White oak/Akmeşe
13	Frame/Eğri	E25-İ1	Evergreen oak/Herdemyeşil meşe
14	Frame/Eğri	E28	Evergreen oak/Herdemyeşil meşe
15	Frame/Eğri	E28-İ1	Elm tree/Karaağaç
16	Frame/Eğri	E31	Evergreen oak/Herdemyeşil meşe
17	Frame/Eğri	E31-İ1	Evergreen oak/Herdemyeşil meşe
18	Frame/Eğri	E34	Elm tree/Karaağaç
19	Frame/Eğri	E34-İ1	Elm tree/Karaağaç
20	Frame/Eğri	E37	White oak/Akmeşe
21	Frame/Eğri	E39	White oak/Akmeşe
22	Frame/Eğri	İ-E2	Evergreen oak/Herdemyeşil meşe
23	Frame/Eğri	İ-E6	Evergreen oak/Herdemyeşil meşe
24	Frame/Eğri	İ-E8	White oak/Akmeşe
25	Frame/Eğri	İ-E12	Evergreen oak/Herdemyeşil meşe
26	Frame/Eğri	İ-E15	Evergreen oak/Herdemyeşil meşe
27	Frame/Eğri	İ-E18	Elm tree/Karaağaç
28	Frame/Eğri	İ-E21	Evergreen oak/Herdemyeşil meşe
29	Frame/Eğri	İ-E24	Evergreen oak/Herdemyeşil meşe
30	Frame/Eğri	İ-E27	White oak/Akmeşe
31	Frame/Eğri	İ-E29	Evergreen oak/Herdemyeşil meşe
32	Frame/Eğri	İ-E32	Evergreen oak/Herdemyeşil meşe
33	Frame/Eğri	İ-E35	Evergreen oak/Herdemyeşil meşe
34	Frame/Eğri	S-E3	White oak/Akmeşe
35	Frame/Eğri	S-E9	Evergreen oak/Herdemyeşil meşe
36	Frame/Eğri	S-E11	Elm tree/Karaağaç
37	Frame/Eğri	S-E14	Beech/Kayın

Sample no / Örnek no	Sample type / Örnek türü	Sample code / Örnek kodu	Identification (Genus/species) / Teşhis sonucu (Cins/tür)
38	Frame/Eğri	S-E17	Evergreen oak/Herdemyeşil meşe
39	Frame/Eğri	S-E20	Elm tree/Karaağaç
40	Frame/Eğri	S-E23	Elm tree/Karaağaç
41	Frame/Eğri	S-E26	Elm tree/Karaağaç
42	Frame/Eğri	S-E30	Elm tree/Karaağaç
43	Frame/Eğri	S-E33	Elm tree/Karaağaç
44	Frame/Eğri	S-E35	Elm tree/Karaağaç
45	Frame/Eğri	S-E36	Evergreen oak/Herdemyeşil meşe
46	Frame/Eğri	S-E38	Evergreen oak/Herdemyeşil meşe
47	Frame/Eğri	S-E40	Evergreen oak/Herdemyeşil meşe
48	Portside garboard/İskele burma	İB1-1	Stone pine/Fıstıkçamı
49	Portside garboard/İskele burma	İB1-2	Stone pine/Fıstıkçamı
50	Portside ceiling/İskele farş	İF1	White oak/Akmeşe
51	Portside planking/İskele kaplama	İK1-1	Stone pine/Fıstıkçamı
52	Portside planking/İskele kaplama	İK1-2	Turkish pine/Kızılçam
53	Portside planking/İskele kaplama	İK2	Stone pine/Fıstıkçamı
54	Portside planking/İskele kaplama	İK3-1	Stone pine/Fıstıkçamı
55	Portside planking/İskele kaplama	İK4-1	Stone pine/Fıstıkçamı
56	Portside planking/İskele kaplama	İK4-2	Stone pine/Fıstıkçamı
57	Portside planking/İskele kaplama	İK5-1	Stone pine/Fıstıkçamı
58	Portside planking/İskele kaplama	İK5-2	Stone pine/Fıstıkçamı
59	Portside planking/İskele kaplama	İK6-1	Stone pine/Fıstıkçamı
60	Portside planking/İskele kaplama	İK6-2	Stone pine/Fıstıkçamı
61	Portside planking/İskele kaplama	İK7	Stone pine/Fıstıkçamı
62	Portside planking/İskele kaplama	İK8	Stone pine/Fıstıkçamı
63	Portside planking/İskele kaplama	İK9	Stone pine/Fıstıkçamı
64	Portside planking/İskele kaplama	İK10	Stone pine/Fıstıkçamı
65	Portside planking/İskele kaplama	İK11	Stone pine/Fıstıkçamı
66	Portside planking/İskele kaplama	İK11-2	Turkish pine/Kızılçam
67	Keel/Omurga	Om1	Red oak/Kırmızı meşe
68	Keel/Omurga	Om2	Red oak/Kırmızı meşe
69	Starboard garboard/Sancak burma	SB1-1	Stone pine/Fıstıkçamı
70	Starboard garboard/Sancak burma tahtası	SB1-2	Stone pine/Fıstıkçamı
71	Starboard ceiling/Sancak farş	SF1	Black pine/Karaçam
72	Starboard ceiling/Sancak farş	SF3	Elm tree/Karaağaç
73	Starboard ceiling/Sancak farş	SF5	Poplar/Kavak
74	Starboard ceiling/Sancak farş	SF6	Stone pine/Fıstıkçamı
75	Starboard stringer/Sancak iç kuşak	1	Stone pine/Fıstıkçamı
76	Starboard stringer/Sancak iç kuşak	2	Stone pine/Fıstıkçamı
77	Starboard stringer/Sancak iç kuşak	3	Stone pine/Fıstıkçamı
78	Starboard stringer/Sancak iç kuşak	4	Stone pine/Fıstıkçamı
79	Starboard stringer/Sancak iç kuşak	5	Stone pine/Fıstıkçamı
80	Starboard planking/Sancak kaplama	SK1-1	Stone pine/Fıstıkçamı
81	Starboard planking/Sancak kaplama	SK1-2	Stone pine/Fıstıkçamı
82	Starboard planking/Sancak kaplama	SK2-1	Stone pine/Fıstıkçamı
83	Starboard planking/Sancak kaplama	SK2-2	Stone pine/Fıstıkçamı
84	Starboard planking/Sancak kaplama	SK3-1	Stone pine/Fıstıkçamı
85	Starboard planking/Sancak kaplama	SK3-2	Stone pine/Fıstıkçamı
86	Starboard planking/Sancak kaplama	SK3-3	Stone pine/Fıstıkçamı
87	Starboard planking/Sancak kaplama	SK4-1	Stone pine/Fıstıkçamı
88	Starboard planking/Sancak kaplama	SK4-2	Stone pine/Fıstıkçamı
89	Starboard planking/Sancak kaplama	SK5-1	Stone pine/Fıstıkçamı

Sample no / Örnek no	Sample type / Örnek türü	Sample code / Örnek kodu	Identification (Genus/species) / Teşhis sonucu (Cins/tür)
90	Starboard planking/Sancak kaplama	SK5-2	Stone pine/Fıstıkçamı
91	Starboard planking/Sancak kaplama	SK6-1	Stone pine/Fıstıkçamı
92	Starboard planking/Sancak kaplama	SK6-2	Stone pine/Fıstıkçamı
93	Starboard planking/Sancak kaplama	SK6-3	Turkish pine/Kızılçam
94	Starboard planking/Sancak kaplama	SK7-1	Pine/Çam
95	Starboard planking/Sancak kaplama	SK7-2	Stone pine/Fıstıkçamı
96	Starboard planking/Sancak kaplama	SK7-3	Turkish pine/Kızılçam
97	Starboard planking/Sancak kaplama	SK8-1	Stone pine/Fıstıkçamı
98	Starboard planking/Sancak kaplama	SK8-2	Stone pine/Fıstıkçamı
99	Starboard planking/Sancak kaplama	SK9-1	Stone pine/Fıstıkçamı
100	Starboard planking/Sancak kaplama	SK9-2	Stone pine/Fıstıkçamı
101	Starboard planking/Sancak kaplama	SK9-3	Stone pine/Fıstıkçamı
102	Starboard planking/Sancak kaplama	SK10	Stone pine/Fıstıkçamı
103	Starboard planking/Sancak kaplama	SK11-1	Stone pine/Fıstıkçamı
104	Unidentified piece/Tanımlanamayan parça	TP1	Evergreen oak/Herdemyeşil meşe
105	Unidentified piece/Tanımlanamayan parça	TP2	Evergreen oak/Herdemyeşil meşe
106	Unidentified piece/Tanımlanamayan parça	TP3	Stone pine/Fıstıkçamı
107	Unidentified piece/Tanımlanamayan parça	TP4	Stone pine/Fıstıkçamı
108	Unidentified piece/Tanımlanamayan parça	TP5	Stone pine/Fıstıkçamı
109	Unidentified piece/Tanımlanamayan parça	TP6	Stone pine/Fıstıkçamı
110	Unidentified piece/Tanımlanamayan parça	TP7	Elm tree/Karaağaç
111	Unidentified piece/Tanımlanamayan parça	TP9	Elm tree/Karaağaç
112	Unidentified piece/Tanımlanamayan parça	TP13	Elm tree/Karaağaç
113	Frame from unknown position/Yeri belli olmayan eğri	YBO E1	Elm tree/Karaağaç
114	Frame from unknown position/Yeri belli olmayan eğri	YBO E2	Elm tree/Karaağaç
115	Frame from unknown position/Yeri belli olmayan eğri	YBO E3	Elm tree/Karaağaç
116	Frame from unknown position/Yeri belli olmayan eğri	YBO E4	Elm tree/Karaağaç
117	Frame from unknown position/Yeri belli olmayan eğri	YBO E5	White oak/Akmeşe
118	Frame from unknown position/Yeri belli olmayan eğri	YBO E6	Elm tree/Karaağaç
119	Frame from unknown position/Yeri belli olmayan eğri	YBO E7	Evergreen oak/Herdemyeşil meşe
120	Frame from unknown position/Yeri belli olmayan eğri	YBO E8	Stone pine/Fıstıkçamı
121	Frame from unknown position/Yeri belli olmayan eğri	YBO E9	Oak/Meşe
122	Frame from unknown position/Yeri belli olmayan eğri	YBO E10	Stone pine/Fıstıkçamı
123	Frame from unknown position/Yeri belli olmayan eğri	YBO E11	Mediterranean cypress/Akdeniz servisi
124	Frame from unknown position/Yeri belli olmayan eğri	YBO E12	Evergreen oak/Herdemyeşil meşe
125	Frame from unknown position/Yeri belli olmayan eğri	YBO E13	Elm tree/Karaağaç
126	Frame from unknown position/Yeri belli olmayan eğri	YBO E14	Evergreen oak/Herdemyeşil meşe
127	Frame from unknown position/Yeri belli olmayan eğri	YBO E15	Red oak/Kırmızı meşe
128	Frame from unknown position/Yeri belli olmayan eğri	YBO E16	White oak/Akmeşe
129	Frame from unknown position/Yeri belli olmayan eğri	YBO E17	Red oak/Kırmızı meşe
130	Frame from unknown position/Yeri belli olmayan eğri	YBO E18	Elm tree/Karaağaç
131	Frame from unknown position/Yeri belli olmayan eğri	YBO E20	White oak/Akmeşe
132	Frame from unknown position/Yeri belli olmayan eğri	YBO E23	White oak/Akmeşe
133	Frame from unknown position/Yeri belli olmayan eğri	YBO E27	Red oak/Kırmızı meşe
134	Frame from unknown position/Yeri belli olmayan eğri	YBO E37	Red oak/Kırmızı meşe
135	Planking from unknown position/Yeri belli olmayan kaplama	YBO K21	Stone pine/Fıstıkçamı
136	Planking from unknown position/Yeri belli olmayan kaplama	YBO K22	Stone pine/Fıstıkçamı
137	Planking from unknown position/Yeri belli olmayan kaplama	YBO K24	Stone pine/Fıstıkçamı
138	Planking from unknown position/Yeri belli olmayan kaplama	YBO K35	Stone pine/Fıstıkçamı
139	Planking from unknown position/Yeri belli olmayan kaplama	YBO K36	Stone pine/Fıstıkçamı
140	Planking from unknown position/Yeri belli olmayan kaplama	YBO K38	Stone pine/Fıstıkçamı

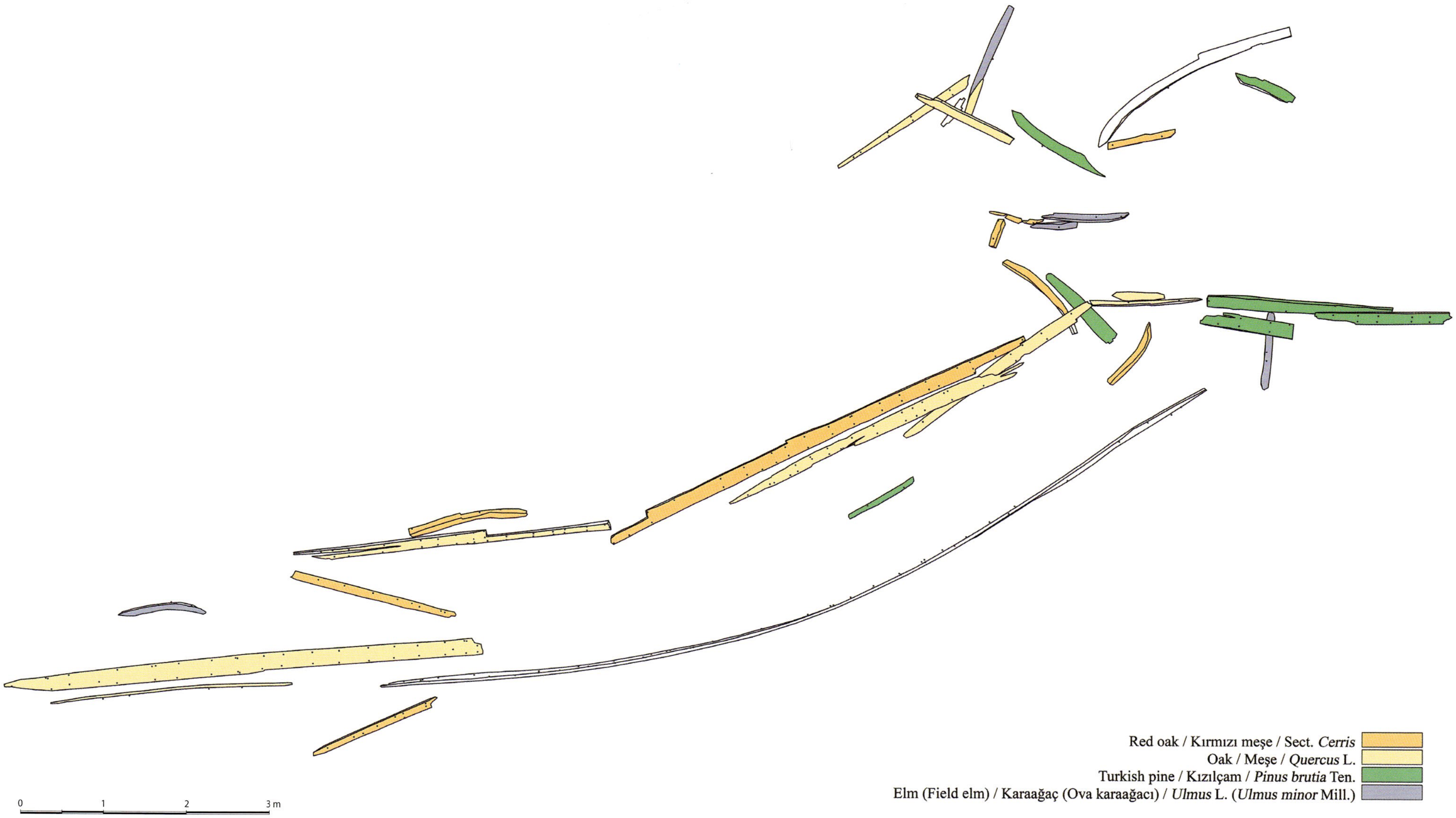

Fig. / Res. 3.35

Wreck YK28. Coloured (upper) and wood form (lower)

YK28 No.lu Gemi. Renklendirilmiş (üst) ve ahşap formu (alt)

20. Yenikapı 28 (YK28)

Ship type : Merchantman
Date : Eighth-ninth centuries

One hundred and forty samples taken from this merchantman of the eighth-ninth centuries (Fig. 3.35) belonged to eight genera/species (Table 3.21). The planking of this ship was built with stone pine; frames with elm, white and red oak, and evergreen oak. In addition, one sample of cypress, one of beech, and one of poplar identified were probably used for repair.

20. Yenikapı 28 (YK28)

Geminin Türü : Ticaret gemisi
Dönemi : 8.-9. yüzyıl

Gemi dağınık durumda olduğundan alınan örneklerin hangi kısımlara ait olduğu bilinmemektedir (Res. 3.35). Gemide 5 farklı cins/türe ait toplam 37 örneğin teşhisi yapılmıştır (Tablo 5.21). Gemide kızılçam, fıstıkçamı, akmeşe, kırmızı meşe ve karaağaç türleri kullanılmıştır.

Table / Tablo 3.21
Genera/species used in YK27 / *YK28 No.lu Gemide Kullanılan Cins/Türler*

Sample no / Örnek no	Sample type / Örnek türü	Sample code / Örnek kodu	Identification (Genus/species) / Teşhis sonucu (Cins/tür)
1	Unidentified piece/Tanımlanamayan parça	TP1	Turkish pine/Kızılçam
2	Frame from unknown position/Yeri belli olmayan eğri	YBO E14	Elm tree/Karaağaç
3	Frame from unknown position/Yeri belli olmayan eğri	YBO E15	Red oak/Kırmızı meşe
4	Frame from unknown position/Yeri belli olmayan eğri	YBO E16	Turkish pine/Kızılçam
5	Frame from unknown position/Yeri belli olmayan eğri	YBO E17	White oak/Akmeşe
6	Frame from unknown position/Yeri belli olmayan eğri	YBO E18	Red oak/Kırmızı meşe
7	Frame from unknown position/Yeri belli olmayan eğri	YBO E19	Stone pine/Fıstıkçamı
8	Frame from unknown position/Yeri belli olmayan eğri	YBO E20	Elm tree/Karaağaç
9	Frame from unknown position/Yeri belli olmayan eğri	YBO E21	Elm tree/Karaağaç
10	Frame from unknown position/Yeri belli olmayan eğri	YBO E22	Red oak/Kırmızı meşe
11	Frame from unknown position/Yeri belli olmayan eğri	YBO E23	Turkish pine/Kızılçam
12	Frame from unknown position/Yeri belli olmayan eğri	YBO E24	Elm tree/Karaağaç
13	Frame from unknown position/Yeri belli olmayan eğri	YBO E26	Stone pine/Fıstıkçamı
14	Frame from unknown position/Yeri belli olmayan eğri	YBO E27	Red oak/Kırmızı meşe
15	Frame from unknown position/Yeri belli olmayan eğri	YBO E28	Elm tree/Karaağaç
16	Frame from unknown position/Yeri belli olmayan eğri	YBO E29	Turkish pine/Kızılçam
17	Frame from unknown position/Yeri belli olmayan eğri	YBO E30	White oak/Akmeşe
18	Frame from unknown position/Yeri belli olmayan eğri	YBO E31	White oak/Akmeşe
19	Frame from unknown position/Yeri belli olmayan eğri	YBO E33	Elm tree/Karaağaç
20	Frame from unknown position/Yeri belli olmayan eğri	YBO E34	Elm tree/Karaağaç
21	Frame from unknown position/Yeri belli olmayan eğri	YBO E35	Red oak/Kırmızı meşe
22	Frame from unknown position/Yeri belli olmayan eğri	YBO E36	Red oak/Kırmızı meşe
23	Frame from unknown position/Yeri belli olmayan eğri	YBO E37	Red oak/Kırmızı meşe
24	Planking from unknown position/Yeri belli olmayan kaplama	YBO K1	White oak/Akmeşe
25	Planking from unknown position/Yeri belli olmayan kaplama	YBO K2	White oak/Akmeşe
26	Planking from unknown position/Yeri belli olmayan kaplama	YBO K3	Red oak/Kırmızı meşe
27	Planking from unknown position/Yeri belli olmayan kaplama	YBO K4	Red oak/Kırmızı meşe
28	Planking from unknown position/Yeri belli olmayan kaplama	YBO K5	White oak/Akmeşe
29	Planking from unknown position/Yeri belli olmayan kaplama	YBO K6	Red oak/Kırmızı meşe
30	Planking from unknown position/Yeri belli olmayan kaplama	YBO K7	White oak/Akmeşe
31	Planking from unknown position/Yeri belli olmayan kaplama	YBO K8	White oak/Akmeşe
32	Planking from unknown position/Yeri belli olmayan kaplama	YBO K9	Turkish pine/Kızılçam
33	Planking from unknown position/Yeri belli olmayan kaplama	YBO K11	Stone pine/Fıstıkçamı
34	Planking from unknown position/Yeri belli olmayan kaplama	YBO K12	Turkish pine/Kızılçam
35	Planking from unknown position/Yeri belli olmayan kaplama	YBO K13	Turkish pine/Kızılçam
36	Planking from unknown position/Yeri belli olmayan kaplama	YBO K32	White oak/Akmeşe
37	Garboard from unknown position/Yeri belli olmayan burma tahtası	YBO BT10	White oak/Akmeşe

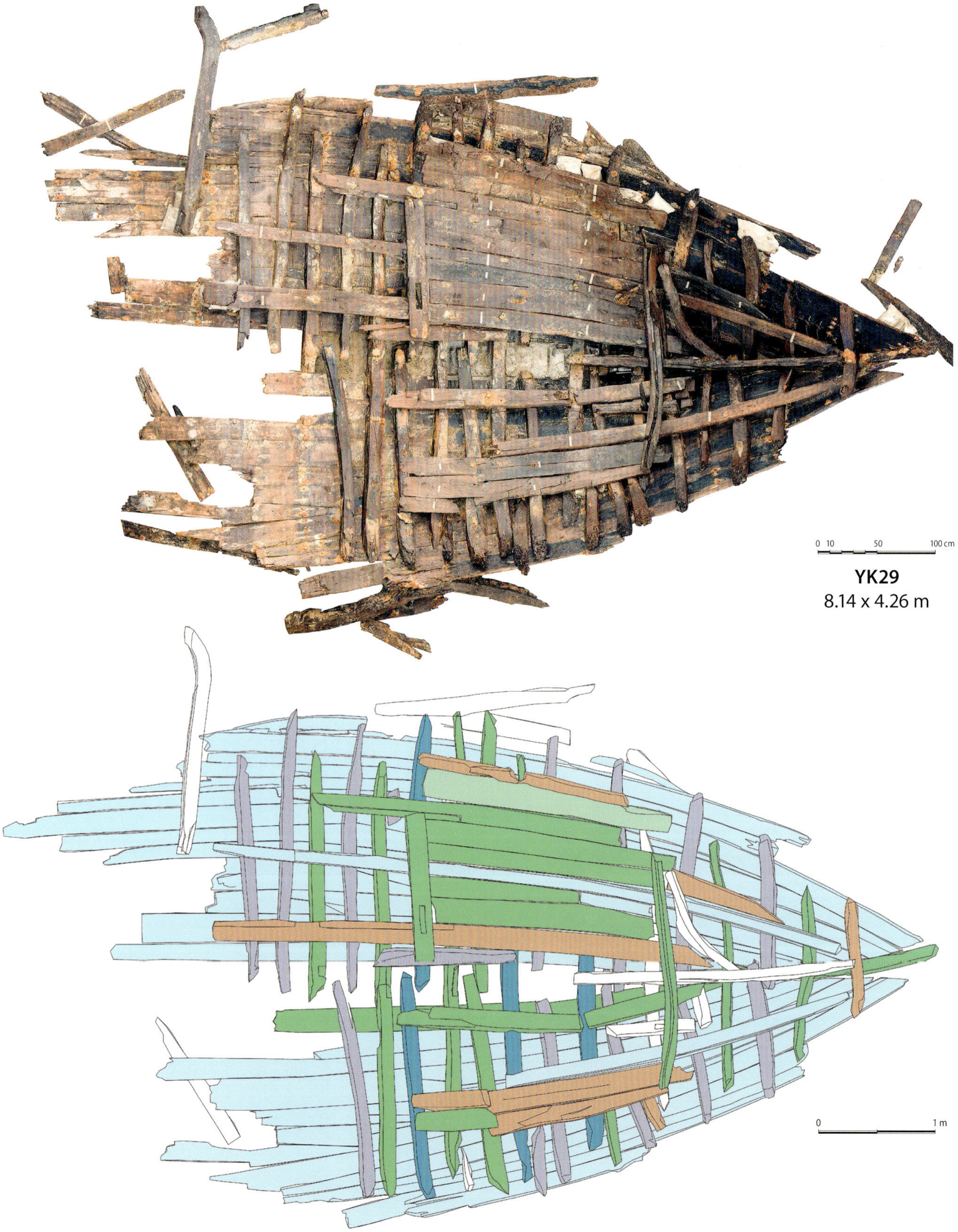

Mediterranean cypress / Akdeniz servisi / *Cupressus sempervirens* L.
Turkish pine / Kızılçam / *Pinus brutia* Ten.
Sweet chestnut / Anadolu kestanesi / *Castanea sativa* Mill.
Elm (Field elm) / Karaağaç (Ova karaağacı) / *Ulmus* L. (*Ulmus minor* Mill.)
Ash (Narrow-leaved ash/ European ash) / Dişbudak (Adi dişbudak/Avrupa dişbudağı) / *Fraxinus* L. (*F.angustifolia* Vahl./*F.excelsior* L.)
Black pine/ Karaçam / *Pinus nigra* Arn.

Fig. / Res. 3.36
Wreck YK29. Coloured (lower) and wood form (upper)
YK29 No.lu Gemi. Renklendirilmiş (alt) ve ahşap formu (üst)

21. Yenikapı 29 (YK29)

Ship type : Merchantman
Date : Eighth century

One hundred and ten samples taken belonged to seven genera/species (Table 3.22; Figs. 3.36 and 3.37). The planking of this ship was built with cypress; frames were built with ash, Turkish pine, and elm; the ceiling was built with chestnut whereas the keel was built with Turkish pine. In addition, one sample of black pine identified was probably used for repair.

21. Yenikapı 29 (YK29)

Geminin Türü : Ticaret gemisi
Dönemi : 8. yüzyıl

Gemide 7 farklı cins/türe ait toplam 110 örneğin teşhisi yapılmıştır (Tablo 3.22; Res. 3.36 ve 3.37). Geminin ana parçaları kaplama kısmında servi, eğri kısmında dişbudak, kızılçam ve karaağaç, farş kısmında kestane ve omurgada kızılçamdır. Bu parçalar dışında 1 karaçam kullanılmış olup, bu parçanın onarıma ait olduğu sonucuna varılabilir.

Table / Tablo 3.22
Genera/species used in YK29 / *YK29 No.lu Gemide Kullanılan Cins/Türler*

Sample no / Örnek no	Sample type / Örnek türü	Sample code / Örnek kodu	Identification (Genus/species) / Teşhis sonucu (Cins/tür)
1	Frame/Eğri	E1	Chestnut/Kestane
2	Frame/Eğri	E2	Turkish pine/Kızılçam
3	Frame/Eğri	E4	Turkish pine/Kızılçam
4	Frame/Eğri	E7-S1	Chestnut/Kestane
5	Frame/Eğri	E8	Ash tree/Dişbudak
6	Frame/Eğri	E8-S1	Turkish pine/Kızılçam
7	Frame/Eğri	E10	Ash tree/Dişbudak
8	Frame/Eğri	E10-İ1	Turkish pine/Kızılçam
9	Frame/Eğri	E10-S1	Elm tree/Karaağaç
10	Frame/Eğri	E12	Turkish pine/Kızılçam
11	Frame/Eğri	E12-İ1	Turkish pine/Kızılçam
12	Frame/Eğri	E12-S1	—
13	Frame/Eğri	E14	Turkish pine/Kızılçam
14	Frame/Eğri	E14-İ1	Elm tree/Karaağaç
15	Frame/Eğri	E15	—
16	Frame/Eğri	E16	Turkish pine/Kızılçam
17	Frame/Eğri	İ-E3	Elm tree/Karaağaç
18	Frame/Eğri	İ-E5	Elm tree/Karaağaç
19	Frame/Eğri	İ-E7	Elm tree/Karaağaç
20	Frame/Eğri	İ-E9	Elm tree/Karaağaç
21	Frame/Eğri	İ-E11	Turkish pine/Kızılçam
22	Frame/Eğri	İ-E13	Ash tree/Dişbudak
23	Frame/Eğri	İ-E15	Elm tree/Karaağaç
24	Frame/Eğri	İ-E17	Elm tree/Karaağaç
25	Frame/Eğri	İ-E18	Elm tree/Karaağaç
26	Frame/Eğri	S-E3	Elm tree/Karaağaç
27	Frame/Eğri	S-E5	Elm tree/Karaağaç
28	Frame/Eğri	S-E5-S1	Turkish pine/Kızılçam
29	Frame/Eğri	S-E6	Elm tree/Karaağaç
30	Frame/Eğri	S-E7	Elm tree/Karaağaç
31	Frame/Eğri	S-E9	Elm tree/Karaağaç
32	Frame/Eğri	S-E11	Turkish pine/Kızılçam
33	Frame/Eğri	S-E13	Ash tree/Dişbudak
34	Frame/Eğri	S-E15	Elm tree/Karaağaç
35	Frame/Eğri	S-E17	Elm tree/Karaağaç
36	Frame/Eğri	S-E18	Ash tree/Dişbudak
37	Ceiling/Farş	F1	Black pine/Karaçam
38	Ceiling/Farş	F2	Turkish pine/Kızılçam
39	Ceiling/Farş	F3	Chestnut/Kestane

Sample no / Örnek no	Sample type / Örnek türü	Sample code / Örnek kodu	Identification (Genus/species) / Teşhis sonucu (Cins/tür)
40	Ceiling/Farş	F4	Turkish pine/Kızılçam
41	Ceiling/Farş	F5	Mediterranean cypress/Akdeniz servisi
42	Ceiling/Farş	F6	Turkish pine/Kızılçam
43	Ceiling/Farş	İF7	Turkish pine/Kızılçam
44	Ceiling/Farş	F8	Elm tree/Karaağaç
45	Ceiling/Farş	F9	Chestnut/Kestane
46	Ceiling/Farş	F10	Chestnut/Kestane
47	Ceiling/Farş	F11	Chestnut/Kestane
48	Ceiling/Farş	F12	Turkish pine/Kızılçam
49	Ceiling/Farş	F13	Turkish pine/Kızılçam
50	Ceiling/Farş	F14	—
51	Portside stringer/İskele iç kuşak	İ-İçK 1	Chestnut/Kestane
52	Portside stringer/İskele iç kuşak	İ-İçK 2	Turkish pine/Kızılçam
53	Portside stringer/İskele iç kuşak	İ-İçK 3	Mediterranean cypress/Akdeniz servisi
54	Portside planking/İskele kaplama	İK1	Mediterranean cypress/Akdeniz servisi
55	Portside planking/İskele kaplama	İK2	Mediterranean cypress/Akdeniz servisi
56	Portside planking/İskele kaplama	İK3	Mediterranean cypress/Akdeniz servisi
57	Portside planking/İskele kaplama	İK4-1	Mediterranean cypress/Akdeniz servisi
58	Portside planking/İskele kaplama	İK4-2	Mediterranean cypress/Akdeniz servisi
59	Portside planking/İskele kaplama	İK4-3	Mediterranean cypress/Akdeniz servisi
60	Portside planking/İskele kaplama	İK5	Mediterranean cypress/Akdeniz servisi
61	Portside planking/İskele kaplama	İK6	Mediterranean cypress/Akdeniz servisi
62	Portside planking/İskele kaplama	İK6-1	Turkish pine/Kızılçam
63	Portside planking/İskele kaplama	İK6-2	Mediterranean cypress/Akdeniz servisi
64	Portside planking/İskele kaplama	İK7-1	Mediterranean cypress/Akdeniz servisi
65	Portside planking/İskele kaplama	İK7-2	Mediterranean cypress/Akdeniz servisi
66	Portside planking/İskele kaplama	İK8-1	Mediterranean cypress/Akdeniz servisi
67	Portside planking/İskele kaplama	İK8-2	Mediterranean cypress/Akdeniz servisi
68	Portside planking/İskele kaplama	İK9-1	Mediterranean cypress/Akdeniz servisi
69	Portside planking/İskele kaplama	İK9-2	Mediterranean cypress/Akdeniz servisi
70	Portside planking/İskele kaplama	İK10	Mediterranean cypress/Akdeniz servisi
71	Portside planking/İskele kaplama	İK11-1	Mediterranean cypress/Akdeniz servisi
72	Portside planking/İskele kaplama	İK11-2	Mediterranean cypress/Akdeniz servisi
73	Portside planking/İskele kaplama	İK12-1	Mediterranean cypress/Akdeniz servisi
74	Portside planking/İskele kaplama	İK12-2	Mediterranean cypress/Akdeniz servisi
75	Portside planking/İskele kaplama	İK13-1	Mediterranean cypress/Akdeniz servisi
76	Portside planking/İskele kaplama	İK13-2	Mediterranean cypress/Akdeniz servisi
77	Portside planking/İskele kaplama	İK13-3	Mediterranean cypress/Akdeniz servisi
78	Portside planking/İskele kaplama	İK14	Mediterranean cypress/Akdeniz servisi
79	Portside planking/İskele kaplama	İK15	Mediterranean cypress/Akdeniz servisi
80	Portside planking/İskele kaplama	İK17	Mediterranean cypress/Akdeniz servisi
81	Portside planking/İskele kaplama	İK18-1	Mediterranean cypress/Akdeniz servisi
82	Portside planking/İskele kaplama	İK18-2	Mediterranean cypress/Akdeniz servisi
83	Bulkhead/Livar	From F7'den	Turkish pine/Kızılçam
84	Bulkhead/Livar	—	Elm tree/Karaağaç
85	Bulkhead/Livar	From starboard side/Sancak tarafından	Turkish pine/Kızılçam
86	Keel/Omurga	Om1	Turkish pine/Kızılçam
87	Keel/Omurga	Om2	Turkish pine/Kızılçam
88	Starboard stringer/Sancak iç kuşak	S-İçK 1	Turkish pine/Kızılçam
89	Starboard stringer/Sancak iç kuşak	S-İçK 2	Mediterranean cypress/Akdeniz servisi
90	Starboard planking/Sancak kaplama	SK1	Turkish pine/Kızılçam
91	Starboard planking/Sancak kaplama	SK2	Mediterranean cypress/Akdeniz servisi
92	Starboard planking/Sancak kaplama	SK3	Mediterranean cypress/Akdeniz servisi

Sample no / Örnek no	Sample type / Örnek türü	Sample code / Örnek kodu	Identification (Genus/species) / Teşhis sonucu (Cins/tür)
93	Starboard planking/Sancak kaplama	SK3-2	Mediterranean cypress/Akdeniz servisi
94	Starboard planking/Sancak kaplama	SK4-1	Mediterranean cypress/Akdeniz servisi
95	Starboard planking/Sancak kaplama	SK4-2	Mediterranean cypress/Akdeniz servisi
96	Starboard planking/Sancak kaplama	SK5	Mediterranean cypress/Akdeniz servisi
97	Starboard planking/Sancak kaplama	SK6-1	Mediterranean cypress/Akdeniz servisi
98	Starboard planking/Sancak kaplama	SK6-2	Mediterranean cypress/Akdeniz servisi
99	Starboard planking/Sancak kaplama	SK7-1	Mediterranean cypress/Akdeniz servisi
100	Starboard planking/Sancak kaplama	SK7-2	Mediterranean cypress/Akdeniz servisi
101	Starboard planking/Sancak kaplama	SK8	Mediterranean cypress/Akdeniz servisi
102	Starboard planking/Sancak kaplama	SK8-1	Mediterranean cypress/Akdeniz servisi
103	Starboard planking/Sancak kaplama	SK9	Mediterranean cypress/Akdeniz servisi
104	Starboard planking/Sancak kaplama	SK10	Mediterranean cypress/Akdeniz servisi
105	Starboard planking/Sancak kaplama	SK11	Mediterranean cypress/Akdeniz servisi
106	Starboard planking/Sancak kaplama	SK11-1	Mediterranean cypress/Akdeniz servisi
107	Starboard planking/Sancak kaplama	SK12	Mediterranean cypress/Akdeniz servisi
108	Starboard planking/Sancak kaplama	SK13	Mediterranean cypress/Akdeniz servisi
109	Mast step support/Yelken yatağı desteği		Turkish pine/Kızılçam
110	Stringer/İç kuşak	İçK4	Chestnut/Kestane

Fig. / Res. 3.37
Wreck YK29
YK29 No.lu Batık Gemi

Fig. / Res. 3.38
Wreck YK30
YK30 No.lu Gemi

22. Yenikapı 30 (YK30)

Ship type : Merchantman
Date : Eighth-ninth centuries

Only seven samples taken from this merchantman belonged to four genera/species (Table 3.23; Fig. 3.38). As very little remains from this vessel, it is very difficult to derive general conclusions. Woods identified are red and white oaks, Turkish pine, and cypress.

22. Yenikapı 30 (YK30)

Geminin Türü : Ticaret gemisi
Dönemi : 8.-9. yüzyıl

Gemide 4 farklı cins/türe ait toplam 7 örneğin teşhisi yapılmıştır (Tablo 3.23; Res. 3.38). Gemiden geriye sadece 7 parça kaldığından geminin geneli hakkında bilgi almak oldukça güçtür. Gemide kırmızı meşe ve akmeşe, kızılçam ve servi ağaçları kullanılmıştır.

Table / Tablo 3.23
Genera/species used in YK30 / *YK30 No.lu Gemide Kullanılan Cins/Türler*

Sample no / Örnek no	Sample type / Örnek türü	Sample code / Örnek kodu	Identification (Genus/species) / Teşhis sonucu (Cins/tür)
1	Frame/Eğri	E3	Red oak/Kırmızı meşe
2	Frame/Eğri	E4	Red oak/Kırmızı meşe
3	Frame/Eğri	E2	Turkish pine/Kızılçam
4	Portside planking/İskele kaplama	İK4	Mediterranean cypress/Akdeniz servisi
5	Keel/Omurga	Om1	White oak/Akmeşe
6	Starboard planking/Sancak kaplama	SK2	White oak/Akmeşe
7	Starboard planking/Sancak kaplama	SK9	Mediterranean cypress/Akdeniz servisi

Fig. / Res. 3.39
Wreck YK30
YK30 No.lu Gemi

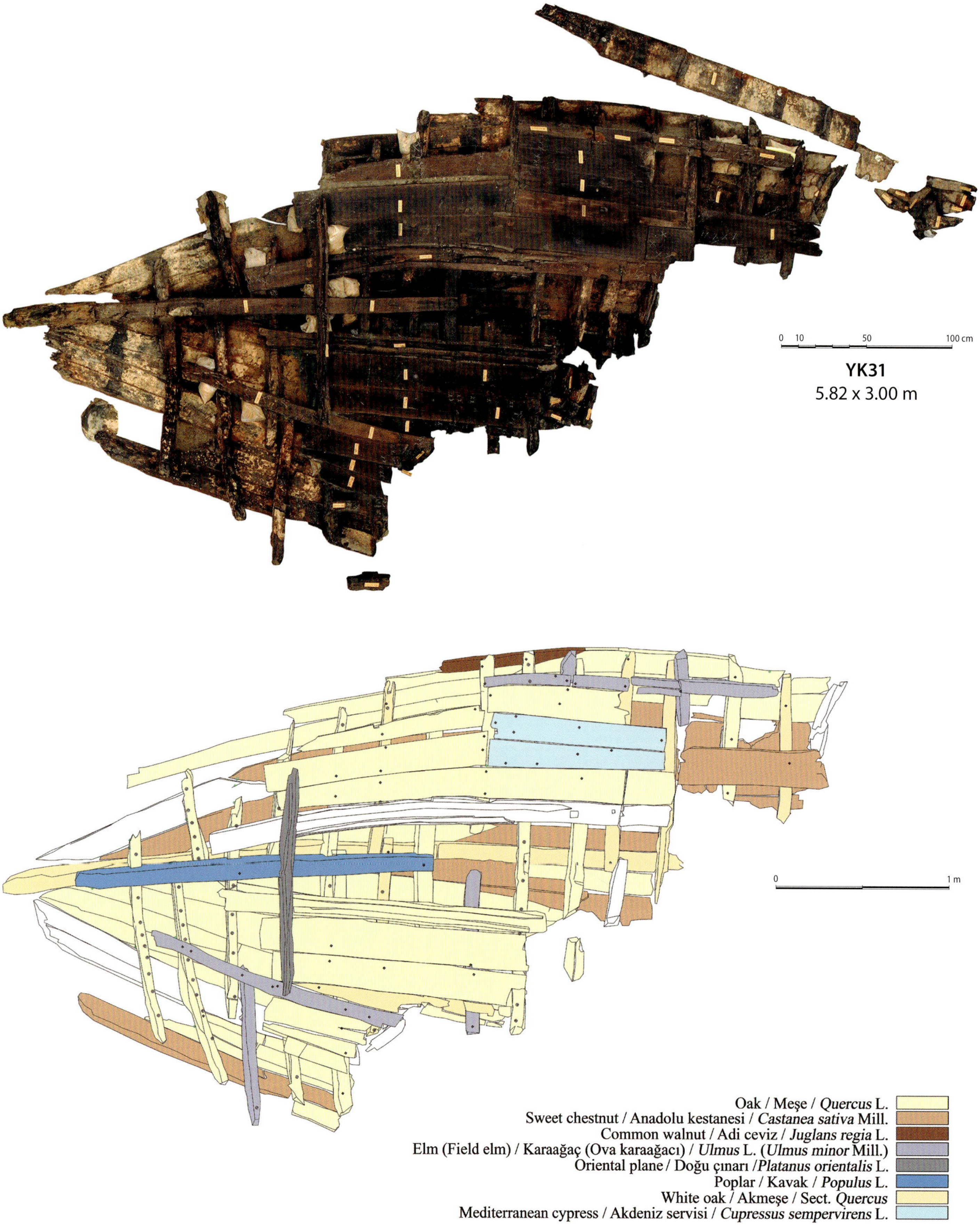

Fig. / Res. 3.40

Wreck YK31. Coloured (lower) and wood form (upper)

YK31 No.lu Gemi. Renklendirilmiş (alt) ve ahşap formu (üst)

23. Yenikapı 31 (YK31)

Ship type : Merchantman
Date : Ninth century

Eighty-two samples taken belonged to seven genera/species (Figs. 3.40 and 3.41; Table 3.24). The main material of planking and keel of this ship was chestnut and oak; of frames was oak and black pine. In addition, two samples of cypress, one of walnut, one of poplar, and one of plane identified were probably used for repair.

23. Yenikapı 31 (YK31)

Geminin Türü : Ticaret gemisi
Dönemi : 9. yüzyıl

Gemide 7 farklı cins/türe ait toplam 82 örneğin teşhisi yapılmıştır (Res. 3.40 ve 3.41; Tablo 3.24). Gemide kestane ve meşe omurga ve kaplamaların; meşe ve karaağaç eğrilerin ana malzemesidir. Bunlar dışında onarıma ait olabilecek 2 servi, 1 ceviz, 1 kavak ve 1 çınar ağacı teşhis edilmiştir.

Table / Tablo 3.24
Genera/species used in YK31 / *YK31 No.lu Gemide Kullanılan Cins/Türler*

Örnek No	Örnek türü	Örnek kodu	Teşhis sonucu (Cins/tür)
1	Frame/Eğri	E1	Oak/Meşe
2	Frame/Eğri	E4	Oak/Meşe
3	Frame/Eğri	E4-İ1	Elm tree/Karaağaç
4	Frame/Eğri	E7	Oak/Meşe
5	Frame/Eğri	From an unidentified piece on E7/E7 üzerindeki tanımlanamayan parçadan alınan örnek	Oak/Meşe
6	Frame/Eğri	From the wood piece on E7/ E7 üzerindeki takozdan alınan örnek	Oak/Meşe
7	Frame/Eğri	E7-İK1	Oak/Meşe
8	Frame/Eğri	E10	Oak/Meşe
9	Frame/Eğri	E11	Oak/Meşe
10	Frame/Eğri	E12	Oak/Meşe
11	Frame/Eğri	E13	Oak/Meşe
12	Frame/Eğri	E13-SB1	Elm tree/Karaağaç
13	Frame/Eğri	E16	White oak/Akmeşe
14	Frame/Eğri	E16-SK1	Elm tree/Karaağaç
15	Frame/Eğri	E17	Oak/Meşe
16	Frame/Eğri	E18	Oak/Meşe
17	Frame/Eğri	E19	Oak/Meşe
18	Frame/Eğri	İ-E2	Oak/Meşe
19	Frame/Eğri	İ-E6	Oak/Meşe
20	Frame/Eğri	İ-E9	White oak/Akmeşe
21	Frame/Eğri	İ-E11	Elm tree/Karaağaç
22	Frame/Eğri	İ-E15	Oak/Meşe
23	Frame/Eğri	S-E3	Oak/Meşe
24	Frame/Eğri	S-E5	Oak/Meşe
25	Frame/Eğri	S-E8	White oak/Akmeşe
26	Frame/Eğri	From the wood piece on S-E8/S-E8 üzerindeki takozdan alınan örnek	Chestnut/Kestane
27	Frame/Eğri	S-E11	Oak/Meşe
28	Frame/Eğri	S-E14	White oak/Akmeşe
29	Portside garboard/İskele burma	İB1-1	Chestnut/Kestane
30	Portside garboard/İskele burma	İB1-2	Oak/Meşe
31	Portside wale/İskele çapa tahtası	İÇT	Chestnut/Kestane
32	Portside ceiling/İskele farş	İF1	Oak/Meşe
33	Portside ceiling/İskele farş	İF2	Oak/Meşe

Fig. / Res. 3.41
Wreck YK31
YK31 No.lu Gemi

Örnek No	Örnek türü	Örnek kodu	Teşhis sonucu (Cins/tür)
34	Portside ceiling/İskele farş	İF3	Oak/Meşe
35	Portside ceiling/İskele farş	İF4	White oak/Akmeşe
36	Portside ceiling/İskele farş	İF5	Oak/Meşe
37	Portside ceiling/İskele farş	İF6	Oak/Meşe
38	Portside planking/İskele kaplama	İK1-1	Oak/Meşe
39	Portside planking/İskele kaplama	İK1-2	Chestnut/Kestane
40	Portside planking/İskele kaplama	İK2-1	Oak/Meşe
41	Portside planking/İskele kaplama	İK2-2	Chestnut/Kestane
42	Portside planking/İskele kaplama	İK3-1	Oak/Meşe
43	Portside planking/İskele kaplama	İK3-2	Chestnut/Kestane
44	Portside planking/İskele kaplama	İK4-1	Oak/Meşe
45	Portside planking/İskele kaplama	İK4-2	Chestnut/Kestane
46	Portside planking/İskele kaplama	İK5	Oak/Meşe
47	Portside planking/İskele kaplama	İK7	Oak/Meşe
48	Portside planking/İskele kaplama	İK8	Oak/Meşe
49	Portside planking/İskele kaplama	İK9-2	Oak/Meşe
50	Portside planking/İskele kaplama	İK10	Oak/Meşe
51	Bulkhead/Livar	1	Eastern plane/Doğu çınarı
52	Bulkhead/Livar	2	Oak/Meşe
53	Bulkhead/Livar	2A	Oak/Meşe
54	Bulkhead/Livar	2B	Elm tree/Karaağaç
55	Keel/Omurga	İçOm	Poplar/Kavak
56	Keel/Omurga	Om1	White oak/Akmeşe
57	Keel/Omurga	Om2	White oak/Akmeşe
58	Starboard garboard/Sancak burma	SB1-1	Oak/Meşe
59	Starboard garboard/Sancak burma	SB1-2	Chestnut/Kestane
60	Starboard ceiling/Sancak farş	SF1	Oak/Meşe
61	Starboard ceiling/Sancak farş	SF2	Oak/Meşe
62	Starboard ceiling/Sancak farş	SF3	Mediterranean cypress/Akdeniz servisi
63	Starboard ceiling/Sancak farş	SF4	Chestnut/Kestane
64	Starboard ceiling/Sancak farş	SF5	Oak/Meşe
65	Starboard ceiling/Sancak farş	SF6	Mediterranean cypress/Akdeniz servisi
66	Starboard ceiling/Sancak farş	SF7	Oak/Meşe
67	Starboard planking/Sancak kaplama	SK1	Chestnut/Kestane
68	Starboard planking/Sancak kaplama	SK2-1	Chestnut/Kestane
69	Starboard planking/Sancak kaplama	SK2-2	Chestnut/Kestane
70	Starboard planking/Sancak kaplama	SK3-2	Chestnut/Kestane
71	Starboard planking/Sancak kaplama	SK3-3	Chestnut/Kestane
72	Starboard planking/Sancak kaplama	SK4-1	Chestnut/Kestane
73	Starboard planking/Sancak kaplama	SK4-2	Chestnut/Kestane
74	Starboard planking/Sancak kaplama	SK5-1	Oak/Meşe
75	Starboard planking/Sancak kaplama	SK5-2	Oak/Meşe
76	Starboard planking/Sancak kaplama	SK6-1	Oak/Meşe
77	Starboard planking/Sancak kaplama	SK6-2	Walnut/Ceviz
78	Starboard planking/Sancak kaplama	SK6-3	Oak/Meşe
79	Bulkhead from unknown position/Yeri belli olmayan livar	YBO3	Oak/Meşe
80	Portside stringer/İskele iç kuşak	İ-İçK1	Elm tree/Karaağaç
81	Starboard stringer/Sancak iç kuşak	S-İçK1-1	Elm tree/Karaağaç
82	Starboard stringer/Sancak iç kuşak	S-İçK1-3	Elm tree/Karaağaç

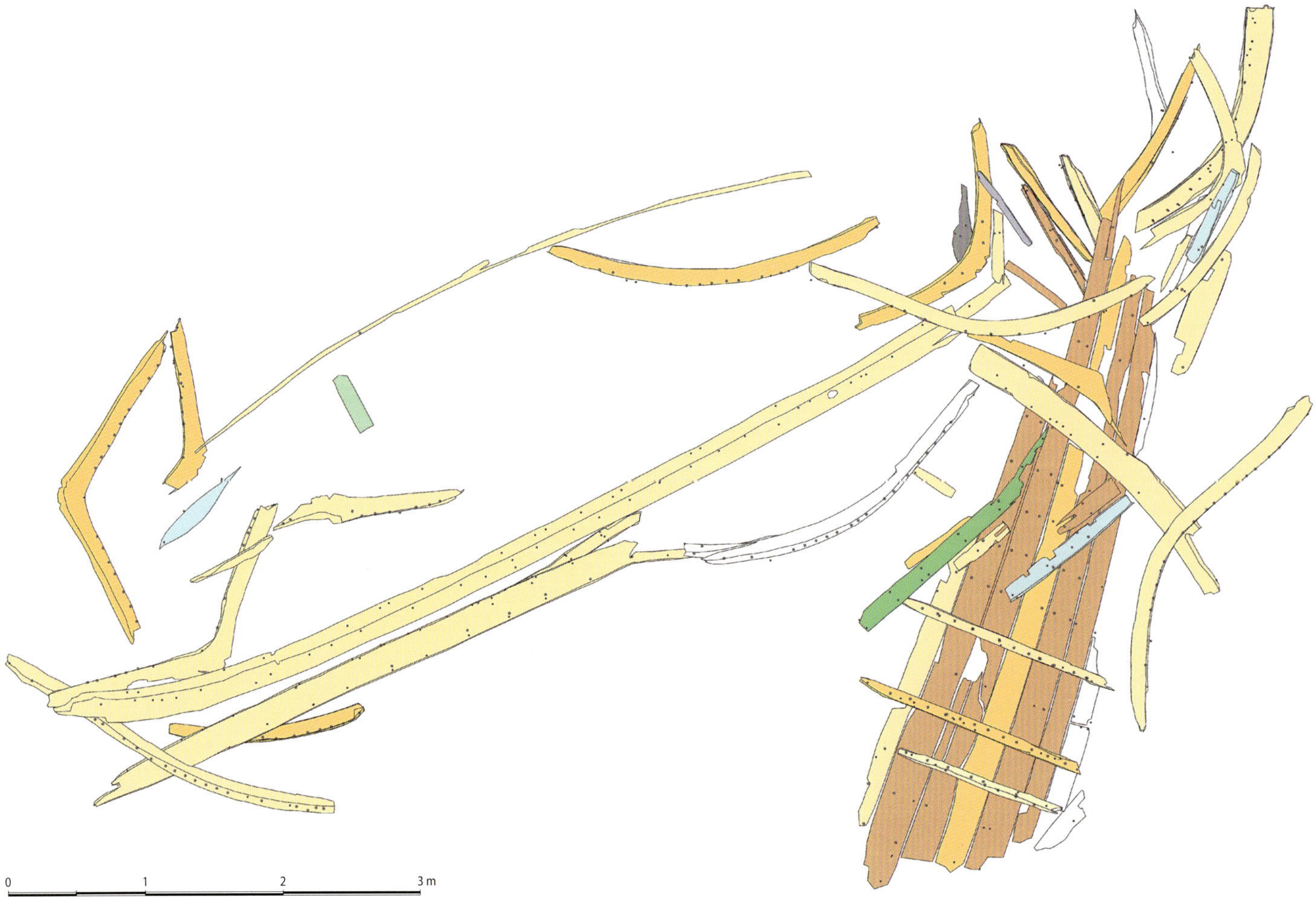

Fig. / Res. 3.42

Wreck YK32. Coloured (upper) and wood form (lower)

YK32 No.lu Gemi. Renklendirilmiş (üst) ve ahşap formu (alt)

24. Yenikapı 32 (YK32)

Ship type : Merchantman
Date : Eighth-ninth centuries

Fifty-eight samples taken belonged to eight genera/species (Figs. 3.42, 3.43 and 3.44; Table 3.25). The main material of planking of this ship was chestnut and oak; of keel and frames was oak. In addition, three samples of cypress, one of Turkish pine, one of black pine, one of plane and two of elm identified were probably used for repair.

24. Yenikapı 32 (YK32)

Geminin Türü : Ticaret gemisi
Dönemi : 8.-9. yüzyıl

Gemide 8 farklı cins/türe ait toplam 58 örneğin teşhisi yapılmıştır (Res. 3.42, 3.43 ve 3.44; Tablo 3.25). .Geminin kaplamalarında kestane ve meşe; omurgası ve eğrilerinde meşe ana malzemelerdir. Gemide kullanılan 3 servi, 1 kızılçam, 1 karaçam, 1 çınar ve 2 karaağaç büyük olasılıkla onarım parçaları olabilir.

Table / Tablo 3.25

Genera/species used in YK32 / *YK32 No.lu Gemide Kullanılan Cins/Türler*

Sample no / Örnek no	Sample type / Örnek türü	Sample code / Örnek kodu	Identification (Genus/species) / Teşhis sonucu (Cins/tür)
1	Stem/Baş bodoslama	Stem/Baş BDS	White oak/Akmeşe
2	Frame/Eğri	E1	Oak/Meşe
3	Frame/Eğri	E2	Red oak/Kırmızı meşe
4	Frame/Eğri	E3	White oak/Akmeşe
5	Portside garboard/İskele burma	İB	White oak/Akmeşe
6	Portside planking/İskele kaplama	İK1	White oak/Akmeşe
7	Portside planking/İskele kaplama	İK2	Chestnut/Kestane
8	Portside planking/İskele kaplama	İK3-1	Chestnut/Kestane
9	Portside planking/İskele kaplama	İK3-2	Chestnut/Kestane
10	Portside planking/İskele kaplama	İK3-3	—
11	Portside planking/İskele kaplama	İK4	Red oak/Kırmızı meşe
12	Portside planking/İskele kaplama	İK5	Chestnut/Kestane
13	Portside planking/İskele kaplama	İK6	Chestnut/Kestane
14	Portside planking/İskele kaplama	İK7-1 / İK7-2	—
15	Keel/Omurga	Om1	White oak/Akmeşe
16	Keel/Omurga	Om2	White oak/Akmeşe
17	Keel/Omurga	Om3	White oak/Akmeşe
18	Keel/Omurga	Om4	White oak/Akmeşe
19	Unidentified piece/Tanımlanamayan parça	TP1	White oak/Akmeşe
20	Unidentified piece/Tanımlanamayan parça	TP2	Mediterranean cypress/Akdeniz servisi
21	Unidentified piece/Tanımlanamayan parça	TP3	White oak/Akmeşe
22	Unidentified piece/Tanımlanamayan parça	TP4	Elm tree/Karaağaç
23	Frame from unknown position/Yeri belli olmayan eğri	YBO E1	Red oak/Kırmızı meşe
24	Frame from unknown position/Yeri belli olmayan eğri	YBO E2	White oak/Akmeşe
25	Frame from unknown position/Yeri belli olmayan eğri	YBO E3	White oak/Akmeşe
26	Frame from unknown position/Yeri belli olmayan eğri	YBO E4	Red oak/Kırmızı meşe
27	Frame from unknown position/Yeri belli olmayan eğri	YBO E5	White oak/Akmeşe
28	Frame from unknown position/Yeri belli olmayan eğri	YBO E6	Red oak/Kırmızı meşe
29	Frame from unknown position/Yeri belli olmayan eğri	YBO E7	White oak/Akmeşe
30	Frame from unknown position/Yeri belli olmayan eğri	YBO E8	Red oak/Kırmızı meşe
31	Frame from unknown position/Yeri belli olmayan eğri	YBO E10	White oak/Akmeşe
32	Frame from unknown position/Yeri belli olmayan eğri	YBO E11	Red oak/Kırmızı meşe
33	Frame from unknown position/Yeri belli olmayan eğri	YBO E12	Red oak/Kırmızı meşe
34	Frame from unknown position/Yeri belli olmayan eğri	YBO E13	Elm tree/Karaağaç

Sample no / Örnek no	Sample type / Örnek türü	Sample code / Örnek kodu	Identification (Genus/species) / Teşhis sonucu (Cins/tür)
35	Frame from unknown position/Yeri belli olmayan eğri	YBO E14	Red oak/Kırmızı meşe
36	Frame from unknown position/Yeri belli olmayan eğri	YBO E15	Red oak/Kırmızı meşe
37	Frame from unknown position/Yeri belli olmayan eğri	YBO E16	White oak/Akmeşe
38	Frame from unknown position/Yeri belli olmayan eğri	YBO E17	Red oak/Kırmızı meşe
39	Frame from unknown position/Yeri belli olmayan eğri	YBO E18	Red oak/Kırmızı meşe
40	Frame from unknown position/Yeri belli olmayan eğri	YBO E19	White oak/Akmeşe
41	Frame from unknown position/Yeri belli olmayan eğri	YBO E20	Mediterranean cypress/Akdeniz servisi
42	Frame from unknown position/Yeri belli olmayan eğri	YBO E21	White oak/Akmeşe
43	Frame from unknown position/Yeri belli olmayan eğri	YBO E22	White oak/Akmeşe
44	Frame from unknown position/Yeri belli olmayan eğri	YBO E23	White oak/Akmeşe
45	Frame from unknown position/Yeri belli olmayan eğri	YBO E26	Chestnut/Kestane
46	Planking from unknown position/Yeri belli olmayan kaplama	YBO K1	Mediterranean cypress/Akdeniz servisi
47	Planking from unknown position/Yeri belli olmayan kaplama	YBO K2	Black pine/Karaçam
48	Planking from unknown position/Yeri belli olmayan kaplama	YBO K3	White oak/Akmeşe
49	Planking from unknown position/Yeri belli olmayan kaplama	YBO K4	White oak/Akmeşe
50	Planking from unknown position/Yeri belli olmayan kaplama	YBO K5	Chestnut/Kestane
51	Planking from unknown position/Yeri belli olmayan kaplama	YBO K6	Red oak/Kırmızı meşe
52	Planking from unknown position/Yeri belli olmayan kaplama	YBO K7	Turkish pine/Kızılçam
53	Planking from unknown position/Yeri belli olmayan kaplama	YBO K8	Eastern plane/Doğu çınarı
54	Planking from unknown position/Yeri belli olmayan kaplama	YBO K9	Chestnut/Kestane
55	Planking from unknown position/Yeri belli olmayan kaplama	YBO K10	White oak/Akmeşe
56	Planking from unknown position/Yeri belli olmayan kaplama	YBO K11	Chestnut/Kestane
57	Planking from unknown position/Yeri belli olmayan kaplama	YBO K12	Chestnut/Kestane
58	Planking from unknown position/Yeri belli olmayan kaplama	YBO K13	White oak/Akmeşe

Fig. / Res. 3.43
Wreck YK32
YK32 No.lu Gemi

Fig. / Res. 3.44
Wreck YK32
YK32 No.lu Gemi

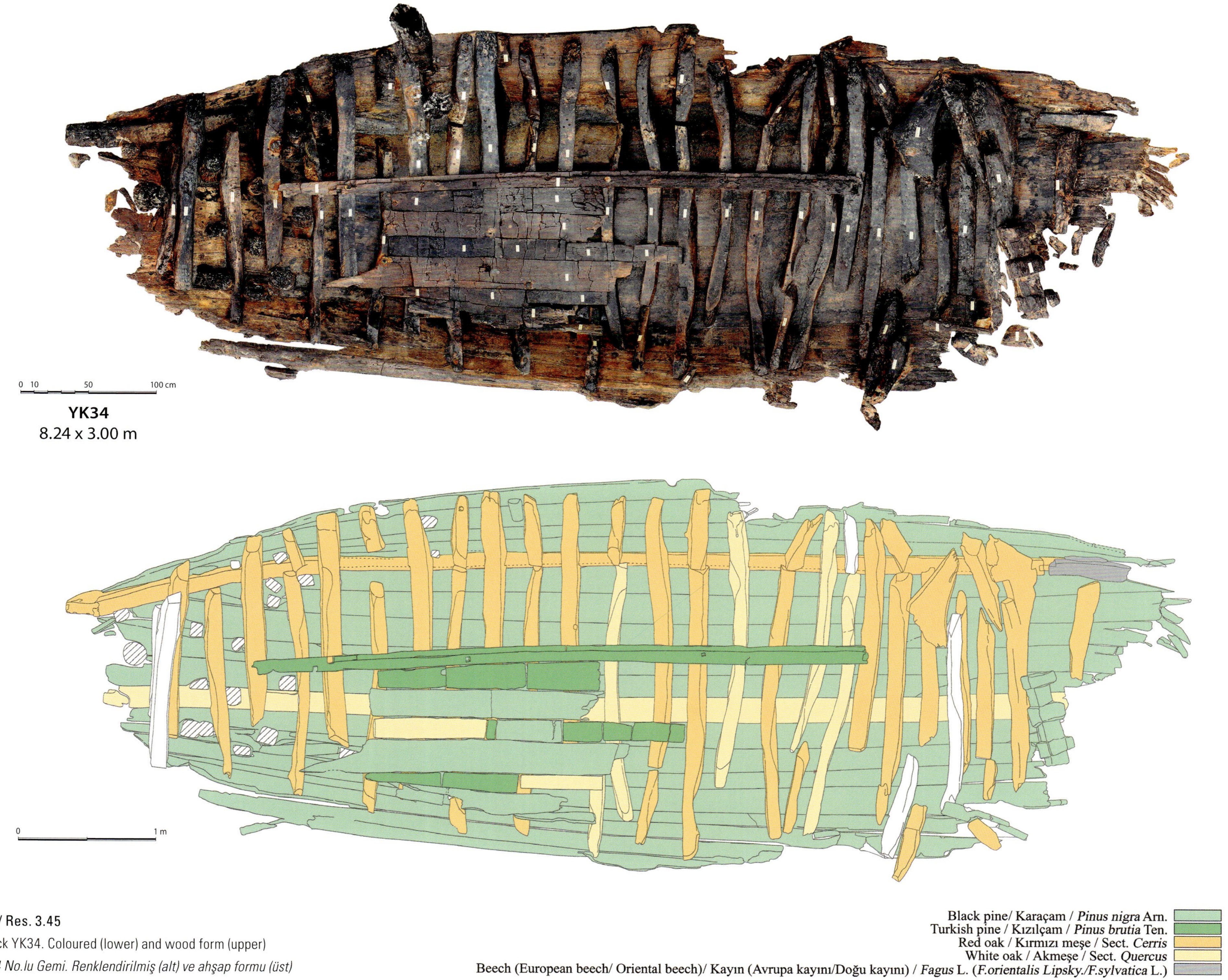

Fig. / Res. 3.45

Wreck YK34. Coloured (lower) and wood form (upper)

YK34 No.lu Gemi. Renklendirilmiş (alt) ve ahşap formu (üst)

25. Yenikapı 34 (YK34)

Ship type : Merchantman
Date : Fifth century

One hundred and thirty-five samples taken belonged to eight genera/species (Figs. 3.45 and 3.46; Table 3.26). The main material of planking of this ship was black pine; of ceiling was Turkish pine; of frames was oak. The keel was made of beech and red oaks. Treenails were made of bushes like myrtle.

25. Yenikapı 34 (YK34)

Geminin Türü : Ticaret gemisi
Dönemi : 5. yüzyıl

Gemide 8 farklı cins/türe ait toplam 135 örneğin teşhisi yapılmıştır (Res. 3.45 ve 3.46; Tablo 3.26). Gemide kaplamada karaçam, farş yapımında kızılçam, eğri yapımında da meşe ana materyaldir. Omurga da kayın ve kırmızı meşe grubu ağaçlarından yapılmıştır. Ahşap çivi yapımında mersin türü çalılar kullanılmıştır.

Table / Tablo 3.26

Genera/species used in YK34 / *YK34 No.lu Gemide Kullanılan Cins/Türler*

Sample no / Örnek no	Sample type / Örnek türü	Sample code / Örnek kodu	Identification (Genus/species) / Teşhis sonucu (Cins/tür)
1	Tree nail/Ahşap çivi	From under E3 altı	Myrtle/Mersin
2	Tree nail/Ahşap çivi	From under E5-S1 altı	Oak/Meşe, Evergreen oak/ Herdemyeşil meşe
3	Tree nail/Ahşap çivi	From under E9 altı	Myrtle/Mersin
4	Tree nail/Ahşap çivi	From under E13 altı	Hornbeam/Gürgen
5	Tree nail/Ahşap çivi	YBO-AÇ	Myrtle/Mersin
6	Peg/Pim kilit	Peg/Pim kilit	Black pine/Karaçam
7	Frame/Eğri	E2	Red oak/Kırmızı meşe
8	Frame/Eğri	E3	Red oak/Kırmızı meşe
9	Frame/Eğri	E3-S1	Red oak/Kırmızı meşe
10	Frame/Eğri	E5	Red oak/Kırmızı meşe
11	Frame/Eğri	E5-S1	Red oak/Kırmızı meşe
12	Frame/Eğri	E7	Red oak/Kırmızı meşe
13	Frame/Eğri	E9	White oak/Akmeşe
14	Frame/Eğri	E9-S1	Red oak/Kırmızı meşe
15	Frame/Eğri	E11	White oak/Akmeşe
16	Frame/Eğri	E11 Peg/Pim kilit	Black pine/Karaçam
17	Frame/Eğri	E13	Red oak/Kırmızı meşe
18	Frame/Eğri	E13-S1	Red oak/Kırmızı meşe
19	Frame/Eğri	E15	Red oak/Kırmızı meşe
20	Frame/Eğri	E15-S1	White oak/Akmeşe
21	Frame/Eğri	E17	Red oak/Kırmızı meşe
22	Frame/Eğri	E19	Red oak/Kırmızı meşe
23	Frame/Eğri	E19-S1	Red oak/Kırmızı meşe
24	Frame/Eğri	E21	Red oak/Kırmızı meşe
25	Frame/Eğri	E23	Red oak/Kırmızı meşe
26	Frame/Eğri	E25	Red oak/Kırmızı meşe
27	Frame/Eğri	İSK-E6	Red oak/Kırmızı meşe

Fig. / Res. 3.46
Wreck YK34
YK34 No.lu Gemi

Sample no / Örnek no	Sample type / Örnek türü	Sample code / Örnek kodu	Identification (Genus/species) / Teşhis sonucu (Cins/tür)
28	Frame/Eğri	İ-E8	White oak/Akmeşe
29	Frame/Eğri	İ-E10	Red oak/Kırmızı meşe
30	Frame/Eğri	İ-E12	Red oak/Kırmızı meşe
31	Frame/Eğri	İ-E14	Red oak/Kırmızı meşe
32	Frame/Eğri	İ-E16	Red oak/Kırmızı meşe
33	Frame/Eğri	İ-E18	Red oak/Kırmızı meşe
34	Frame/Eğri	İ-E20	Red oak/Kırmızı meşe
35	Frame/Eğri	İ-E22	Red oak/Kırmızı meşe
36	Frame/Eğri	S-E1	Red oak/Kırmızı meşe
37	Frame/Eğri	S-E4	Red oak/Kırmızı meşe
38	Frame/Eğri	S-E6	Red oak/Kırmızı meşe
39	Frame/Eğri	S-E6	Red oak/Kırmızı meşe
40	Frame/Eğri	S-E8	White oak/Akmeşe
41	Frame/Eğri	S-E10	Red oak/Kırmızı meşe
42	Frame/Eğri	S-E12	Red oak/Kırmızı meşe
43	Frame/Eğri	S-E14	White oak/Akmeşe
44	Frame/Eğri	S-E16	Red oak/Kırmızı meşe
45	Frame/Eğri	S-E18	Red oak/Kırmızı meşe
46	Frame/Eğri	S-E20	Red oak/Kırmızı meşe
47	Frame/Eğri	S-E22	Red oak/Kırmızı meşe
48	Frame/Eğri	S-E24	Red oak/Kırmızı meşe
49	Stringer/İç kuşak	İçK1	Turkish pine/Kızılçam
50	Portside garboard/İskele burma	İB	Black pine/Karaçam
51	Portside planking/İskele kaplama	İK1	Black pine/Karaçam
52	Portside planking/İskele kaplama	İK2	Black pine/Karaçam
53	Portside planking/İskele kaplama	İK3-1	Black pine/Karaçam
54	Portside planking/İskele kaplama	İK3-2	Black pine/Karaçam
55	Wedge/Kama		Red oak/Kırmızı meşe
56	Wedge/Kama	31	Red oak/Kırmızı meşe
57	Wedge/Kama	34	Red oak/Kırmızı meşe
58	Wedge/Kama	35	Red oak/Kırmızı meşe
59	Wedge/Kama	57	—
60	Wedge/Kama	67	Red oak/Kırmızı meşe
61	Wedge/Kama	135	Red oak/Kırmızı meşe
62	Keel/Omurga	Om1	Beech/Kayın
63	Keel/Omurga	Om2	Red oak/Kırmızı meşe
64	Keel/Omurga	Om3	Red oak/Kırmızı meşe
65	Starboard garboard/Sancak burma	SB	Black pine/Karaçam
66	Starboard wale/Sancak çapa tahtası	SÇT	Black pine/Karaçam

Sample no / Örnek no	Sample type / Örnek türü	Sample code / Örnek kodu	Identification (Genus/species) / Teşhis sonucu (Cins/tür)
67	Starboard ceiling/Sancak farş	SF1-1	Turkish pine/Kızılçam
68	Starboard ceiling/Sancak farş	SF1-2	Turkish pine/Kızılçam
69	Starboard ceiling/Sancak farş	SF1-3	Turkish pine/Kızılçam
70	Starboard ceiling/Sancak farş	SF2	Black pine/Karaçam
71	Starboard ceiling/Sancak farş	SF3-1	Turkish pine/Kızılçam
72	Starboard ceiling/Sancak farş	SF3-2	Black pine/Karaçam
73	Starboard ceiling/Sancak farş	SF3-3	Turkish pine/Kızılçam
74	Starboard ceiling/Sancak farş	SF3-4	White oak/Akmeşe
75	Starboard ceiling/Sancak farş	SF4	Black pine/Karaçam
76	Starboard ceiling/Sancak farş	SF5-1	White oak/Akmeşe
77	Starboard ceiling/Sancak farş	SF5-2	Turkish pine/Kızılçam
78	Starboard ceiling/Sancak farş	SF5-3	Turkish pine/Kızılçam
79	Starboard ceiling/Sancak farş	SF6	Black pine/Karaçam
80	Starboard ceiling/Sancak farş	SF7	Black pine/Karaçam
81	Starboard ceiling/Sancak farş	SF6	Turkish pine/Kızılçam
82	Starboard planking/Sancak kaplama	SK	Black pine/Karaçam
83	Starboard planking/Sancak kaplama	SK1	Black pine/Karaçam
84	Starboard planking/Sancak kaplama	SK2-1	Black pine/Karaçam
85	Starboard planking/Sancak kaplama	SK2-2	Black pine/Karaçam
86	Starboard planking/Sancak kaplama	SK3-1	Black pine/Karaçam
87	Starboard planking/Sancak kaplama	SK3-2	Black pine/Karaçam
88	Starboard planking/Sancak kaplama	SK4-1	Black pine/Karaçam
89	Starboard planking/Sancak kaplama	SK4-2	Black pine/Karaçam
90	Starboard planking/Sancak kaplama	SK5-1	White oak/Akmeşe
91	Starboard planking/Sancak kaplama	SK5-2	Black pine/Karaçam
92	Starboard planking/Sancak kaplama	SK6-1	Black pine/Karaçam
93	Starboard planking/Sancak kaplama	SK6-2	Black pine/Karaçam
94	Starboard planking/Sancak kaplama	SK7	Black pine/Karaçam
95	Starboard planking/Sancak kaplama	SK8-1	Black pine/Karaçam
96	Starboard planking/Sancak kaplama	SK8-2	Black pine/Karaçam
97	Starboard planking/Sancak kaplama	SK9-1	Black pine/Karaçam
98	Starboard planking/Sancak kaplama	SK9-2	Turkish pine/Kızılçam
99	Starboard planking/Sancak kaplama	SK10	Black pine/Karaçam
100	Starboard planking/Sancak kaplama	SK11	Black pine/Karaçam
101	Starboard planking/Sancak kaplama	SK11	Black pine/Karaçam
102	Starboard planking/Sancak kaplama	SK11	Black pine/Karaçam
103	Unidentified piece/Tanımlanamayan parça	TP1	Black pine/Karaçam
104	Unidentified piece/Tanımlanamayan parça	TP2	Red oak/Kırmızı meşe
105	Tree nail from unknown position/Yeri belli olmayan ahşap çivi	YBO AÇ	Red oak/Kırmızı meşe

Sample no / Örnek no	Sample type / Örnek türü	Sample code / Örnek kodu	Identification (Genus/species) / Teşhis sonucu (Cins/tür)
106	Tree nail from unknown position/Yeri belli olmayan ahşap çivi	YBO AÇ	—
107	Tree nail from unknown position/Yeri belli olmayan ahşap çivi	YBO AÇ	—
108	Tree nail from unknown position/Yeri belli olmayan ahşap çivi	YBO AÇ	—
109	Wale from unknown position/Yeri belli olmayan çapa tahtası	YBO ÇT1	Black pine/Karaçam
110	Wale from unknown position/Yeri belli olmayan çapa tahtası	YBO ÇT2	Black pine/Karaçam
111	Frame from unknown position/Yeri belli olmayan eğri	YBO E1	Red oak/Kırmızı meşe
112	Frame from unknown position/Yeri belli olmayan eğri	YBO E2	Red oak/Kırmızı meşe
113	Frame from unknown position/Yeri belli olmayan eğri	YBO E3	Red oak/Kırmızı meşe
114	Frame from unknown position/Yeri belli olmayan eğri	YBO E4	Red oak/Kırmızı meşe
115	Frame from unknown position/Yeri belli olmayan eğri	YBO E4 altı	Oak/Meşe, Evergreen oak/ Herdemyeşil meşe
116	Frame from unknown position/Yeri belli olmayan eğri	YBO E5	Red oak/Kırmızı meşe
117	Frame from unknown position/Yeri belli olmayan eğri	YBO E6	Red oak/Kırmızı meşe
118	Frame from unknown position/Yeri belli olmayan eğri	YBO E7	Red oak/Kırmızı meşe
119	Frame from unknown position/Yeri belli olmayan eğri	YBO E8	—
120	Wedge from unknown position/Yeri belli olmayan kama		Black pine/Karaçam
121	Wedge from unknown position/Yeri belli olmayan kama		Red oak/Kırmızı meşe
122	Wedge from unknown position/Yeri belli olmayan kama		Red oak/Kırmızı meşe
123	Wedge from unknown position/Yeri belli olmayan kama		Red oak/Kırmızı meşe
124	Wedge from unknown position/Yeri belli olmayan kama		Black pine/Karaçam
125	Planking from unknown position/Yeri belli olmayan kaplama	YBO K1	Red oak/Kırmızı meşe
126	Planking from unknown position/Yeri belli olmayan kaplama	YBO K2	Red oak/Kırmızı meşe
127	Planking from unknown position/Yeri belli olmayan kaplama	YBO K5	Black pine/Karaçam
128	Planking from unknown position/Yeri belli olmayan kaplama	YBO K6	Red oak/Kırmızı meşe
129	Planking from unknown position/Yeri belli olmayan kaplama	YBO K7	Black pine/Karaçam
130	Planking from unknown position/Yeri belli olmayan kaplama	YBO K8	Black pine/Karaçam
131	Planking from unknown position/Yeri belli olmayan kaplama	YBO K8	Black pine/Karaçam
132	Planking from unknown position/Yeri belli olmayan kaplama	YBO K9	Black pine/Karaçam
133	Peg from unknown position/Yeri belli olmayan pim kilit	—	Turkish pine/Kızılçam
134	Peg from unknown position/Yeri belli olmayan pim kilit	—	Black pine/Karaçam
135	Peg from unknown position/Yeri belli olmayan pim kilit	—	Black pine/Karaçam

YK35
14.25 x 5.16 m

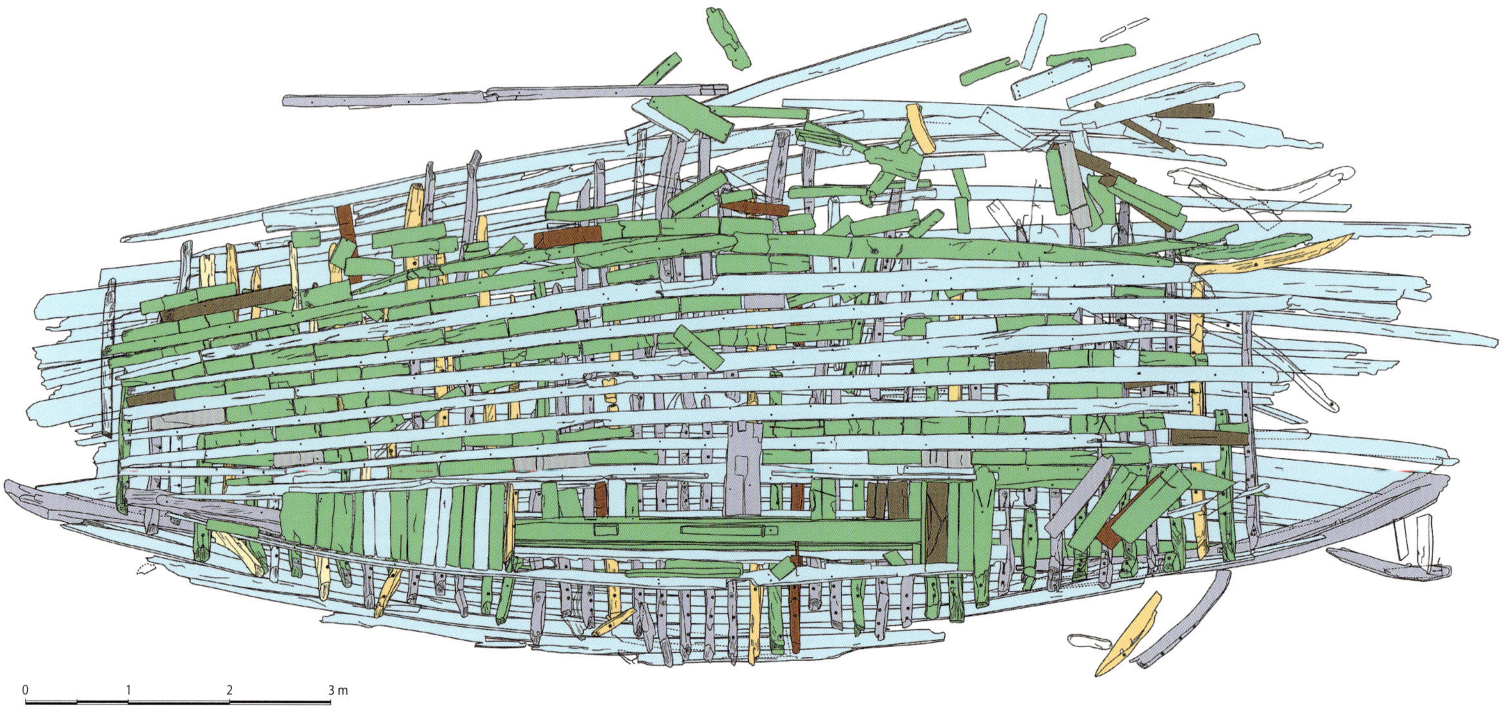

Mediterranean cypress / Akdeniz servisi / *Cupressus sempervirens* L.
Turkish pine / Kızılçam / *Pinus brutia* Ten.
Red oak / Kırmızı meşe / Sect. *Cerris*
White oak / Akmeşe / Sect. *Quercus*
Black pine/ Karaçam / *Pinus nigra* Arn.
Elm (Field elm) / Karaağaç (Ova karaağacı) / *Ulmus* L. (*Ulmus minor* Mill.)
Evergreen oak / Herdemyeşil meşe / Sect. *Suber*
Oak / Meşe / *Quercus* L.
Common walnut / Adi ceviz / *Juglans regia* L.
Beech (European beech/ Oriental beech)/ Kayın (Avrupa kayını/Doğu kayını) / *Fagus* L. (*F.orientalis Lipsky./F.sylvatica* L.)
Cedar (Taurus cedar) / Sedir (Toros sediri) / *Cedrus Trew.* (*Cedrus libani* A.Rich)

Fig. / Res. 3.47

Wreck YK35. Coloured (lower) and wood form (upper)

YK35 No.lu Gemi. Renklendirilmiş (alt) ve ahşap formu (üst)

26. Yenikapı 35 (YK35)

Ship type : Merchantman
Date : Fifth century

Five hundred and twenty-eight samples taken belonged to thirteen genera/species (Figs. 3.47 and 3.48; Table 3.27). The main material of planking of this ship was cypress; of ceiling was Turkish pine; of frames was elm. The keel was made of Turkish pine and elm. The samples of beech, walnut, chestnut and cedar identified in the ceiling may be for repair.

26. Yenikapı 35 (YK35)

Geminin Türü : Ticaret gemisi
Dönemi : 5. yüzyıl

Gemide 13 farklı cins/türe ait toplam 528 örneğin teşhisi yapılmıştır (Res. 3.47 ve 3.48; Tablo 3.27). Gemide kaplamada servi, farş yapımında kızılçam, eğri yapımında da karaağaç ana materyaldir. Omurga yapımında kızılçam ve karaağaç kullanılmıştır. Farş yapımında kullanılan kayın, ceviz, kestane ve sedir ağaçları onarım parçaları olabilir.

Table / Tablo 3.27
Genera/species used in YK35 / *YK35 No.lu Gemide Kullanılan Cins/Türler*

Sample no / Örnek no	Sample type / Örnek türü	Sample code / Örnek kodu	Identification (Genus/species) / Teşhis sonucu (Cins/tür)
1	Frame/Eğri	E11	Turkish pine/Kızılçam
2	Frame/Eğri	E11-S1	Red oak/Kırmızı meşe
3	Frame/Eğri	E13	Turkish pine/Kızılçam
4	Frame/Eğri	E13-İ1	Red oak/Kırmızı meşe
5	Frame/Eğri	E13-S1	Red oak/Kırmızı meşe
6	Frame/Eğri	E15	Elm tree/Karaağaç
7	Frame/Eğri	E15-S3	Red oak/Kırmızı meşe
8	Frame/Eğri	E15-S1	Red oak/Kırmızı meşe
9	Frame/Eğri	E15-S2	Elm tree/Karaağaç
10	Frame/Eğri	E17	Turkish pine/Kızılçam
11	Frame/Eğri	E17-S1	Red oak/Kırmızı meşe
12	Frame/Eğri	E19	Elm tree/Karaağaç
13	Frame/Eğri	E19-İ1	Elm tree/Karaağaç
14	Frame/Eğri	E19-S1	Turkish pine/Kızılçam
15	Frame/Eğri	E21	Elm tree/Karaağaç
16	Frame/Eğri	E21-S1	Elm tree/Karaağaç
17	Frame/Eğri	E23	Elm tree/Karaağaç
18	Frame/Eğri	E23-S1	Elm tree/Karaağaç
19	Frame/Eğri	E25	Elm tree/Karaağaç
20	Frame/Eğri	E27	Elm tree/Karaağaç
21	Frame/Eğri	E27-S1	Elm tree/Karaağaç
22	Frame/Eğri	E29	Turkish pine/Kızılçam
23	Frame/Eğri	E29-S2	Elm tree/Karaağaç
24	Frame/Eğri	E29-S1	Oak/Meşe sp, Red oak/Kırmızı meşe
25	Frame/Eğri	E3	Elm tree/Karaağaç
26	Frame/Eğri	E31	Elm tree/Karaağaç
27	Frame/Eğri	E31-S1	Turkish pine/Kızılçam
28	Frame/Eğri	E32	Elm tree/Karaağaç
29	Frame/Eğri	E32-S1	Mediterranean cypress/Akdeniz servisi
30	Frame/Eğri	E34	Elm tree/Karaağaç
31	Frame/Eğri	E34-S1	Elm tree/Karaağaç
32	Frame/Eğri	E36	Turkish pine/Kızılçam
33	Frame/Eğri	E36-S1	Turkish pine/Kızılçam
34	Frame/Eğri	E38	Turkish pine/Kızılçam
35	Frame/Eğri	E38-S1	Elm tree/Karaağaç
36	Frame/Eğri	E3-S1	Elm tree/Karaağaç
37	Frame/Eğri	E40	Turkish pine/Kızılçam
38	Frame/Eğri	E40-S1	Elm tree/Karaağaç
39	Frame/Eğri	E42	Turkish pine/Kızılçam
40	Frame/Eğri	E42-S1	Elm tree/Karaağaç

Sample no / Örnek no	Sample type / Örnek türü	Sample code / Örnek kodu	Identification (Genus/species) / Teşhis sonucu (Cins/tür)
41	Frame/Eğri	E44	Turkish pine/Kızılçam
42	Frame/Eğri	E44-S1	Elm tree/Karaağaç
43	Frame/Eğri	E48	Turkish pine/Kızılçam
44	Frame/Eğri	E5	Turkish pine/Kızılçam
45	Frame/Eğri	E5-S1	White oak/Akmeşe
46	Frame/Eğri	E7	Turkish pine/Kızılçam
47	Frame/Eğri	E9	Turkish pine/Kızılçam
48	Frame/Eğri	E1	Turkish pine/Kızılçam
49	Frame/Eğri	E25-S1	Elm tree/Karaağaç
50	Frame/Eğri	E7-S1	Red oak/Kırmızı meşe
51	Frame/Eğri	E9-S1	White oak/Akmeşe
52	Frame/Eğri	İ-E10	White oak/Akmeşe
53	Frame/Eğri	İ-E12	Elm tree/Karaağaç
54	Frame/Eğri	İ-E14	Elm tree/Karaağaç
55	Frame/Eğri	İ-E16	Elm tree/Karaağaç
56	Frame/Eğri	İ-E18	Turkish pine/Kızılçam
57	Frame/Eğri	İ-E20	Elm tree/Karaağaç
58	Frame/Eğri	İ-E22	Red oak/Kırmızı meşe
59	Frame/Eğri	İ-E24	Elm tree/Karaağaç
60	Frame/Eğri	İ-E26	Elm tree/Karaağaç
61	Frame/Eğri	İ-E28	Red oak/Kırmızı meşe
62	Frame/Eğri	İ-E30	Walnut/Ceviz
63	Frame/Eğri	İ-E33	Turkish pine/Kızılçam
64	Frame/Eğri	İ-E35	—
65	Frame/Eğri	İ-E37	Turkish pine/Kızılçam
66	Frame/Eğri	İ-E39	Elm tree/Karaağaç
67	Frame/Eğri	İ-E41	Elm tree/Karaağaç
68	Frame/Eğri	İ-E43	Elm tree/Karaağaç
69	Frame/Eğri	İ-E45	Elm tree/Karaağaç
70	Frame/Eğri	İ-E46	Turkish pine/Kızılçam
71	Frame/Eğri	İ-E6	White oak/Akmeşe
72	Frame/Eğri	İ-E8	Mediterranean cypress/Akdeniz servisi
73	Frame/Eğri	S-E10	White oak/Akmeşe
74	Frame/Eğri	S-E12	Elm tree/Karaağaç
75	Frame/Eğri	S-E14	Elm tree/Karaağaç
76	Frame/Eğri	S-E14-S1	Red oak/Kırmızı meşe
77	Frame/Eğri	S-E16	Elm tree/Karaağaç
78	Frame/Eğri	S-E16-S1	Elm tree/Karaağaç
79	Frame/Eğri	S-E 18	Red oak/Kırmızı meşe
80	Frame/Eğri	S-E20	Elm tree/Karaağaç
81	Frame/Eğri	S-E 22	Red oak/Kırmızı meşe
82	Frame/Eğri	S-E22-S1	Elm tree/Karaağaç
83	Frame/Eğri	S-E24	Elm tree/Karaağaç
84	Frame/Eğri	S-E24-S1	Elm tree/Karaağaç
85	Frame/Eğri	S-E26	Elm tree/Karaağaç
86	Frame/Eğri	S-E26-S1	Elm tree/Karaağaç
87	Frame/Eğri	S-E28	Red oak/Kırmızı meşe
88	Frame/Eğri	S-E30	Walnut/Ceviz
89	Frame/Eğri	S-E30-S1	Elm tree/Karaağaç
90	Frame/Eğri	S-E33	Turkish pine/Kızılçam
91	Frame/Eğri	S-E35	Elm tree/Karaağaç
92	Frame/Eğri	S-E37	Red oak/Kırmızı meşe
93	Frame/Eğri	S-E39	Elm tree/Karaağaç
94	Frame/Eğri	S-E4	Mediterranean cypress/Akdeniz servisi
95	Frame/Eğri	S-E41	Elm tree/Karaağaç
96	Frame/Eğri	S-E43	Elm tree/Karaağaç

Sample no / Örnek no	Sample type / Örnek türü	Sample code / Örnek kodu	Identification (Genus/species) / Teşhis sonucu (Cins/tür)
97	Frame/Eğri	S-E45	Elm tree/Karaağaç
98	Frame/Eğri	S-E46	Turkish pine/Kızılçam
99	Frame/Eğri	S-E46-S1	Elm tree/Karaağaç
100	Frame/Eğri	S-E47	Red oak/Kırmızı meşe
101	Frame/Eğri	S-E49	Elm tree/Karaağaç
102	Frame/Eğri	S-E6	Red oak/Kırmızı meşe
103	Frame/Eğri	S-E8	Mediterranean cypress/Akdeniz servisi
104	Frame/Eğri	S-E2	Turkish pine/Kızılçam
105	Ceiling/Farş	F10-1	Turkish pine/Kızılçam
106	Ceiling/Farş	F10-10	Turkish pine/Kızılçam
107	Ceiling/Farş	F10-11	Turkish pine/Kızılçam
108	Ceiling/Farş	F10-12	Turkish pine/Kızılçam
109	Ceiling/Farş	F10-13	Turkish pine/Kızılçam
110	Ceiling/Farş	F10-14	Turkish pine/Kızılçam
111	Ceiling/Farş	F10-15	Turkish pine/Kızılçam
112	Ceiling/Farş	F10-16	Turkish pine/Kızılçam
113	Ceiling/Farş	F10-17	Beech/Kayın
114	Ceiling/Farş	F10-18	Turkish pine/Kızılçam
115	Ceiling/Farş	F10-19	Turkish pine/Kızılçam
116	Ceiling/Farş	F10-2	Mediterranean cypress/Akdeniz servisi
117	Ceiling/Farş	F10-3	Turkish pine/Kızılçam
118	Ceiling/Farş	F10-4	Turkish pine/Kızılçam
119	Ceiling/Farş	F10-5	Mediterranean cypress/Akdeniz servisi
120	Ceiling/Farş	F10-6	Turkish pine/Kızılçam
121	Ceiling/Farş	F10-7	Turkish pine/Kızılçam
122	Ceiling/Farş	F10-8	Turkish pine/Kızılçam
123	Ceiling/Farş	F10-9	Turkish pine/Kızılçam
124	Ceiling/Farş	F11	Taurus cedar/Toros sediri
125	Ceiling/Farş	F1-1	Turkish pine/Kızılçam
126	Ceiling/Farş	F1-2	Turkish pine/Kızılçam
127	Ceiling/Farş	F12-1	Mediterranean cypress/Akdeniz servisi
128	Ceiling/Farş	F12-10	Beech/Kayın
129	Ceiling/Farş	F12-11	Turkish pine/Kızılçam
130	Ceiling/Farş	F12-12	Turkish pine/Kızılçam
131	Ceiling/Farş	F12-14	Mediterranean cypress/Akdeniz servisi
132	Ceiling/Farş	F12-15	Turkish pine/Kızılçam
133	Ceiling/Farş	F12-2	Turkish pine/Kızılçam
134	Ceiling/Farş	F12-3	Turkish pine/Kızılçam
135	Ceiling/Farş	F12-4	Turkish pine/Kızılçam
136	Ceiling/Farş	F12-5	Beech/Kayın
137	Ceiling/Farş	F12-6	Turkish pine/Kızılçam
138	Ceiling/Farş	F12-7	Mediterranean cypress/Akdeniz servisi
139	Ceiling/Farş	F12-8	Turkish pine/Kızılçam
140	Ceiling/Farş	F12-9	Turkish pine/Kızılçam
141	Ceiling/Farş	F13	Turkish pine/Kızılçam
142	Ceiling/Farş	F1-3	Turkish pine/Kızılçam
143	Ceiling/Farş	F1-4	Turkish pine/Kızılçam
144	Ceiling/Farş	F14-1	Turkish pine/Kızılçam
145	Ceiling/Farş	F14-11 / F14-12 are the same piece/aynı parça	Turkish pine/Kızılçam
146	Ceiling/Farş	F14-13	Turkish pine/Kızılçam
147	Ceiling/Farş	F14-14	Mediterranean cypress/Akdeniz servisi
148	Ceiling/Farş	F14-15	Walnut/Ceviz
149	Ceiling/Farş	F14-16	Turkish pine/Kızılçam
150	Ceiling/Farş	F14-17	Turkish pine/Kızılçam
151	Ceiling/Farş	F14-18	Turkish pine/Kızılçam

Sample no / Örnek no	Sample type / Örnek türü	Sample code / Örnek kodu	Identification (Genus/species) / Teşhis sonucu (Cins/tür)
152	Ceiling/Farş	F14-19	Turkish pine/Kızılçam
153	Ceiling/Farş	F14-2	Turkish pine/Kızılçam
154	Ceiling/Farş	F14-20	Mediterranean cypress/Akdeniz servisi
155	Ceiling/Farş	F14-22	Turkish pine/Kızılçam
156	Ceiling/Farş	F14-23	Mediterranean cypress/Akdeniz servisi
157	Ceiling/Farş	F14-24	Mediterranean cypress/Akdeniz servisi
158	Ceiling/Farş	F14-25	Turkish pine/Kızılçam
159	Ceiling/Farş	F14-26	Turkish pine/Kızılçam
160	Ceiling/Farş	F14-27	Mediterranean cypress/Akdeniz servisi
161	Ceiling/Farş	F14-28	Mediterranean cypress/Akdeniz servisi
162	Ceiling/Farş	F14-29	Turkish pine/Kızılçam
163	Ceiling/Farş	F14-3	Turkish pine/Kızılçam
164	Ceiling/Farş	F14-30	Turkish pine/Kızılçam
165	Ceiling/Farş	F14-31	Turkish pine/Kızılçam
166	Ceiling/Farş	F14-4	Taurus cedar/Toros sediri
167	Ceiling/Farş	F14-5	Turkish pine/Kızılçam
168	Ceiling/Farş	F14-7	Taurus cedar/Toros sediri
169	Ceiling/Farş	F14-8	Turkish pine/Kızılçam
170	Ceiling/Farş	F14-9 / F14-10 are the same piece/aynı parça	Taurus cedar/Toros sediri
171	Ceiling/Farş	F2-1	Walnut/Ceviz
172	Ceiling/Farş	F2-2	Turkish pine/Kızılçam
173	Ceiling/Farş	F2-3	Turkish pine/Kızılçam
174	Ceiling/Farş	F2-4	Turkish pine/Kızılçam
175	Ceiling/Farş	F3-1	Turkish pine/Kızılçam
176	Ceiling/Farş	F3-10	Turkish pine/Kızılçam
177	Ceiling/Farş	F3-11	Turkish pine/Kızılçam
178	Ceiling/Farş	F3-12	Turkish pine/Kızılçam
179	Ceiling/Farş	F3-13	Turkish pine/Kızılçam
180	Ceiling/Farş	F3-14	Turkish pine/Kızılçam
181	Ceiling/Farş	F3-2	Turkish pine/Kızılçam
182	Ceiling/Farş	F3-4	Turkish pine/Kızılçam
183	Ceiling/Farş	F3-5	Turkish pine/Kızılçam
184	Ceiling/Farş	F3-6	Turkish pine/Kızılçam
185	Ceiling/Farş	F3-7	Turkish pine/Kızılçam
186	Ceiling/Farş	F3-8	Turkish pine/Kızılçam
187	Ceiling/Farş	F3-9	Walnut/Ceviz
188	Ceiling/Farş	F4-1	Turkish pine/Kızılçam
189	Ceiling/Farş	F4-2	Turkish pine/Kızılçam
190	Ceiling/Farş	F4-3	Turkish pine/Kızılçam
191	Ceiling/Farş	F4-4	Turkish pine/Kızılçam
192	Ceiling/Farş	F5-10	Turkish pine/Kızılçam
193	Ceiling/Farş	F5-11	Turkish pine/Kızılçam
194	Ceiling/Farş	F5-12	Turkish pine/Kızılçam
195	Ceiling/Farş	F5-3	Turkish pine/Kızılçam
196	Ceiling/Farş	F5-4	Turkish pine/Kızılçam
197	Ceiling/Farş	F5-5	Turkish pine/Kızılçam
198	Ceiling/Farş	F5-6	Turkish pine/Kızılçam
199	Ceiling/Farş	F5-7	Turkish pine/Kızılçam
200	Ceiling/Farş	F5-8	Turkish pine/Kızılçam
201	Ceiling/Farş	F5-9	Turkish pine/Kızılçam
202	Ceiling/Farş	F6-1	Turkish pine/Kızılçam
203	Ceiling/Farş	F6-10	Turkish pine/Kızılçam
204	Ceiling/Farş	F6-11	Turkish pine/Kızılçam

Sample no / Örnek no	Sample type / Örnek türü	Sample code / Örnek kodu	Identification (Genus/species) / Teşhis sonucu (Cins/tür)
205	Ceiling/Farş	F6-12	Turkish pine/Kızılçam
206	Ceiling/Farş	F6-13	Turkish pine/Kızılçam
207	Ceiling/Farş	F6-14	Turkish pine/Kızılçam
208	Ceiling/Farş	F6-15	Turkish pine/Kızılçam
209	Ceiling/Farş	F6-16	Turkish pine/Kızılçam
210	Ceiling/Farş	F6-17	Turkish pine/Kızılçam
211	Ceiling/Farş	F6-18	Turkish pine/Kızılçam
212	Ceiling/Farş	F6-2	Mediterranean cypress/Akdeniz servisi
213	Ceiling/Farş	F6-3	Turkish pine/Kızılçam
214	Ceiling/Farş	F6-4	Turkish pine/Kızılçam
215	Ceiling/Farş	F6-5	Turkish pine/Kızılçam
216	Ceiling/Farş	F6-6	Turkish pine/Kızılçam
217	Ceiling/Farş	F6-7	Elm tree/Karaağaç
218	Ceiling/Farş	F6-8	Turkish pine/Kızılçam
219	Ceiling/Farş	F6-9	Turkish pine/Kızılçam
220	Ceiling/Farş	F7-1	Taurus cedar/Toros sediri
221	Ceiling/Farş	F7-10	Turkish pine/Kızılçam
222	Ceiling/Farş	F7-11	Turkish pine/Kızılçam
223	Ceiling/Farş	F7-12	Turkish pine/Kızılçam
224	Ceiling/Farş	F7-13	Turkish pine/Kızılçam
225	Ceiling/Farş	F7-14	Turkish pine/Kızılçam
226	Ceiling/Farş	F7-15	Turkish pine/Kızılçam
227	Ceiling/Farş	F7-16	Turkish pine/Kızılçam
228	Ceiling/Farş	F7-17	Taurus cedar/Toros sediri
229	Ceiling/Farş	F7-2	Turkish pine/Kızılçam
230	Ceiling/Farş	F7-3	Turkish pine/Kızılçam
231	Ceiling/Farş	F7-4	Mediterranean cypress/Akdeniz servisi
232	Ceiling/Farş	F7-5	Turkish pine/Kızılçam
233	Ceiling/Farş	F7-6	Turkish pine/Kızılçam
234	Ceiling/Farş	F7-7	Turkish pine/Kızılçam
235	Ceiling/Farş	F7-8	Taurus cedar/Toros sediri
236	Ceiling/Farş	F7-9	Turkish pine/Kızılçam
237	Ceiling/Farş	F8-1	Turkish pine/Kızılçam
238	Ceiling/Farş	F8-10	Turkish pine/Kızılçam
239	Ceiling/Farş	F8-11	Turkish pine/Kızılçam
240	Ceiling/Farş	F8-12	Turkish pine/Kızılçam
241	Ceiling/Farş	F8-13	Beech/Kayın
242	Ceiling/Farş	F8-14	Turkish pine/Kızılçam
243	Ceiling/Farş	F8-2	Mediterranean cypress/Akdeniz servisi
244	Ceiling/Farş	F8-3	Turkish pine/Kızılçam
245	Ceiling/Farş	F8-4	Turkish pine/Kızılçam
246	Ceiling/Farş	F8-5	Taurus cedar/Toros sediri
247	Ceiling/Farş	F8-6	Turkish pine/Kızılçam
248	Ceiling/Farş	F8-7	Turkish pine/Kızılçam
249	Ceiling/Farş	F8-8	Turkish pine/Kızılçam
250	Ceiling/Farş	F8-9	Turkish pine/Kızılçam
251	Ceiling/Farş	F9-1	Taurus cedar/Toros sediri
252	Ceiling/Farş	F9-2	Turkish pine/Kızılçam
253	Ceiling/Farş	F9-3	Mediterranean cypress/Akdeniz servisi
254	Ceiling/Farş	F9-4	Taurus cedar/Toros sediri
255	Ceiling/Farş	F9-5	Taurus cedar/Toros sediri
256	Ceiling/Farş	F9-6	Turkish pine/Kızılçam
257	Ceiling/Farş	F9-7	Turkish pine/Kızılçam
258	Ceiling/Farş	F9-8	Turkish pine/Kızılçam

Fig. / Res. 3.48
Wreck YK35
YK35 No.lu Gemi

Sample no / Örnek no	Sample type / Örnek türü	Sample code / Örnek kodu	Identification (Genus/species) / Teşhis sonucu (Cins/tür)
259	Stringer/İç kuşak	İçK1-1	Turkish pine/Kızılçam
260	Stringer/İç kuşak	İçK1-2	Turkish pine/Kızılçam
261	Stringer/İç kuşak	İçK1-3	Black pine/Karaçam
262	Stringer/İç kuşak	İçK1-4	Taurus cedar/Toros sediri
263	Stringer/İç kuşak	İçK2	Turkish pine/Kızılçam
264	Stringer/İç kuşak	İçK3-2	Turkish pine/Kızılçam
265	Stringer/İç kuşak	İçK3-1	Mediterranean cypress/Akdeniz servisi
266	Stringer/İç kuşak	İçK4	Mediterranean cypress/Akdeniz servisi
267	Stringer/İç kuşak	İçK5-1	Mediterranean cypress/Akdeniz servisi
268	Stringer/İç kuşak	İçK5-2	Mediterranean cypress/Akdeniz servisi
269	Stringer/İç kuşak	İçK6	Mediterranean cypress/Akdeniz servisi
270	Stringer/İç kuşak	İçK6-2	Mediterranean cypress/Akdeniz servisi
271	Stringer/İç kuşak	İçK7	Mediterranean cypress/Akdeniz servisi
272	Stringer/İç kuşak	İçK8-1	Mediterranean cypress/Akdeniz servisi
273	Stringer/İç kuşak	İçK9-1	Turkish pine/Kızılçam
274	Stringer/İç kuşak	İçK9-2	Mediterranean cypress/Akdeniz servisi
275	Stringer/İç kuşak	İçK9-3	Mediterranean cypress/Akdeniz servisi
276	Stringer/İç kuşak	İçK10	Mediterranean cypress/Akdeniz servisi
277	Stringer/İç kuşak	Under İçK10 / İçK10 altında	Mediterranean cypress/Akdeniz servisi
278	Portside garboard/İskele burma	İB	Turkish pine/Kızılçam
279	Portside planking/İskele kaplama	İK10	Mediterranean cypress/Akdeniz servisi
280	Portside planking/İskele kaplama	İK1-1	Turkish pine/Kızılçam
281	Portside planking/İskele kaplama	İK1-2	Mediterranean cypress/Akdeniz servisi
282	Portside planking/İskele kaplama	İK1-3	Mediterranean cypress/Akdeniz servisi
283	Portside planking/İskele kaplama	İK2-1	Mediterranean cypress/Akdeniz servisi
284	Portside planking/İskele kaplama	İK2-2	Mediterranean cypress/Akdeniz servisi
285	Portside planking/İskele kaplama	İK3	Mediterranean cypress/Akdeniz servisi
286	Portside planking/İskele kaplama	İK4-1	Mediterranean cypress/Akdeniz servisi
287	Portside planking/İskele kaplama	İK4-2	Mediterranean cypress/Akdeniz servisi
288	Portside planking/İskele kaplama	İK5	Mediterranean cypress/Akdeniz servisi
289	Portside planking/İskele kaplama	İK6-1	Mediterranean cypress/Akdeniz servisi
290	Portside planking/İskele kaplama	İK6-2	Mediterranean cypress/Akdeniz servisi
291	Portside planking/İskele kaplama	İK7	Mediterranean cypress/Akdeniz servisi
292	Portside planking/İskele kaplama	İK7-2	Mediterranean cypress/Akdeniz servisi
293	Portside planking/İskele kaplama	İK7-3	Mediterranean cypress/Akdeniz servisi
294	Portside planking/İskele kaplama	İK8	Mediterranean cypress/Akdeniz servisi
295	Portside planking/İskele kaplama	İK9	Mediterranean cypress/Akdeniz servisi
296	Keel/Omurga	Wood piece on E21 / Om hizasına oturan takoz	Elm tree/Karaağaç
297	Keel/Omurga	Wood piece on E23 / Om hizasına oturan takoz	Elm tree/Karaağaç
298	Keelson/İç Omurga	İçOm	Turkish pine/Kızılçam
299	Keel/Omurga	Sternpost/Kıç BDS	Elm tree/Karaağaç
300	Keel/Omurga	Om1	Elm tree/Karaağaç
301	Keel/Omurga	Om2	Mediterranean cypress/Akdeniz servisi
302	Keel/Omurga	Om3	Elm tree/Karaağaç
303	Starboard garboard/Sancak burma	SB	Turkish pine/Kızılçam
304	Starboard wale/Sancak çapa tahtası	SÇT1	Mediterranean cypress/Akdeniz servisi
305	Starboard wale/Sancak çapa tahtası	SÇT2-1	Mediterranean cypress/Akdeniz servisi
306	Starboard wale/Sancak çapa tahtası	SÇT2-2	Mediterranean cypress/Akdeniz servisi
307	Starboard wale/Sancak çapa tahtası	SÇT3	Mediterranean cypress/Akdeniz servisi
308	Starboard wale/Sancak çapa tahtası	SÇT4	Mediterranean cypress/Akdeniz servisi
309	Starboard planking/Sancak kaplama	SK1	Mediterranean cypress/Akdeniz servisi
310	Starboard planking/Sancak kaplama	SK10	Mediterranean cypress/Akdeniz servisi
311	Starboard planking/Sancak kaplama	SK11-1	Mediterranean cypress/Akdeniz servisi
312	Starboard planking/Sancak kaplama	SK11-2	Mediterranean cypress/Akdeniz servisi

Sample no / Örnek no	Sample type / Örnek türü	Sample code / Örnek kodu	Identification (Genus/species) / Teşhis sonucu (Cins/tür)
313	Starboard planking/Sancak kaplama	SK11-3	Mediterranean cypress/Akdeniz servisi
314	Starboard planking/Sancak kaplama	SK11-4	Mediterranean cypress/Akdeniz servisi
315	Starboard planking/Sancak kaplama	SK12-1	Mediterranean cypress/Akdeniz servisi
316	Starboard planking/Sancak kaplama	SK12-2	Mediterranean cypress/Akdeniz servisi
317	Starboard planking/Sancak kaplama	SK12-3	Mediterranean cypress/Akdeniz servisi
318	Starboard planking/Sancak kaplama	SK13-1	Mediterranean cypress/Akdeniz servisi
319	Starboard planking/Sancak kaplama	SK13-2	Mediterranean cypress/Akdeniz servisi
320	Starboard planking/Sancak kaplama	SK13-3	Mediterranean cypress/Akdeniz servisi
321	Starboard planking/Sancak kaplama	SK13-4	Mediterranean cypress/Akdeniz servisi
322	Starboard planking/Sancak kaplama	SK14	Mediterranean cypress/Akdeniz servisi
323	Starboard planking/Sancak kaplama	SK15-1	Mediterranean cypress/Akdeniz servisi
324	Starboard planking/Sancak kaplama	SK15-2	Mediterranean cypress/Akdeniz servisi
325	Starboard planking/Sancak kaplama	SK15-3	Mediterranean cypress/Akdeniz servisi
326	Starboard planking/Sancak kaplama	YBO K27 under SK15-3 / SK15-3 altında YBO K27	Turkish pine/Kızılçam
327	Starboard planking/Sancak kaplama	SK16-1	Mediterranean cypress/Akdeniz servisi
328	Starboard planking/Sancak kaplama	SK16-2	Mediterranean cypress/Akdeniz servisi
329	Starboard planking/Sancak kaplama	SK17-1	Mediterranean cypress/Akdeniz servisi
330	Starboard planking/Sancak kaplama	SK17-2	Mediterranean cypress/Akdeniz servisi
331	Starboard planking/Sancak kaplama	SK17-3	Mediterranean cypress/Akdeniz servisi
332	Starboard planking/Sancak kaplama	SK18	Mediterranean cypress/Akdeniz servisi
333	Starboard planking/Sancak kaplama	SK19-1	Mediterranean cypress/Akdeniz servisi
334	Starboard planking/Sancak kaplama	SK19-2	Mediterranean cypress/Akdeniz servisi
335	Starboard planking/Sancak kaplama	SK20-1	Mediterranean cypress/Akdeniz servisi
336	Starboard planking/Sancak kaplama	SK20-2	Mediterranean cypress/Akdeniz servisi
337	Starboard planking/Sancak kaplama	SK20-3	Mediterranean cypress/Akdeniz servisi
338	Starboard planking/Sancak kaplama	SK2-1	Mediterranean cypress/Akdeniz servisi
339	Starboard planking/Sancak kaplama	SK21-1	Mediterranean cypress/Akdeniz servisi
340	Starboard planking/Sancak kaplama	SK21-2	Mediterranean cypress/Akdeniz servisi
341	Starboard planking/Sancak kaplama	SK21-3	Mediterranean cypress/Akdeniz servisi
342	Starboard planking/Sancak kaplama	SK2-2	Mediterranean cypress/Akdeniz servisi
343	Starboard planking/Sancak kaplama	SK22	Mediterranean cypress/Akdeniz servisi
344	Starboard planking/Sancak kaplama	SK23	Mediterranean cypress/Akdeniz servisi
345	Starboard planking/Sancak kaplama	SK24	Mediterranean cypress/Akdeniz servisi
346	Starboard planking/Sancak kaplama	SK3	Mediterranean cypress/Akdeniz servisi
347	Starboard planking/Sancak kaplama	SK4-1	Mediterranean cypress/Akdeniz servisi
348	Starboard planking/Sancak kaplama	SK4-2	Mediterranean cypress/Akdeniz servisi
349	Starboard planking/Sancak kaplama	SK5-1	Mediterranean cypress/Akdeniz servisi
350	Starboard planking/Sancak kaplama	SK5-2	Mediterranean cypress/Akdeniz servisi
351	Starboard planking/Sancak kaplama	SK6	Mediterranean cypress/Akdeniz servisi
352	Starboard planking/Sancak kaplama	SK7-1	Mediterranean cypress/Akdeniz servisi
353	Starboard planking/Sancak kaplama	SK7-2	Mediterranean cypress/Akdeniz servisi
354	Starboard planking/Sancak kaplama	SK7-3	Mediterranean cypress/Akdeniz servisi
355	Starboard planking/Sancak kaplama	SK7-4	Mediterranean cypress/Akdeniz servisi
356	Starboard planking/Sancak kaplama	SK8-1	Mediterranean cypress/Akdeniz servisi
357	Starboard planking/Sancak kaplama	SK8-2	Mediterranean cypress/Akdeniz servisi
358	Starboard planking/Sancak kaplama	SK8-3	Mediterranean cypress/Akdeniz servisi
359	Starboard planking/Sancak kaplama	SK9	Mediterranean cypress/Akdeniz servisi
360	Unidentified piece/Tanımlanamayan parça	E44-S1	Turkish pine/Kızılçam
361	Unidentified piece/Tanımlanamayan parça	S-E47	Turkish pine/Kızılçam
362	Unidentified piece/Tanımlanamayan parça	TP2	Walnut/Ceviz
363	Unidentified piece/Tanımlanamayan parça	TP3	Ash tree/Dişbudak
364	Unidentified piece/Tanımlanamayan parça	TP8	Turkish pine/Kızılçam
365	Unidentified piece/Tanımlanamayan parça	TP1	Turkish pine/Kızılçam
366	Unidentified piece/Tanımlanamayan parça	TP10	Turkish pine/Kızılçam
367	Unidentified piece/Tanımlanamayan parça	TP4	Turkish pine/Kızılçam

Sample no / Örnek no	Sample type / Örnek türü	Sample code / Örnek kodu	Identification (Genus/species) / Teşhis sonucu (Cins/tür)
368	Unidentified piece/Tanımlanamayan parça	TP5	Turkish pine/Kızılçam
369	Unidentified piece/Tanımlanamayan parça	TP6	Mediterranean cypress/Akdeniz servisi
370	Unidentified piece/Tanımlanamayan parça	TP7	Turkish pine/Kızılçam
371	Mast step/Yelken yatağı	Support of mast step / YY Desteği	Elm tree/Karaağaç
372	Mast step/Yelken yatağı	Mast step/Yelken yatağı	Turkish pine/Kızılçam
373	Mast step/Yelken yatağı	Support under mast step/Yelken yatağı altındaki Destek (Bow/Baş)	Oak/Meşe, Herdemyeşil Oak/Meşe
374	Mast step/Yelken yatağı	Support under mast step/Yelken yatağı altındaki Destek (İ)	Mediterranean cypress/Akdeniz servisi
375	Mast step/Yelken yatağı	Support under mast step/Yelken yatağı altındaki Destek (Aft/Kıç)	Oak/Meşe
376	Mast step/Yelken yatağı	Support under mast step/Yelken yatağı altındaki Destek (Middle/Orta)	Oak/Meşe
377	Mast step/Yelken yatağı	Support under mast step/Yelken yatağı altındaki Destek (S)	Mediterranean cypress/Akdeniz servisi
378	Frame from unknown position/Yeri belli olmayan eğri	YBO E17 (between E17-S1–S-E18/ E17-S1 ile S-E18 iskele ucu arasında)	Elm tree/Karaağaç
379	Frame from unknown position/Yeri belli olmayan eğri	YBO E1	Elm tree/Karaağaç
380	Frame from unknown position/Yeri belli olmayan eğri	YBO E12	Elm tree/Karaağaç
381	Frame from unknown position/Yeri belli olmayan eğri	YBO E13	Elm tree/Karaağaç
382	Frame from unknown position/Yeri belli olmayan eğri	YBO E14	Elm tree/Karaağaç
383	Frame from unknown position/Yeri belli olmayan eğri	YBO E15	Oak/Meşe sp_Kırmızı Oak/Meşe
384	Frame from unknown position/Yeri belli olmayan eğri	YBO E16	Walnut/Ceviz
385	Frame from unknown position/Yeri belli olmayan eğri	YBO E18	Elm tree/Karaağaç
386	Frame from unknown position/Yeri belli olmayan eğri	YBO E19	Elm tree/Karaağaç
387	Frame from unknown position/Yeri belli olmayan eğri	YBO E2	Oak/Meşe sp_Kırmızı Oak/Meşe
388	Frame from unknown position/Yeri belli olmayan eğri	YBO E20	Red oak/Kırmızı meşe
389	Frame from unknown position/Yeri belli olmayan eğri	YBO E21	Elm tree/Karaağaç
390	Frame from unknown position/Yeri belli olmayan eğri	YBO E22	Elm tree/Karaağaç
391	Frame from unknown position/Yeri belli olmayan eğri	YBO E23	Turkish pine/Kızılçam
392	Frame from unknown position/Yeri belli olmayan eğri	YBO E3	Elm tree/Karaağaç
393	Frame from unknown position/Yeri belli olmayan eğri	YBO E6	Red oak/Kırmızı meşe
394	Frame from unknown position/Yeri belli olmayan eğri	YBO E7	Red oak/Kırmızı meşe
395	Frame from unknown position/Yeri belli olmayan eğri	YBO E10	Elm tree/Karaağaç
396	Frame from unknown position/Yeri belli olmayan eğri	YBO E11	Turkish pine/Kızılçam
397	Frame from unknown position/Yeri belli olmayan eğri	YBO E5	Elm tree/Karaağaç
398	Frame from unknown position/Yeri belli olmayan eğri	YBO E8	Elm tree/Karaağaç
399	Frame from unknown position/Yeri belli olmayan eğri	YBO E9	Elm tree/Karaağaç
400	Ceiling from unknown position/Yeri belli olmayan farş	YBO F1	Turkish pine/Kızılçam
401	Ceiling from unknown position/Yeri belli olmayan farş	YBO F11	Turkish pine/Kızılçam
402	Ceiling from unknown position/Yeri belli olmayan farş	YBO F13	Turkish pine/Kızılçam
403	Ceiling from unknown position/Yeri belli olmayan farş	YBO F14	Turkish pine/Kızılçam
404	Ceiling from unknown position/Yeri belli olmayan farş	YBO F15	Mediterranean cypress/Akdeniz servisi
405	Ceiling from unknown position/Yeri belli olmayan farş	YBO F16	Mediterranean cypress/Akdeniz servisi
406	Ceiling from unknown position/Yeri belli olmayan farş	YBO F17	Taurus cedar/Toros sediri
407	Ceiling from unknown position/Yeri belli olmayan farş	YBO F18	Turkish pine/Kızılçam
408	Ceiling from unknown position/Yeri belli olmayan farş	YBO F19	Turkish pine/Kızılçam
409	Ceiling from unknown position/Yeri belli olmayan farş	YBO F2	Taurus cedar/Toros sediri
410	Ceiling from unknown position/Yeri belli olmayan farş	YBO F20	Turkish pine/Kızılçam
411	Ceiling from unknown position/Yeri belli olmayan farş	YBO F3	Taurus cedar/Toros sediri
412	Ceiling from unknown position/Yeri belli olmayan farş	YBO F4	Walnut/Ceviz
413	Ceiling from unknown position/Yeri belli olmayan farş	YBO F5	Turkish pine/Kızılçam
414	Ceiling from unknown position/Yeri belli olmayan farş	YBO F54	Turkish pine/Kızılçam
415	Ceiling from unknown position/Yeri belli olmayan farş	YBO F55	Turkish pine/Kızılçam
416	Ceiling from unknown position/Yeri belli olmayan farş	YBO F57	Turkish pine/Kızılçam
417	Ceiling from unknown position/Yeri belli olmayan farş	YBO F58	Turkish pine/Kızılçam
418	Ceiling from unknown position/Yeri belli olmayan farş	YBO F59	Turkish pine/Kızılçam

Sample no / Örnek no	Sample type / Örnek türü	Sample code / Örnek kodu	Identification (Genus/species) / Teşhis sonucu (Cins/tür)
419	Ceiling from unknown position/Yeri belli olmayan farş	YBO F6	Turkish pine/Kızılçam
420	Ceiling from unknown position/Yeri belli olmayan farş	YBO F60	Turkish pine/Kızılçam
421	Ceiling from unknown position/Yeri belli olmayan farş	YBO F61	Turkish pine/Kızılçam
422	Ceiling from unknown position/Yeri belli olmayan farş	YBO F62	Turkish pine/Kızılçam
423	Ceiling from unknown position/Yeri belli olmayan farş	YBO F63	Turkish pine/Kızılçam
424	Ceiling from unknown position/Yeri belli olmayan farş	YBO F64	Turkish pine/Kızılçam
425	Ceiling from unknown position/Yeri belli olmayan farş	YBO F65	Turkish pine/Kızılçam
426	Ceiling from unknown position/Yeri belli olmayan farş	YBO F66	Beech/Kayın
427	Ceiling from unknown position/Yeri belli olmayan farş	YBO F67	Chestnut/Kestane
428	Ceiling from unknown position/Yeri belli olmayan farş	YBO F69	Turkish pine/Kızılçam
429	Ceiling from unknown position/Yeri belli olmayan farş	YBO F7	Turkish pine/Kızılçam
430	Ceiling from unknown position/Yeri belli olmayan farş	YBO F70	Turkish pine/Kızılçam
431	Ceiling from unknown position/Yeri belli olmayan farş	YBO F71	Mediterranean cypress/Akdeniz servisi
432	Ceiling from unknown position/Yeri belli olmayan farş	YBO F72	Taurus cedar/Toros sediri
433	Ceiling from unknown position/Yeri belli olmayan farş	YBO F74	Turkish pine/Kızılçam
434	Ceiling from unknown position/Yeri belli olmayan farş	YBO F75	Beech/Kayın
435	Ceiling from unknown position/Yeri belli olmayan farş	YBO F8	Elm tree/Karaağaç
436	Ceiling from unknown position/Yeri belli olmayan farş	YBO F80	Mediterranean cypress/Akdeniz servisi
437	Ceiling from unknown position/Yeri belli olmayan farş	YBO F83	Turkish pine/Kızılçam
438	Ceiling from unknown position/Yeri belli olmayan farş	YBO F85	Turkish pine/Kızılçam
439	Ceiling from unknown position/Yeri belli olmayan farş	YBO F85	Turkish pine/Kızılçam
440	Ceiling from unknown position/Yeri belli olmayan farş	YBO F88	Turkish pine/Kızılçam
441	Ceiling from unknown position/Yeri belli olmayan farş	YBO F89	Turkish pine/Kızılçam
442	Ceiling from unknown position/Yeri belli olmayan farş	YBO F12	Turkish pine/Kızılçam
443	Ceiling from unknown position/Yeri belli olmayan farş	YBO F41	Red oak/Kırmızı meşe
444	Ceiling from unknown position/Yeri belli olmayan farş	YBO F68	Turkish pine/Kızılçam
445	Ceiling from unknown position/Yeri belli olmayan farş	YBO F73	Walnut/Ceviz
446	Ceiling from unknown position/Yeri belli olmayan farş	YBO F76	Elm tree/Karaağaç
447	Ceiling from unknown position/Yeri belli olmayan farş	YBO F77	Walnut/Ceviz
448	Ceiling from unknown position/Yeri belli olmayan farş	YBO F78	Turkish pine/Kızılçam
449	Ceiling from unknown position/Yeri belli olmayan farş	YBO F79	Turkish pine/Kızılçam
450	Ceiling from unknown position/Yeri belli olmayan farş	YBO F81	Turkish pine/Kızılçam
451	Ceiling from unknown position/Yeri belli olmayan farş	YBO F82	Turkish pine/Kızılçam
452	Ceiling from unknown position/Yeri belli olmayan farş	YBO F84	Turkish pine/Kızılçam
453	Ceiling from unknown position/Yeri belli olmayan farş	YBO F86	Mediterranean cypress/Akdeniz servisi
454	Ceiling from unknown position/Yeri belli olmayan farş	YBO F87	Turkish pine/Kızılçam
455	Ceiling from unknown position/Yeri belli olmayan farş	YBO F9 / YBO F10 are the same piece/ aynı parça	Turkish pine/Kızılçam
456	Ceiling from unknown position/Yeri belli olmayan farş	YBO F90	Mediterranean cypress/Akdeniz servisi
457	Ceiling from unknown position/Yeri belli olmayan farş	YBO F91	Beech/Kayın
458	Ceiling from unknown position/Yeri belli olmayan farş	YBO F92	Turkish pine/Kızılçam
459	Ceiling from unknown position/Yeri belli olmayan farş	YBO F93	Mediterranean cypress/Akdeniz servisi
460	Ceiling from unknown position/Yeri belli olmayan farş	YBO F94	Beech/Kayın
461	Ceiling from unknown position/Yeri belli olmayan farş	YBO F95	Turkish pine/Kızılçam
462	Ceiling from unknown position/Yeri belli olmayan farş	YBO F96	Mediterranean cypress/Akdeniz servisi
463	Ceiling from unknown position/Yeri belli olmayan farş	YBO F97	Black pine/Karaçam
464	Ceiling from unknown position/Yeri belli olmayan farş	YBO F98	Mediterranean cypress/Akdeniz servisi
465	Ceiling from unknown position/Yeri belli olmayan farş	YBO F99	Taurus cedar/Toros sediri
466	Ceiling from unknown position/Yeri belli olmayan farş	YBO F35	Mediterranean cypress/Akdeniz servisi
467	Ceiling from unknown position/Yeri belli olmayan farş	YBO F53	Turkish pine/Kızılçam
468	Ceiling from unknown position/Yeri belli olmayan farş	YBO F56	Turkish pine/Kızılçam
469	Ceiling from unknown position/Yeri belli olmayan farş	YBO F21	Mediterranean cypress/Akdeniz servisi
470	Ceiling from unknown position/Yeri belli olmayan farş	YBO F22	Turkish pine/Kızılçam
471	Ceiling from unknown position/Yeri belli olmayan farş	YBO F23	Turkish pine/Kızılçam
472	Ceiling from unknown position/Yeri belli olmayan farş	YBO F24	Taurus cedar/Toros sediri
473	Ceiling from unknown position/Yeri belli olmayan farş	YBO F25	Turkish pine/Kızılçam

Sample no / Örnek no	Sample type / Örnek türü	Sample code / Örnek kodu	Identification (Genus/species) / Teşhis sonucu (Cins/tür)
474	Ceiling from unknown position/Yeri belli olmayan farş	YBO F26	Turkish pine/Kızılçam
475	Ceiling from unknown position/Yeri belli olmayan farş	YBO F27	Beech/Kayın
476	Ceiling from unknown position/Yeri belli olmayan farş	YBO F28	Turkish pine/Kızılçam
477	Ceiling from unknown position/Yeri belli olmayan farş	YBO F29	Beech/Kayın
478	Ceiling from unknown position/Yeri belli olmayan farş	YBO F30	Taurus cedar/Toros sediri
479	Ceiling from unknown position/Yeri belli olmayan farş	YBO F31	Turkish pine/Kızılçam
480	Ceiling from unknown position/Yeri belli olmayan farş	YBO F32	Mediterranean cypress/Akdeniz servisi
481	Ceiling from unknown position/Yeri belli olmayan farş	YBO F33	Turkish pine/Kızılçam
482	Ceiling from unknown position/Yeri belli olmayan farş	YBO F34	Beech/Kayın
483	Ceiling from unknown position/Yeri belli olmayan farş	YBO F36	Mediterranean cypress/Akdeniz servisi
484	Ceiling from unknown position/Yeri belli olmayan farş	YBO F37/1	Turkish pine/Kızılçam
485	Ceiling from unknown position/Yeri belli olmayan farş	YBO F37/3	Turkish pine/Kızılçam
486	Ceiling from unknown position/Yeri belli olmayan farş	YBO F38	Mediterranean cypress/Akdeniz servisi
487	Ceiling from unknown position/Yeri belli olmayan farş	YBO F39	Turkish pine/Kızılçam
488	Ceiling from unknown position/Yeri belli olmayan farş	YBO F40	Turkish pine/Kızılçam
489	Ceiling from unknown position/Yeri belli olmayan farş	YBO F42	Turkish pine/Kızılçam
490	Ceiling from unknown position/Yeri belli olmayan farş	YBO F43	Turkish pine/Kızılçam
491	Ceiling from unknown position/Yeri belli olmayan farş	YBO F44	Turkish pine/Kızılçam
492	Ceiling from unknown position/Yeri belli olmayan farş	YBO F45	Mediterranean cypress/Akdeniz servisi
493	Ceiling from unknown position/Yeri belli olmayan farş	YBO F46	Turkish pine/Kızılçam
494	Ceiling from unknown position/Yeri belli olmayan farş	YBO F47	Walnut/Ceviz
495	Ceiling from unknown position/Yeri belli olmayan farş	YBO F48	Turkish pine/Kızılçam
496	Ceiling from unknown position/Yeri belli olmayan farş	YBO F49	Taurus cedar/Toros sediri
497	Ceiling from unknown position/Yeri belli olmayan farş	YBO F50	Mediterranean cypress/Akdeniz servisi
498	Ceiling from unknown position/Yeri belli olmayan farş	YBO F51	Turkish pine/Kızılçam
499	Ceiling from unknown position/Yeri belli olmayan farş	YBO F52	Turkish pine/Kızılçam
500	Stringer of unknown position/Yeri bilinmeyen iç kuşak	YBO İçK	Turkish pine/Kızılçam
501	Planking from unknown position/Yeri belli olmayan kaplama	E15-S(K)3 Altı YBO K19	Turkish pine/Kızılçam
502	Planking from unknown position/Yeri belli olmayan kaplama	E15-S(K)3 Altı YBO K20	Turkish pine/Kızılçam
503	Planking from unknown position/Yeri belli olmayan kaplama	YBO K14	Turkish pine/Kızılçam
504	Planking from unknown position/Yeri belli olmayan kaplama	YBO K2	Turkish pine/Kızılçam
505	Planking from unknown position/Yeri belli olmayan kaplama	YBO K24	Mediterranean cypress/Akdeniz servisi
506	Planking from unknown position/Yeri belli olmayan kaplama	YBO K25	Mediterranean cypress/Akdeniz servisi
507	Planking from unknown position/Yeri belli olmayan kaplama	YBO K26	Beech/Kayın
508	Planking from unknown position/Yeri belli olmayan kaplama	YBO K28	Turkish pine/Kızılçam
509	Planking from unknown position/Yeri belli olmayan kaplama	YBO K30	Turkish pine/Kızılçam
510	Planking from unknown position/Yeri belli olmayan kaplama	YBO K31	Black pine/Karaçam
511	Planking from unknown position/Yeri belli olmayan kaplama	YBO K32	Mediterranean cypress/Akdeniz servisi
512	Planking from unknown position/Yeri belli olmayan kaplama	YBO K33	Mediterranean cypress/Akdeniz servisi
513	Planking from unknown position/Yeri belli olmayan kaplama	YBO K35	Turkish pine/Kızılçam
514	Planking from unknown position/Yeri belli olmayan kaplama	YBO K18	Taurus cedar/Toros sediri
515	Planking from unknown position/Yeri belli olmayan kaplama	YBO K23	Turkish pine/Kızılçam
516	Planking from unknown position/Yeri belli olmayan kaplama	YBO K13-1	Turkish pine/Kızılçam
517	Planking from unknown position/Yeri belli olmayan kaplama	YBO K1	Taurus cedar/Toros sediri
518	Planking from unknown position/Yeri belli olmayan kaplama	YBO K10	Beech/Kayın
519	Planking from unknown position/Yeri belli olmayan kaplama	YBO K11	Mediterranean cypress/Akdeniz servisi
520	Planking from unknown position/Yeri belli olmayan kaplama	YBO K12	Mediterranean cypress/Akdeniz servisi
521	Planking from unknown position/Yeri belli olmayan kaplama	YBO K3	Mediterranean cypress/Akdeniz servisi
522	Planking from unknown position/Yeri belli olmayan kaplama	YBO K4	Mediterranean cypress/Akdeniz servisi
523	Planking from unknown position/Yeri belli olmayan kaplama	YBO K5	Mediterranean cypress/Akdeniz servisi
524	Planking from unknown position/Yeri belli olmayan kaplama	YBO K6	Turkish pine/Kızılçam
525	Planking from unknown position/Yeri belli olmayan kaplama	YBO K7	Mediterranean cypress/Akdeniz servisi
526	Planking from unknown position/Yeri belli olmayan kaplama	YBO K8	Turkish pine/Kızılçam
527	Planking from unknown position/Yeri belli olmayan kaplama	YBO K9	Stone pine/Fıstıkçamı
528	Wood/Odun 1		Turkish pine/Kızılçam

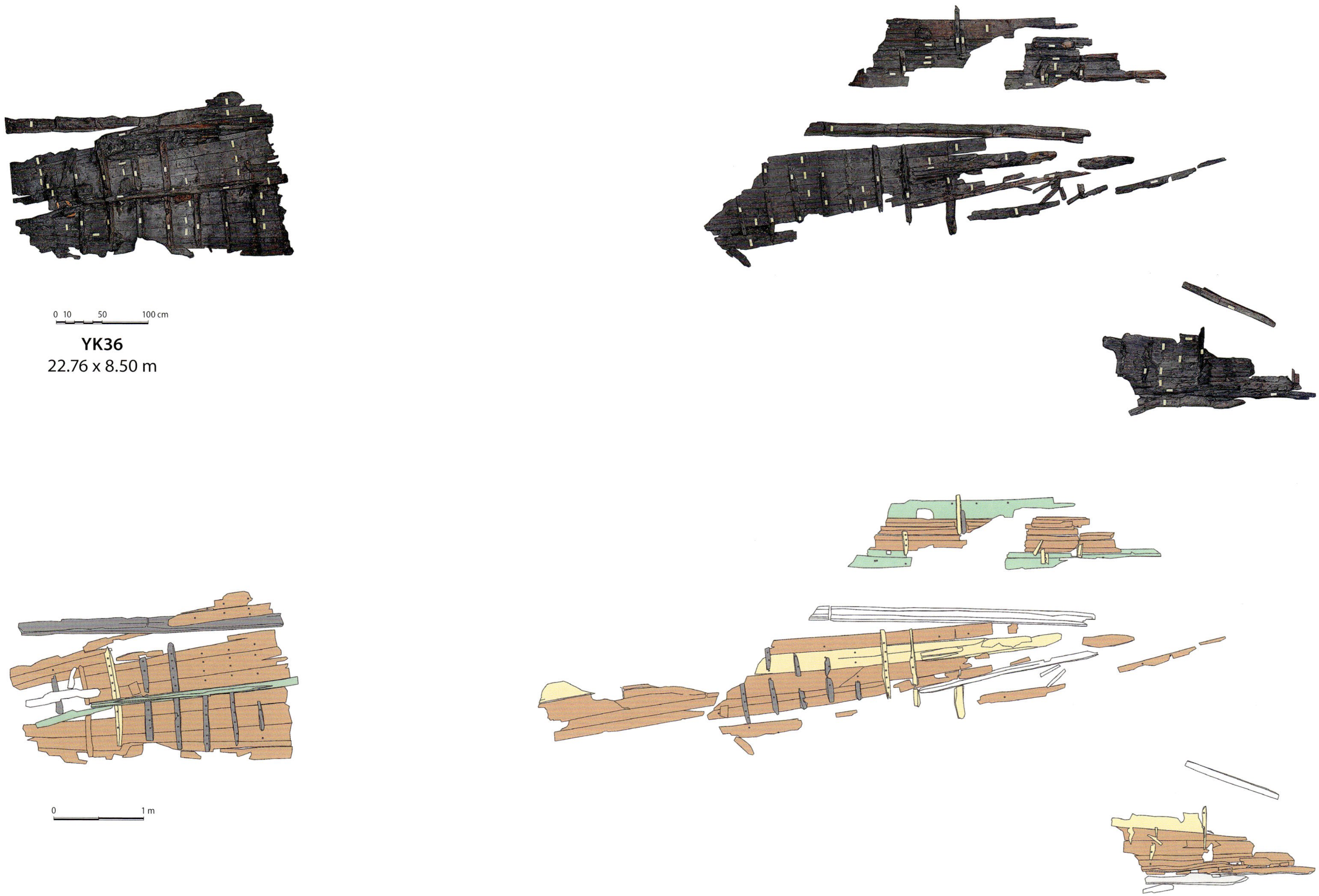

Fig. / Res. 3.49
Wreck YK36. Coloured (lower) and wood form (upper)
YK36 No.lu Gemi. Renklendirilmiş (alt) ve ahşap formu (üst)

27. Yenikapı 36 (YK36)

Ship type : Galley
Date : Probably tenth-eleventh centuries

Seventy-six samples taken belonged to seven genera/species (Figs. 3.49 and 3.50; Table 3.28). Its planking was made of black pine, chestnut and oak; frames of plane. The keel was also made of plane wood.

27. Yenikapı 36 (YK36)

Geminin Türü : Kadırga
Dönemi : 10.-11. yüzyıl olabilir

Gemide 7 farklı cins/türe ait toplam 76 örneğin teşhisi yapılmıştır (Res. 3.49 ve 3.50; Tablo 3.28). Gemide kaplamada karaçam, kestane ve meşe, eğri yapımında da çınar ağacı ana materyaldir. Omurga da çınar ağacından yapılmıştır.

Table / Tablo 3.28

Genera/species used in YK36 / *YK36 No.lu Gemide Kullanılan Cins/Türler*

Sample no / Örnek no	Sample type / Örnek türü	Sample code / Örnek kodu	Identification (Genus/species) / Teşhis sonucu (Cins/tür)
1	Frame/Eğri	E01	White oak/Akmeşe
2	Frame/Eğri	E02	White oak/Akmeşe
3	Frame/Eğri	E2	Black pine/Karaçam
4	Frame/Eğri	E3	White oak/Akmeşe
5	Frame/Eğri	E3-İ1	Eastern plane/Doğu çınarı
6	Frame/Eğri	E4	White oak/Akmeşe
7	Frame/Eğri	E5	White oak/Akmeşe
8	Frame/Eğri	E6	Eastern plane/Doğu çınarı
9	Frame/Eğri	E7	Eastern plane/Doğu çınarı
10	Frame/Eğri	E8	Eastern plane/Doğu çınarı
11	Frame/Eğri	E9	Eastern plane/Doğu çınarı
12	Frame/Eğri	E10	Eastern plane/Doğu çınarı
13	Frame/Eğri	E1	Eastern plane/Doğu çınarı
14	Frame/Eğri	E11	Eastern plane/Doğu çınarı
15	Frame/Eğri	E12	Eastern plane/Doğu çınarı
16	Frame/Eğri	E13	Eastern plane/Doğu çınarı
17	Frame/Eğri	E14	Eastern plane/Doğu çınarı
18	Frame/Eğri	E15	Eastern plane/Doğu çınarı
19	Frame/Eğri	E16	White oak/Akmeşe
20	Frame/Eğri	E17	Chestnut/Kestane
21	Frame/Eğri	E18	Eastern plane/Doğu çınarı
22	Stringer/İç kuşak	İçK2	Black pine/Karaçam
23	Portside planking/İskele kaplama	İK1	Black pine/Karaçam
24	Portside planking/İskele kaplama	İK2	Chestnut/Kestane
25	Portside planking/İskele kaplama	İK3	Black pine/Karaçam
26	Keel/Omurga	Om2	Eastern plane/Doğu çınarı
27	Starboard planking/Sancak kaplama	SK1	Chestnut/Kestane
28	Starboard planking/Sancak kaplama	SK2	White oak/Akmeşe
29	Starboard planking/Sancak kaplama	between SK3-SK4(1) / SK3-SK4 arasında(1)	Oak/Meşe
30	Starboard planking/Sancak kaplama	between SK3-SK4(2) / SK3-SK4 arasında(2)	Chestnut/Kestane
31	Starboard planking/Sancak kaplama	SK3-1	Chestnut/Kestane
32	Starboard planking/Sancak kaplama	SK3-2	Chestnut/Kestane
33	Starboard planking/Sancak kaplama	SK4	Chestnut/Kestane

Fig. / Res. 3.50
Wreck YK36
YK36 No.lu Gemi

Sample no / Örnek no	Sample type / Örnek türü	Sample code / Örnek kodu	Identification (Genus/species) / Teşhis sonucu (Cins/tür)
34	Starboard planking/Sancak kaplama	Bow/Baş SK4-1	Chestnut/Kestane
35	Starboard planking/Sancak kaplama	Bow/Baş SK5	Chestnut/Kestane
36	Starboard planking/Sancak kaplama	Bow/Baş SK6	White oak/Akmeşe
37	Starboard planking/Sancak kaplama	Bow/Baş SK7	White oak/Akmeşe
38	Starboard planking/Sancak kaplama	Bow/Baş SK8	Chestnut/Kestane
39	Starboard planking/Sancak kaplama	Bow/Baş SK9	Chestnut/Kestane
40	Starboard planking/Sancak kaplama	Bow/Baş SK10	Chestnut/Kestane
41	Starboard planking/Sancak kaplama	Aft/Kıç SK1	Chestnut/Kestane
42	Starboard planking/Sancak kaplama	Aft/Kıç SK2	Chestnut/Kestane
43	Starboard planking/Sancak kaplama	Aft/Kıç SK3	Chestnut/Kestane
44	Starboard planking/Sancak kaplama	Aft/Kıç SK4	Chestnut/Kestane
45	Starboard planking/Sancak kaplama	Aft/Kıç SK5	Chestnut/Kestane
46	Starboard planking/Sancak kaplama	Aft/Kıç SK6	Chestnut/Kestane
47	Starboard planking/Sancak kaplama	Aft/Kıç SK7	Chestnut/Kestane
48	Starboard planking/Sancak kaplama	Aft/Kıç SK8	Chestnut/Kestane
49	Starboard planking/Sancak kaplama	Aft/Kıç SK9	Chestnut/Kestane
50	Unidentified piece/Tanımlanamayan parça	TP1	Black pine/Karaçam
51	Unidentified piece/Tanımlanamayan parça	TP2	Black pine/Karaçam
52	Unidentified piece/Tanımlanamayan parça	TP3	Black pine/Karaçam
53	Unidentified piece/Tanımlanamayan parça	TP6	Chestnut/Kestane
54	Unidentified piece/Tanımlanamayan parça	TP7	Black pine/Karaçam
55	Unidentified piece/Tanımlanamayan parça	TP8	Black pine/Karaçam
56	Unidentified piece/Tanımlanamayan parça	TP9	Chestnut/Kestane
57	Unidentified piece/Tanımlanamayan parça	TP10	White oak/Akmeşe
58	Unidentified piece/Tanımlanamayan parça	TP10	Chestnut/Kestane
59	Unidentified piece/Tanımlanamayan parça	TP11	Hornbeam/Gürgen
60	Unidentified piece/Tanımlanamayan parça	TP13 (Om?)	White oak/Akmeşe
61	Unidentified piece/Tanımlanamayan parça	TP14	White oak/Akmeşe
62	Frame from unknown position/Yeri belli olmayan eğri	YBO E6	Stone pine/Fıstıkçamı
63	Frame from unknown position/Yeri belli olmayan eğri	YBO E7	Evergreen oak/Herdemyeşil meşe
64	Frame from unknown position/Yeri belli olmayan eğri	YBO E21	White oak/Akmeşe
65	Frame from unknown position/Yeri belli olmayan eğri	YBO E23	Black pine/Karaçam
66	Ceiling from unknown position/Yeri belli olmayan farş	YBO F1	White oak/Akmeşe
67	Stringer of unknown position/Yeri bilinmeyen iç kuşak	YBO İçK	Black pine/Karaçam
68	Planking from unknown position/Yeri belli olmayan kaplama	YBO K1	Black pine/Karaçam
69	Planking from unknown position/Yeri belli olmayan kaplama	YBO K6	Stone pine/Fıstıkçamı
70	Planking from unknown position/Yeri belli olmayan kaplama	YBO K7	Chestnut/Kestane
71	Planking from unknown position/Yeri belli olmayan kaplama	YBO K8	Eastern plane/Doğu çınarı
72	Planking from unknown position/Yeri belli olmayan kaplama	YBO K10	White oak/Akmeşe
73	Planking from unknown position/Yeri belli olmayan kaplama	YBO K11	Black pine/Karaçam
74	Planking from unknown position/Yeri belli olmayan kaplama	YBO K12	Black pine/Karaçam
75	Planking from unknown position/Yeri belli olmayan kaplama	YBO K22	Black pine/Karaçam
76	Wood from unknown position/Yeri belli olmayan ahşap	YBO K6 (May be a coak/ kavela olabilir)	Myrtle/Mersin

28. Evaluation of the Woods Identified

One of the leading problems in the wood identification process is the level of identification, usually at the level of genera. It is usually not possible to determine the species, as the wood features are very similar. In the wood anatomy atlases of Schweingruber (1990) and Akkemik and Yaman (2012) it is stated that some trees, above all oak, followed by elm and ash cannot be identified at the species level.

In this project, identifications of elm, ash, and oak remained at the genera level. High number of oak species and existence of three morphological groups facilitate identification of oaks down to three groups; thus, oak woods were identified in the main groups of white, red and evergreen oaks. Liphschitz and Pulak (2008) identified the oak samples of Yenikapı I and II as *Quercus cerris* (Turkey oak) and elm samples as *Ulmus campestris* (field elm). On the other hand, one sample from Yassıada Wreck was identified as *Fagus orientalis* (oriental beech). Doğu et al (2011) identified some oaks down to species level in the pier posts of Yenikapı. Our observations and our references (Berkel and Bozkurt, 1961; Merev, 1998a and b; Schweingruber, 1990; Akkemik and Yaman, 2012) do not support identification down to species level. Therefore, it will be more plausible to revise the oak identifications given at species level.

Berkel and Bozkurt (1961) and Merev (1998) state that *Quercus pontica* (East Black Sea oak) is different from other types of oak and its wood elements are smaller in size. One of the oak identifications by Doğu *et al* (2011) was *Quercus pontica* and it needs to be revised as well because although the wood elements' sizes are smaller than other trunk wood it is close to the branch woods of other oak species, therefore it is necessary to take this point into consideration. This bush-like species is usually seen between 1500-2300 m of altitude on the East Black Sea Mountains and therefore, it is not very likely that they were used for building the piers of Yenikapı.

In the identifications of white oak, it is seen that vessel arrangement varies according to the width of the annual rings. These variations are not peculiar to the species but rather can be attested in the wider or narrower rings of the same species, or even in the same tree. Akkemik and Yaman (2012) published an image of such feature for *Quercus petraea* subsp. *pinnatiloba* (p. 179).

Three species of evergreen oaks grow naturally in Turkey. Liphschitz and Pulak (2008) named the evergreen oaks as *Quercus coccifera*. Akkemik and Yaman's atlas (2012) states that the woods of these three species have the same features; therefore, it is almost not possible to identify at the level of species. It will be plausible to revise the identification of *Quercus coccifera*, which is usually in bush form.

28. Teşhislerin Değerlendirilmesi

Odun anatomisine dayalı teşhislerde en önemli problemlerin başında, teşhislerin genellikle cins düzeyinde kalmasıdır. Aynı cinse ait türlerin odun özellikleri büyük benzerlikler içerdiğinden teşhislerde tür düzeyine inmek çoğunlukla olanaksızdır. Schweingruber (1990) ile Akkemik ve Yaman (2012), hazırladıkları odun anatomisi atlaslarında, başta meşe olmak üzere, karaağaç ve dişbudak gibi ağaçlarda örneklerin tür düzeyinde tanımlanmasının olanaklı olmadığını belirtmişlerdir.

Bu proje kapsamında karaağaç, dişbudak ve meşe ağaçlarının teşhislerinde cins düzeyinde kalınmıştır. Meşe ağaçlarında tür sayısının fazla olması ve morfolojik olarak üç gruba ayrılması, odunlarının da üç gruba kadar ayrılmasına olanak sağlamaktadır. Böylece meşe örneklerinin teşhisinde de akmeşeler, kırmızı meşeler ve herdem yeşil meşeler olarak üç grup düzeyinde teşhisler yapılmıştır. Liphschitz ve Pulak (2008) Yenikapı I ve Yenikapı II no.lu örneklerde yaptıkları teşhislerde meşe örneğini *Quercus cerris* (Türk meşesi), karaağaç örneğini *Ulmus campestris* (Ova karaağacı) olarak teşhis etmişlerdir. Diğer yandan Yassıada Batığında bir örneği *Fagus orientalis* (Doğu kayını) olarak tanımlamışlardır. Doğu ve diğ (2011) Yenikapı İskele kazıklarında yaptıkları bazı meşe teşhislerinde tür düzeyine kadar inmişlerdir. Gözlemlerimiz ve ilgili referanslar (Berkel ve Bozkurt, 1961; Merev, 1998a ve b; Schweingruber, 1990; Akkemik ve Yaman, 2012) incelendiğinde meşe teşhislerinin tür düzeyine kadar inilemeyeceği yönündedir. O nedenle tür düzeyinde yapılan meşe teşhislerinin tekrar gözden geçirilmesinde yarar vardır.

Berkel ve Bozkurt (1961) ve Merev (1998) Akmeşeler içinde *Quercus pontica*'nın (Doğu Karadeniz meşesi) diğerlerinden daha farklı olduğunu ve odun elemanlarının boyutlarının daha küçük olduğunu belirtmişlerdir. Doğu ve diğ. (2011) tarafından yapılan meşe teşhislerinden biri de *Quercus pontica*'dır. Bu teşhisin de gözden geçirilmesi gereklidir; çünkü odun elemanlarının boyutları her ne kadar diğer gövde odunlarından daha düşük olsa da diğer meşe türlerinin dal odunlarının boyutlarıyla aynı ya da çok benzer olduğundan bu ayrıntının da dikkate alınması gereklidir. Genellikle çalı formunda olan, Doğu Karadeniz Dağlarının 1500-2300 m'leri arasında yayılış gösteren bu türün Yenikapı iskelelerinde kullanılmış olması oldukça düşük bir olasılıktır.

Akmeşe teşhislerinde yıllık halka genişliğine bağlı olarak trahe dizilişleri bazı farklılıklar göstermektedir. Bu farklı dizilişler türlere özgü olmayıp aynı türün ya da aynı ağacın dar ve geniş halkalarında görülebilmektedir. Akkemik ve Yaman (2012) de *Quercus petraea* subsp. *pinnatiloba* (s.179) ağacında böyle bir özelliğe ilişkin fotoğraf verilmiştir.

Ülkemizde herdemyeşil meşelerin üç türü doğal yetişmektedir. Liphschitz ve Pulak (2008) herdem yeşil

The elm samples identified are given as *Ulmus campestris* by Liphschitz and Pulak (2008). As this species is found very widely and grows up to an altitude of 1000 m, it is more likely to have been used. And yet, comparing with the wood of other species it is almost impossible to reach the species level when the annual rings are narrow or medium width. Nevertheless, some samples with very wide rings reflect the features of this species more. As most of the samples from Yenikapı are not in very good condition, thus not allowing identification at the species level, it will be more plausible to denote them as *Ulmus* sp. In the current project, identifications have been made at the genera level.

Beech trees were usually used for the keel. Two species grow naturally in the region: *Fagus orientalis* (oriental beech) and *Fagus sylvatica* (European beech). Actually some botanists consider the oriental beech as a subspecies of the European beech (personal interview with Dr. Thomas Denk, Stockholm Museum of Natural History). The woods of these two species, which are difficult to distinguish in between morphologically, have the same features. Therefore, it will be more plausible to denote the samples as *Fagus* sp. In the project, identifications were made at the genus level.

Another important genus identified from the ships is the ash tree. The ash tree is found as two different species in the region as their woods are much alike but were denoted at the genus level.

On the other hand the species *Castanea sativa* (Anatolian chestnut), *Platanus orientalis* (oriental plane), *Cupressus sempervirens* (Mediterranean cypress) and *Juglans regia* (walnut) are found only as one species in the Mediterranean basin; thus, their identification has been made at the species level.

Pine trees of the coniferous trees were widely preferred especially in the earlier period. Most of them can be identified at the species level. The Turkish pine, stone pine and black pine, which are widely seen in the region, have been identified at the species level. These identifications have been made similarly both by Liphschitz and Pulak (2008) and as well as in the project.

meşeleri *Quercus coccifera* olarak tanımlamışlardır. Akkemik ve Yaman (2012) tarafından hazırlanan odun anatomisi atlasında her üç türün odunlarının da aynı özellikleri yansıttığı belirtilmiş ve tür düzeyinde teşhisinin hemen hemen olanaksız olduğuna işaret edilmiştir. Genellike çalı formunda olan *Quercus coccifera* teşhisinin de tekrar kontrol edilmesinde yarar vardır.

Karaağaç örnekleri *Ulmus campestris* olarak tanımlanmıştır. Bu tür çok yaygın olduğundan ve özellikle deniz seviyesinden 1000 m'lere kadarlık bir yükselti kuşağında yetiştiğinden kullanılma olasılığı çok yüksektir. Bununla beraber diğer türlerin odunlarıyla karşılaştırıldığında yıllık halkaların dar ya da orta genişlikte olduğu örneklerde tür düzeyine inmek olanaksızdır. Ancak bazı çok geniş yıllık halkalar içeren örnekler daha çok bu türün özelliklerini yansıtmaktadır. Yenikapı örneklerinin genellikle iyi durumda olmaması ve çoğunluğunun tür düzeyinde teşhisi olanaklı kılmaması nedeniyle, "*Ulmus* sp." olarak teşhis edilmesi daha doğru olacaktır. Proje kapsamında teşhisler cins düzeyinde yapılmıştır.

Kayın ağaçları genellikle omurga örneği olarak kullanılmıştır. Bölgede biri *Fagus orientalis* (Doğu kayını), diğeri de *Fagus sylvatica* (Avrupa kayını) olmak üzere iki tür doğal yetişmektedir. Hatta bazı botanistlere göre doğu kayını Avrupa kayınının bir alt türüdür (Kişisel görüşme: Dr. Thomas Denk, Stocholm Doğa Tarihi Müzesi). Morfolojik olarak da ayrılması hemen hemen çok zor olan bu iki türün odunları tümüyle aynı özellikleri göstermektedir. O nedenle bu teşhisin de "*Fagus* sp." olarak yapılması doğru olacaktır. Proje kapsamında teşhisler cins düzeyinde yapılmıştır.

Gemilerde teşhis edilen bir diğer önemli cins de dişbudaklardır. Bölgede iki yaygın türle temsil edilen dişbudakların da odunları benzer olduğu için cins düzeyinde teşhis edilebilmiştir.

Diğer yandan *Castanea sativa* (Anadolu kestanesi), *Platanus orientalis* (Doğu çınarı), *Cupressus sempervirens* (Akdeniz servisi) ve *Juglans regia* (Ceviz) adlı türler, Akdeniz havzasında tek türle temsil edildiğinden bunların teşhis sonuçları tür düzeyinde verilmiştir.

İğne yapraklı ağaçlardan çamlar da gemilerde, özellikle erken dönemde en çok tercih edilen ağaçlardandır. Bunların birçoğu tür düzeyinde teşhis edilebilmektedir. Özellikle bölgede çok yaygın olan kızılçam, fıstıkçamı ve karaçam tür düzeyinde teşhis edilmişlerdir. Bu teşhisler hem Liphschitz ve Pulak (2008) hem de bu proje kapsamında benzer şekilde yapılmıştır.

IV

The Features of the Wood Genera Used in the Ships

Gemilerde Kullanılan Ahşapların Özellikleri

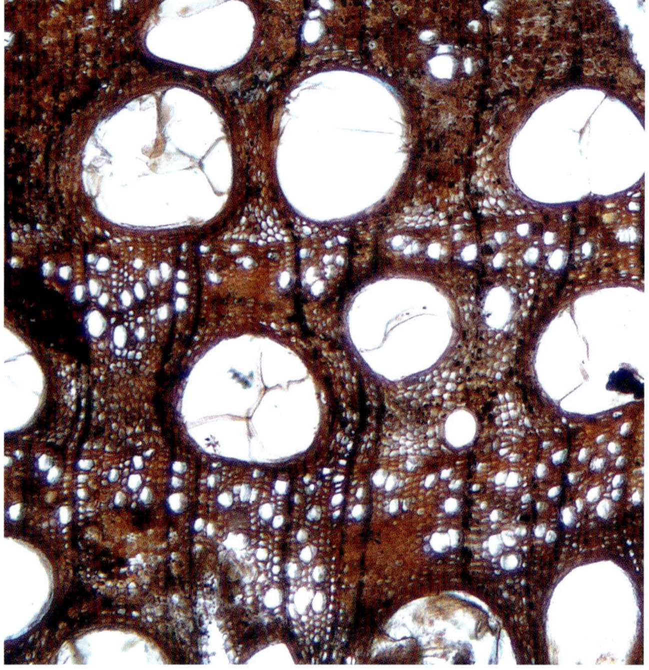

One of the most important factors affecting the use of wood is the genus/species of the wood and the anatomic features of that genus/species. Dimensions, diameters, arrangements, wall structures of the wood elements have direct effect on their features and areas of use. This chapter presents the general regions they are found in and the anatomic features of their wood.

The trees are broadly categorised into two as conifers (gymnosperms) and broad-leaved trees (angiosperms). These groups differ from each other greatly with respect to external morphological structure and internal wood structure; therefore, anatomic features and areas of use of the woods used in the ships uncovered at Yenikapı are given under headings of Conifers and Broad-Leaved Trees.

1. Conifers (Gymnosperms)

The following species from this group were identified at Yenikapı wrecks:

- *Abies* (Fir)
- *Cedrus* (Cedar)
- *Cupressus sempervirens* (Mediterranean cypress)
- *Pinus* (Pine)
    - Stone pine
    - Black pine
    - Turkish pine

Pine and cedar woods were preferred as the main materials, but existing firs are thought to have been used for repair. The general distribution and wood features of these trees are given below in alphabetical order based on Latin names.

1.1. *Abies* L. (Fir)

Firs are found as two species in Turkey: One is the *Abies nordmanniana* Mattf. naturally growing in the Black Sea Mountains (Fig. 4.1) and the other is the *Abies cilicica* Carr. forming great forests in the Taurus Mountains of the Mediterranean coastline. Firs are first-class forest trees reaching height up to 50 m.

Usually the species of this genus are morphologically very much alike, thus their identification is difficult. The same is valid also for their woods; thus, the species cannot be identified based on the anatomic features of their woods. Therefore, identifications remain at the genus level.

Anatomic features of its wood: The tree-ring borders are clear and no natural resin ducts are found. Traumatic resin ducts form due to laceration. Rays are uniseriate and homogeneous. Radial walls of rays have numerous pits. Tangential walls are prominently nodular. No ray tracheids are seen. Cross-field pits are usually cupressoid, generally taxodioid type (Fig. 4.2).

Ahşap kullanımını etkileyen en önemli faktörlerden biri, ahşabın cinsi-türü ve o cins/türe ait anatomik özelliklerdir. Odun dokularını oluşturan elemanların boyları, çapları, dizilişleri, çeper yapıları onların özelliklerini ve kullanım yerlerini doğrudan etkilemektedir. Bu bölümde gemilerde kullanılmış olan ahşapların genel olarak bulundukları bölgeler ile odunlarının anatomik özellikleri verilmiştir.

Ağaçlar iğne yapraklılar (açık tohumlular) ve geniş yapraklılar (kapalı tohumlular) olmak üzere iki büyük grupta toplanmaktadır. Bu grupların hem dış morfolojik yapıları hem de odunlarının iç yapıları büyük farklılıklar göstermektedir. O nedenle gemilerde kullanılan ağaçların anatomik özellikleri ve kullanım alanları "İğne Yapraklılar" ve "Geniş Yapraklılar" olmak üzere iki ayrı grupta incelenmiştir.

1. İğne Yapraklı Ağaçlar (Gymnospermler)

Bu gruba giren ağaçlardan gemilerde

- *Abies* (Göknar)
- *Cedrus* (Sedir)
- *Cupressus sempervirens* (Akdeniz servisi)
- *Pinus* (Çam)
    - Fıstıkçamı
    - Karaçam
    - Kızılçam

türleri kullanılmıştır. Çam türleri ve sedir gemilerde ana ağaçlar olarak tercih edilirken göknarların onarım örnekleri olduğu düşünülmektedir. Bu ağaçların genel yayılışları ve odunlarının özellikleri ve kulanım yerleri aşağıda Latince adlara dayanarak alfabetik sıraya göre ayrı ayrı verilmiştir.

1.1. *Abies* L. (Göknar)

Göknarlar, Türkiye'de biri Karadeniz Dağları boyunca doğal yetişen (*Abies nordmanniana* Mattf. (Res. 4.1) diğeri de Akdeniz Toros Dağlarında büyük ormanlar kuran (*Abies cilicica* Carr.) iki türle temsil edilen önemli bir cinstir. Göknarlar 50 m'ye kadar boy yapabilen birinci sınıf orman ağaçlarıdır.

Bu cinsin türlerinin morfolojik özellikleri çoğunlukla birbirine çok yakın olduğundan teşhislerinde güçlükler çekilmektedir. Benzer durum odunları için de söz konusu olup cinse ait türleri odun anatomisi özelliklerine dayanarak teşhis etmek mümkün olamamaktadır. O nedenle teşhisler cins düzeyinde kalmaktadır.

Göknar Odunlarının Anatomik Özellikleri: Göknar odunlarında yıllık halka sınırı belirgin ve doğal reçine kanalı bulunmaz. Yaralanmalar sonucu traumatik reçine kanalları oluşur. Öz ışınları tek sıralı ve homojendir. Öz ışınlarının radyal çeperlerinde çok sayıda geçit bulunmaktadır. Teğet çeperleri ise belirgin

Fig. / Res. 4.1
General look of Uludağ fir / *Uludağ göknarının genel görünüşü*

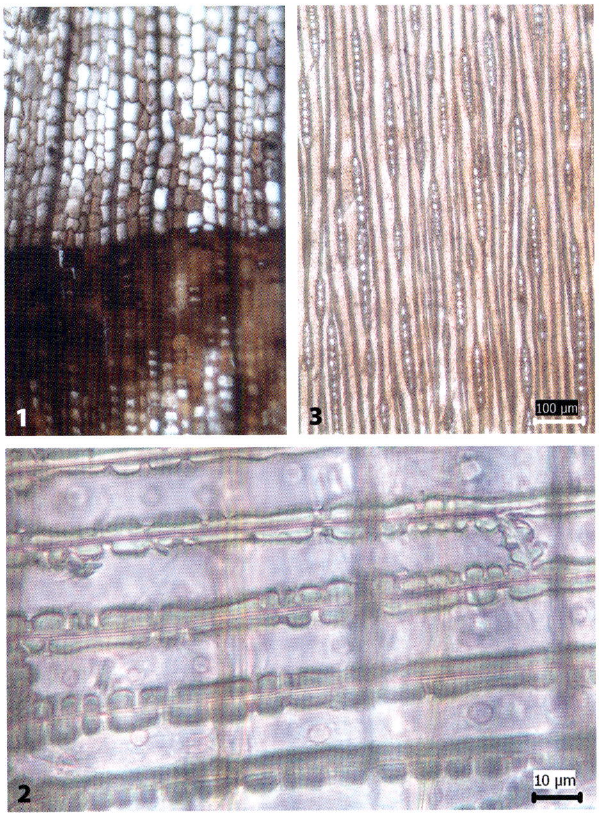

Fig. / Res. 4.2

Anatomic sections of fir wood: 1. Transversal; 2. Radial; 3. Tangential

Göknar odununun anatomik kesitleri:
1. Enine kesit;
2. Radyal kesit;
3. Teğet kesit

Areas of use: Fir wood is not durable in damp conditions. It is used in the building interior constructions, as base for veneer in intermediary pieces of furniture, clapboard, musical instruments, for producing packaging boxes, and for the paper and cellulose industry (Bozkurt, 1971; Bozkurt, 1992; Bozkurt and Erdin, 2000). It is encountered in the interior members of Yenikapı wrecks, and most probably as repair pieces.

1.2. *Cedrus* Trew. (Cedar)

This important genus is represented with three species around the Mediterranean. The cedar naturally growing in the Taurus Mountains is *Cedrus libani* A. Rich.; in Cyprus it is Cypriot cedar *Cedrus brevifolia*; and in the south side of the Mediterranean basin, i.e. in Morocco, Tunisia, and Libya, is the *Cedrus atlantica*, or the Atlas cedar. Cedars reach a height of 30-40 m and their wood is very valuable and durable. Naturally growing in the Taurus Mountains cedar has very smooth trunks (Fig. 4.3.) and has been very much in demand through the history.

Anatomic features of its wood: Tree-ring borders are clear; no natural resin ducts; traumatic resin ducts may form due to lacerations and are arranged in a row. Transition from early to late wood is gradual. Bordered pits on the radial walls of the early wood tracheids are usually uniseriate; biseriate examples are rare. The most important feature of cedar wood is that it has scalloped tori on the bordered pits. Axial parenchymae are found usually one by one on the tree ring border, sometimes a few together form tangential arrangement. Rays are

şekilde nodülerdir. Enine traheid bulunmaz ve karşılaşma yeri geçitleri cupressoid- genellikle taxodioid tiptedir (Res. 4.2).

Göknar Odunlarının Kullanım Alanları: Göknar odunları nemli şartlarda dayanıksızdır. Bina inşaatında iç kısımlarda, mobilyada ara ve iç bölmelerde kaplama levha altlığı, pedavra, müzik aletleri, ambalaj sandıkları yapımında, kağıt ve selüloz sanayiinde kullanılmaktadır (Bozkurt, 1971; Bozkurt, 1992; Bozkurt ve Erdin, 2000). Yenikapı gemilerinin iç kısımlarında,büyük olasılıkla da onarım parçaları olarak yer yer kullanılmıştır.

1.2. *Cedrus* Trew. (Sedir)

Sedirler Akdeniz çevresinde üç değişik türle temsile edilen önemli bir cinstir. Ülkemizde doğal yetişeni Toros sediri (*Cedrus libani* A. Rich.), Kıbrıs'taki *Cedrus brevifolia* L. (Kıbrıs sediri) ve Akdeniz'in güneyinde (Fas, Tunus ve Libya'da) yetişen türü ise *Cedrus atlantica*dır (Atlas sediri). Sedirler 30-40 m'ye kadar boylanabilen çok değerli ve dayanıklı odunlara sahip bir önemli bir cinstir. Toros Dağlarında doğal yetişen türümüz, oldukça düzgün gövdelere sahip olup (Res. 4.3) tarih boyunca sürekli olarak kullanılmıştır.

Sedir Odunlarının Anatomik Özellikleri: Yıllık halka sınırları belirgin, normal reçine kanalları yok ve yaralanmalar sonucu traumatik reçine kanalları oluşabilir. Traumatik reçine kanalları bir sıra halinde dizilmiştir. İlkbahar odunundan yaz odununa geçiş yavaştır. İlkbahar odunu traheidlerinin radyal çeperleri üzerindeki kenarlı geçitler tek sıralı olup, nadiren iki sıralı olanlara rastlanmaktadır. Sedir odunlarının en önemli özelliği kenarlı geçitlerindeki torusları dişlidir. Boyuna paranşimler yıllık halka sınırında tek tek, bazen birkaçı bir arada teğet sıralıdır. Öz ışınları heterojen yapıda ve tek sıralıdır. Ancak, iki sıralı öz ışınlarına da rastlanmaktadır. Reçine kanalı bulunan öz ışınları çok sıralıdır. Öz ışınlarının alt ve üst kısımlarında 1-2 sıralı ve çeperleri düzgün enine traheidler vardır. Öz ışını paranşimlerinin uç çeperleri çok geçitli ve düğümlüdür. Öz ışının uç kısmındaki paranşim hücrelerinde kalsiyum oksalat kristallerine çok rastlanmaktadır. Karşılaşma yeri geçitleri genellikle cupressoid tipte ve 3-4 adettir. Boyuna ve enine yönde traumatik reçine kanallarına sahiptir (Res. 4.4).

Sedir Odunlarının Kullanım Alanları: Sedir odunu sert ve orta ağırlıkta (D12=0.52 g/cm^3) olup, hoş aromatik kokuludur. Kolay işlenir ve yarılır. Lifleri düzgündür. Renk verme ve cilalanması güçtür. İyi yapıştırılır. Çalışması az, direnç özellikleri orta derecededir. Travers, tel direği, binalarda iç ve dış kısımlarda, kapı ve pencere doğramalarında, cephe kaplaması, gemi kerestesi, pergola, mobilya, kurşun kalem, kağıt, lif, selüloz ve yonga levha sanayiinde kullanılmaktadır (Bozkurt, 1971; Bozkurt, 1992; Bozkurt ve Erdin, 2000). Yenikapı gemilerinde; özellikle kadırgaların kaplama kısımlarında kullanılmıştır.

Fig. / Res. 4.3
General look of Taurus cedar (Photo/Foto: Ali Kaya)
Toros sedirinin genel görünüşü

uniseriate and heterogeneous; however, biseriate rays are also seen. Rays with resin ducts are multiseriate. On the bottom and top sides of rays are uni- or biseriate transversal tracheids with smooth walls. Terminal walls of ray parenchyma are multi-pitted and nodular. Parenchyma cells at the ray terminals often have calcium oxalate crystals. Cross-field pits are usually of cupressoid type and three or four in quantity. Axial and transversal traumatic resin ducts are seen (Fig. 4.4).

Areas of use: Cedar wood is hard and medium weight (D12=0.52 g/cc); it has a nice aromatic fragrance. It is easy to process but cracks easily as well. Its fibres are smooth; it is difficult to dye and polish. It adheres well with glue. Its resistance features are medium level. It is used for traverses, fencing posts, inside and outside of buildings, door and window frames, wall veneer, shipbuilding, pergola, furniture, pencils, paper, fibre and cellulose as well as flake board industries (Bozkurt, 1971; Bozkurt, 1992; Bozkurt and Erdin, 2000). Cedar wood is generally attested as the planking of the galleys in particular.

Cedar wood is one of the most important woods attested in archaeology. In historic records cedar wood is seen to have been used for building ships and temples as well as railroad traverses (Aytuğ, 1970; Hafner, 1968; Bean, 1979; Dingil, 1990; Yeşilkaya, 1992; Çolak and Rotherdam, 2006). Cedar wood was also used to build the burial chambers of the royal tumuli at Gordion (Aytuğ, 1970).

Renowned geographer Strabo (14.5.4) states that Hamaxia just to the east of Coracesium (Alanya) was a site where cedar wood was brought down for shipbuilding. Cedar trees growing in the higher zones of forests were transported down via the rivers of Dim, Alara, Köprü, and Kargı. As the region abounded with cedar trees, Antony assigned it to Cleopatra for building her fleets (Bean, 1979; Dingil, 1990).

Cedar trees have been exploited since very early times. About 1832 BC Egyptians went to Cilicia, cut down about ten thousand cedar trees every year, and transported them to Egypt. Cedar trees were heavily exploited during the Ottoman period as well. During the World War I cedar trees were cut down for making railroad traverses (Yeşilkaya, 1992; Yaltırık, 1988).

Fig. / Res. 4.4

Anatomic sections of cedar wood:
1,2. Transversal;
3. Radial; 4. Torus with scalloped border;
5. Tangential section

Sedir odununun anatomik kesitleri:
1-2. Enine kesit;
3. Radyal kesit;
4. Dişli kenarlı torus;
5. Teğet kesit

Arkeolojik açıdan değerlendirildiğinde en önemli ağaçlardan biri de sedirlerdir. Tarihsel kayıtlara göre sedir ağaçları gemi, tapınak ve demiryolu traverslerinde kullanılmıştır (Aytuğ, 1970; Hafner, 1968; Bean, 1979; Dingil, 1990; Yeşilkaya, 1992; Çolak and Rotherdam, 2006). Sedir ağaçları Gordiyon Kral Mezarlarının yapımında da kullanılmıştır (Aytuğ, 1970).

Ünlü coğrafya bilimcisi Strabon, Alanya'nın hemen doğusundaki Hamaksia'da sedir ağaçları kullanılarak gemi inşaa edildiğini belirtmiştir. Ormanların üst bölümlerinde bulunan sedir ağaçları bölgede bulunan Dim, Alara, Köprü ve Kargı nehirleri yoluyla aşağı bölgelere taşınmıştır. Gemi yapımında çok tercih edilen sedir ağaçları bu bölgede yoğun olduğu için bölge Kleopatra'ya verilmiştir (Bean, 1979; Dingil, 1990).

Sedir ağaçlarının kullanımı çok eskilere dayanmaktadır. MÖ 1832'de Mısırlılar Kilikya bölgesine taşınmış ve her yıl yaklaşık 10.000 güzel sedir ağacını keserek, İskenderiye'ye taşımışlardır. Sedir ağaçlarının kullanımı Osmanlı döneminde de yoğun olarak devam etmiştir. I. Dünya Savaşı esnasında da demiryolu traversleri yapılmak üzere yoğun bir sedir ağacı kesimi yaşanmıştır (Yeşilkaya, 1992; Yaltırık, 1988).

Fig. / Res. 4.5

General look of the Mediterranean cypress. The one at the back with pyramidal branches shows its form.

Akdeniz servisinin genel görünüşü. Arka taraftaki piramidal dallı olan formudur.

(Hatice Yılmaz)

1.3. *Cupressus sempervirens* L. (Mediterranean Cypress)

Naturally growing around the Mediterranean, this cypress has been cultivated for the last two thousand years; it is tall and has a smooth body (Fig. 4.5).

Anatomic features of its wood: It does not have resin ducts. Tree-ring borders are clear and transition from early to late wood is gradual. The wood parenchyma is clearly seen in the transversal section. Rays are homogeneous and 5-20 cells high. In the radial sections, the cross-field pits of tracheids and rays are of cupressoid type and usually close to right angle. Horizontal walls of the rays are usually smooth, and seldom nodular. Transversal walls of the axial parenchyma are smooth or rarely nodular (Fig. 4.6).

Areas of use: When processed, cypress wood has smooth and even surface; this very durable wood has a fragrance. It is light and can be easily processed; therefore, it is preferred for furniture, building constructions, park and garden fences, and other areas of carpentry. In addition, it is convenient for underwater constructions as well. Due their fragrance, it is not preferred for holding dry food and packaging. It was preferred for moth-proof chests by people (Yaltırık, 1988). It is found in the frames and planking of Yenikapı wrecks.

1.3. *Cupressus sempervirens* L. (Akdeniz servisi)

Akdeniz servisi, Akdeniz çevresinde doğal yetişen ve yaklaşık 2000 yıldan bu yana da yetiştirilen uzun boylu ve düzgün gövdeli bir ağaçtır (Res. 4.5).

Akdeniz Servisi Odununun Anatomik Özellikleri: Odunlarında reçine kanalı yoktur. Yıllık halka sınırları belirgin, ilkbahar odunundan yaz odununa geçiş yavaştır. Enine kesitte odun paranşimleri belirgindir. Öz ışınları homojen ve yüksekliği 5-20 hücredir. Radyal kesitte traheid-öz ışını karşılaşma yerindeki geçitler cupressoid tipte ve genellikle daha dik açılıdır. Öz ışınlarının horizontal çeperleri genellikle düz, seyrek olarak nodulardır. Odun paranşimlerinin enine çeperleri de düz ya da seyrek olarak nodulardır (Res. 4.6).

Akdeniz Servisi Odununun Kullanım Alanları: İşlendiğinde düzgün ve pürüzsüz yüzey veren odunları çok dayanıklı ve kokuludur. Hafif ve kolay işlenebilir. Bu nedenlerden dolayı mobilya ve bina inşaatlarında, park ve bahçe parmaklıklarında ve diğer marangozluk işlerinde kullanılır. Ayrıca sualtı inşaatı için de çok elverişlidir. Kokulu olması nedeniyle kuru gıda ve ambalaj sandıklarında kullanılmaz. Halk arasında güve girmez servi sandıkları bu ağaçlardan yapılmıştır (Yaltırık, 1988). Yenikapı gemilerinde eğri ve kaplama olarak kullanılmıştır.

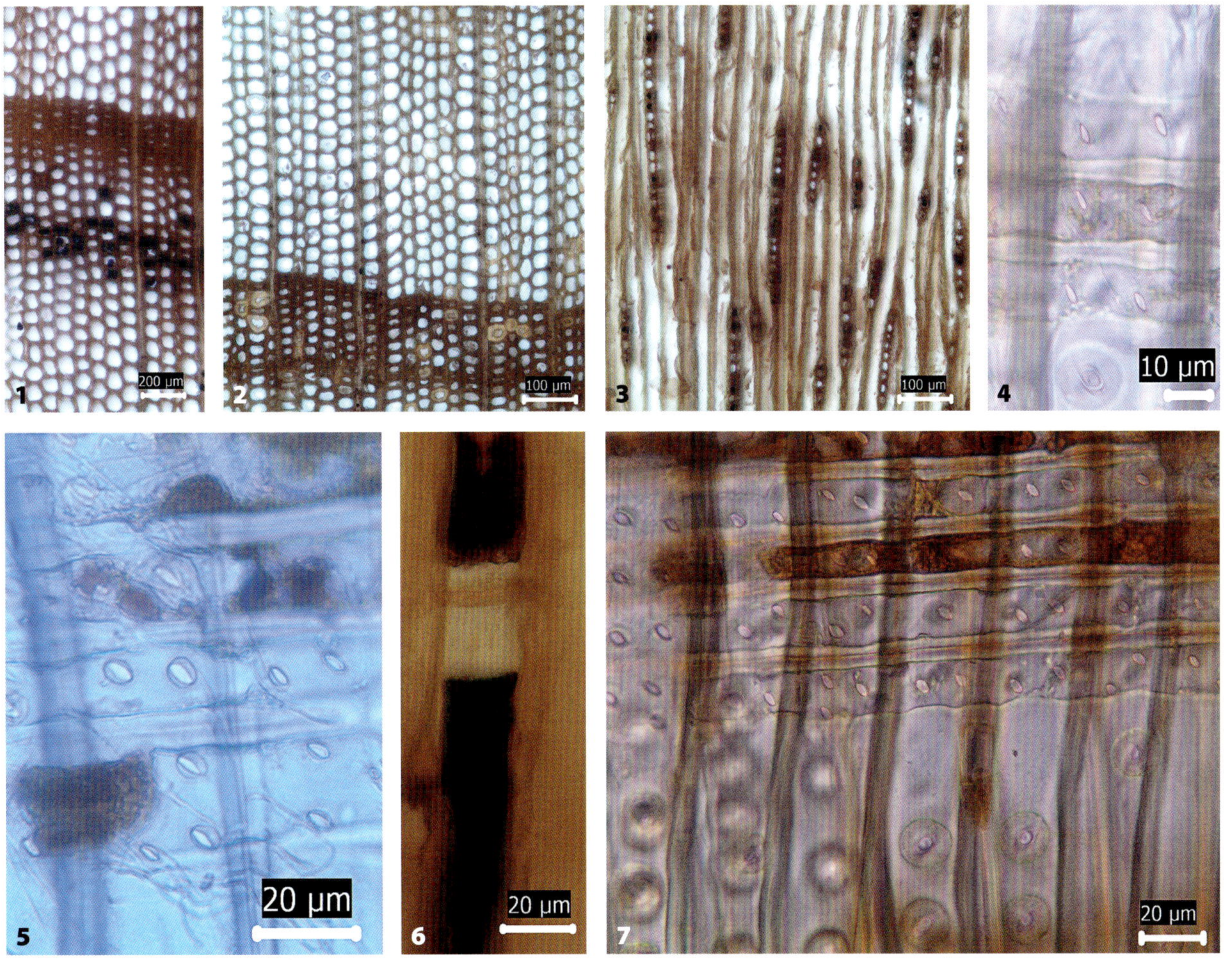

Fig. / Res. 4.6

Anatomic sections of the Mediterranean cypress:
1-2. Transversal;
3. Tangential;
4, 5, 7. Radial;
6. Wood parenchyma

Akdeniz servisi odununun anatomik kesitleri:
1-2. Enine kesit;
3. Teğet kesit;
4, 5, 7. Radyal kesit;
6. Odun paranşimi

Fig. / Res. 4.7
Trees of Turkish pine
Kızılçam ağaçları

1.4. *Pinus* L. (Pine)

The pine is found with five species in Turkey and builds big forests in all the mountainous regions except the East, Southeast and Central Anatolia. The species found in Turkey are:

Turkish pine	*Pinus brutia* Ten. (Fig. 4.7)
Aleppo pine	*Pinus halepensis* L.
Black pine	*Pinus nigra Arn.* (Fig. 4.8)
Stone pine	*Pinus pinea L.* (Fig. 4.9)
Scots pine	*Pinus sylvestris* L.

Usually smooth, cylindrical and tall trunks of the pine trees, above all black pine, then Scots pine and the last Turkish pine, make them attractive for trade. Stone pine is valuable not only for its wood but also pine nuts. Examples of pine identified at the Yenikapı wrecks are black pine (*Pinus nigra* Arn.), Turkish pine (*Pinus brutia* Ten.) and stone pine (*Pinus pinea* L.) Some pine samples could not be identified down to the species level and denoted as *Pinus* sp. Pinewood is found usually as the

1.4. *Pinus* L. (Çam)

Çamlar, Türkiye'de beş türle temsil edilen, Doğu ve Güneydoğu Anadolu ile İç Anadolu'nun step bölgeleri dışında hemen hemen tüm dağlık kesimlerinde büyük ormanlar kuran ağaçlardır. Cinsin ülemizde 5 türü doğal yetişmektedir:

Kızılçam	*Pinus brutia* Ten (Res. 4.7)
Halep çamı	*Pinus halepensis* L.
Karaçam	*Pinus nigra* Arn. (Res. 4.8)
Fıstıkçamı	*Pinus pinea* L. (Res. 4.9)
Sarıçam	*Pinus sylvestris* L.

Bu ağaçlardan başta karaçam olmak üzere, sarıçam ve kızılçam genel olarak düzgün, silindirik ve uzun boylara ulaşan gövdelerinden dolayı ticarette en çok tercih edilen ağaçlar arasındadır. Fıstıkçamı da ticarette değerli olması yanında çam fıstığı üretimi yönüyle daha ön plana çıkmaktadır. Yenikapı batıklarındaki çam örnekleri karaçam (*Pinus nigra* Arn.), kızılçam (*Pinus brutia* Ten.) ve fıstıkçamı (*Pinus pinea* L.) olarak

Fig. / Res. 4.8
A forest of black pine / *Bir karaçam ormanı*

Fig. / Res. 4.9
A stone pine tree
Bir fıstıkçamı ağacı

planking of the ships dating to the sixth-eighth centuries.

Anatomic features of its wood: Pinewood has resin ducts and occurrence of axial resin ducts is the first stage for the identification of pinewood. The epithelial cells secreting the resin have thin walls. In the transversal sections the annual rings have clear borders; transition from early to late wood in the same ring is very clear and sudden for some species but more gradual in some species and some wide rings. The rays are uniseriate and rays containing transversal resin ducts go up to biseriate/quadriseriate. Radial sections are also crucial for the identification of pinewood. Rays are heterogeneous and the walls of transversal tracheids are smooth or coarse scalloped depending on the species. Cross-field pits on the rays have pinoid, window-like, or elliptic large holes and their number varies from one to four.

Three of five naturally growing pine species have been identified at Yenikapı wrecks:

tespit edilmiştir. Bazı çam örneklerinde tür düzeyine kadar inilememiş ve *Pinus* sp olarak belirtilmiştir. Çam ağaçları genel olarak 6.-8. yüzyıl gemilerinin kaplama kısımlarında kullanılmıştır.

Çam Odunlarının Anatomik Özellikleri: Odunda reçine kanalı mevcuttur. Boyuna reçine kanallarının tespit edilmesi, çam odunlarının teşhis edilmesinde ilk aşamadır. Reçine kanallarının çevresindeki reçine salgılayan (epitel) hücrelerin çeperleri incedir. Enine kesitte, yıllık halkaların sınırları belirgin, aynı yıllık halka içerisindeki ilkbahar odunundan yaz odunua geçiş bazı türlerde oldukça belirgin ve ani iken, bazı türlerde ve yıllık halka genişliğine bağlı olarak daha yavaştır. Öz ışınları tek sıralı (uniseriate) ve enine reçine kanalı bulunan öz ışınlarında 2-4 sıralıya kadar çıkmaktadır. Çam odunlarının teşhisinde en önemli kesitlerden bir de radyal kesittir. Öz ışınları heterojen, enine traheidlerinin çeperleri türlere bağlı olarak düz ya da kaba dişlidir. Öz ışınlarının üzerinde bulunan karşılaşma yeri geçitleri, türlere bağlı olarak pinoid, pencere ya da elips şeklinde büyük delikçikler halindedir. Bunların sayısı 1-4 arasında değişir.

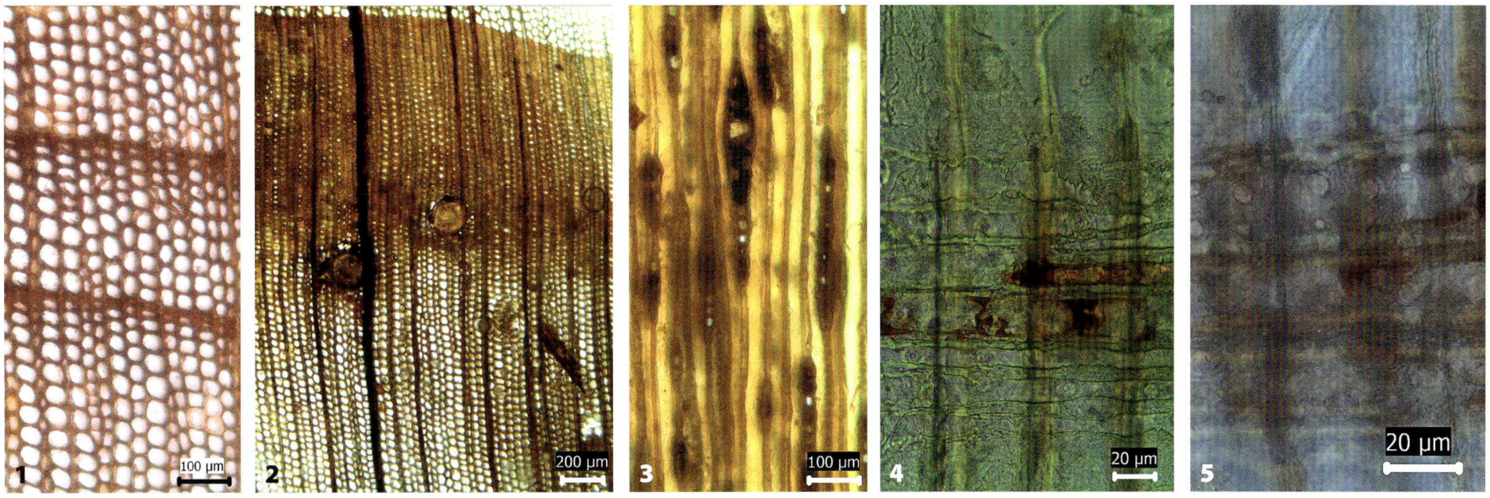

Fig. / Res. 4.10

Anatomic sections of Turkish pinewood: 1, 2. Transversal; 3. Tangential; 4, 5. Radial.

Kızılçam odununun anatomik kesitleri: 1, 2. Enine kesit; 3. Teğet kesit; 4, 5. Radyal kesit.

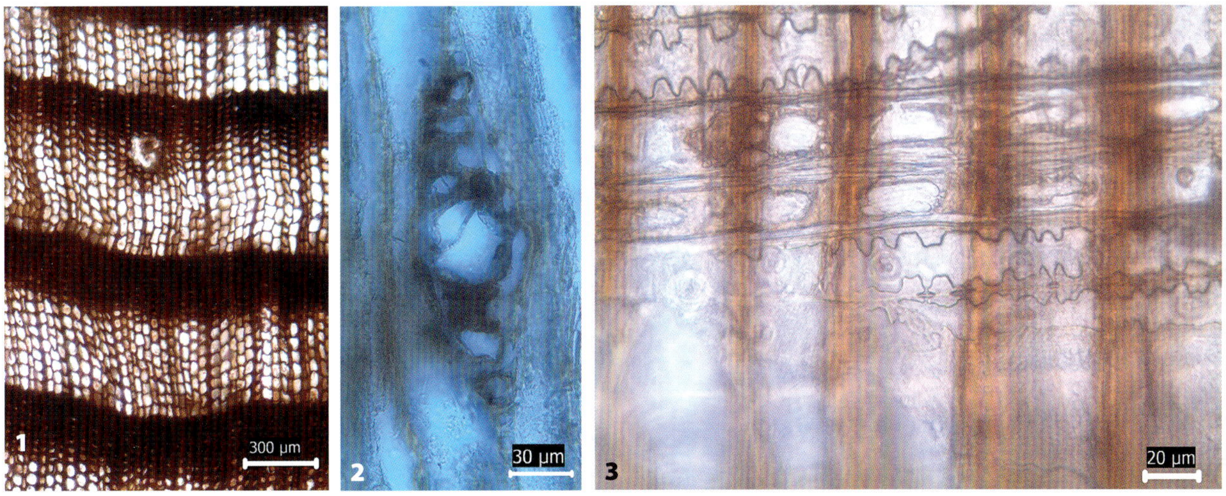

Fig. / Res. 4.11

Anatomic sections of black pinewood:
1. Transversal;
2. Tangential;
3. Radial

Karaçam odununun anatomik kesitleri:
1. Enine kesit;
2. Teğet kesit;
3. Radyal kesit

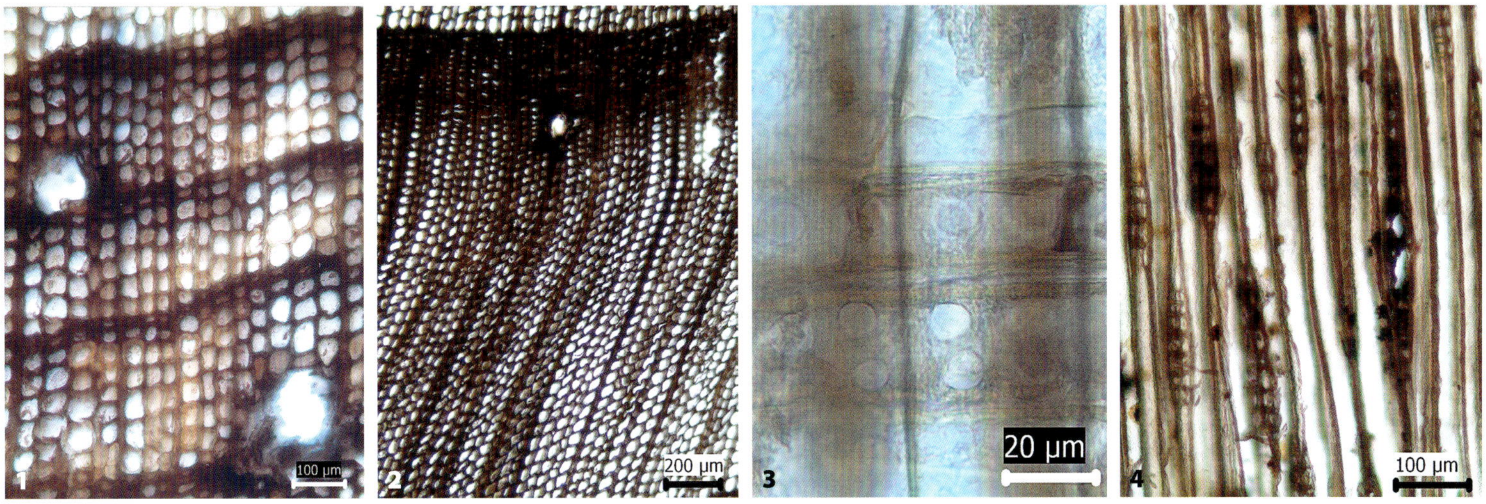

Fig. / Res. 4.12

Wood sections of stone pine: 1, 2. Transversal; 3. Radial; 4. Tangential

Fıstıkçamı odununun anatomik kesitleri: 1, 2. Enine kesit; 3. Radyal kesit; 4. Teğet kesit

Turkish pine: A diffusion area of three million hectares makes Turkey the host of the biggest Turkish pine diffusion in the world. It grows along the Aegean and Mediterranean littoral up to 1000 m in altitude and along the Black Sea coastline and valleys up to 500-600 m in altitude. It reaches a height of about 10 to 15 m and its trunk is not as smooth as that of the black pine. It is used in trade from time to time. Its wood is distinguished from the others with two to four elliptic cross-field pits, and irregular and coarse scalloped inner walls of transversal tracheids (Fig. 4.10).

Black pine: One of the most traded woods the black pine grows in the high mountainous areas of Central and Western Black Sea, Inner Aegean and Mediterranean regions of Turkey. It can be found with smooth cylindrical trunks reaching a height of 30-40 m; thus, it is preferred for house construction. This species' wood is distinguished from others with its pinoid or window-like cross-field pits on the rays and coarse scalloped transversal tracheids (Fig. 4.11).

Stone pine: This species also has a wide area of distribution across the world in Turkey and it is particularly valuable for the nuts in the cones. It has an umbrella-like form and reaches a height of 10-15 m; its wood is valuable for trade. Its forests are seen along the Aegean and Mediterranean coastline and especially in Izmir-Bergama-Kozak pastures. This species' wood's cross-field pits are much larger than those of Turkish pine and its transversal tracheids have smooth walls; not scalloped or irregular (Fig. 4.12).

Some very decayed samples could be identified to genus level as *Pinus* L., not denoting the species.

Areas of use: Pinewood has been one of the most heavily used woods through history. Wooden houses in the Black Sea region villages and houses in Safranbolu as well as other districts have oak wood coming up for two-three rows from the ground level and the upper parts entirely using pinewood. In all the forested areas of Turkey except the eastern and south-eastern Anatolian regions and central Anatolia's steppes, a type of pine can be certainly found; thus, the species in the closest regions were preferred.

Pinewood is usually medium soft, has medium density (D12=0.62 g/cc), medium resistance to shock, and a high degree elasticity module and bending resistance. Pinewood is easy to process, adheres good with glue, and holds nails well. It works to a medium degree. Pinewood is used for construction planks and woodworking; When treated with preservatives it is used for bridges contacted with earth and water, mining posts, fencing posts, flagpoles, and traverses. It is used for the planking of airplanes and ships, for producing cardboard and packaging boxes, paper and in the cellulose industry (Bozkurt and Erdin, 1997).

The wood of Turkish pine identified on the ancient wrecks of Yenikapı is not very valuable. Stone pinewood was used like the Turkish pine for local needs although it is not as valuable as the black pine

Yenikapı batıklarında, ülkemizde doğal yetişen 5 türden 3'üne ait örnekler teşhis edilmiştir. Bunlar:

Kızılçam: 3 milyon hektarlık bir alanla, dünyadaki en geniş yayılışını ülkemizde yapan kızılçamlar, bütün sahil kesimlerde, Ege ve Akdeniz Bölgelerinde sahilden 1000 m'ye, Karadeniz Bölgesi'nde de 500-600 m yükseltiye kadar ve vadi boylarında yetişen önemli bir ağaçtır. Genellikle 10-15 m boya ulaşan, gövdesi karaçam kadar düzgün olmayan bir ağaçtır. Zaman zaman ticarette kullanılmaktadır. Bu türün odunlarını diğerlerinden ayıran özellikler; karşılaşma yeri geçitlerinin 2-4 adet elips şeklinde ve enine traheidlerinin iç çeperlerinin düzensiz ve kaba dişli olmasıdır (Res. 4.10).

Karaçam: Orta ve Batı Karadeniz, İç Ege ve Akdeniz Bölgesinin yüksek dağlık kesimlerinde yetişen ve ticarette en çok kullanılan ağaç türlerinden biridir. Ormanlarımızda oldukça düzgün, 30-40 m boya ulaşan, silindirik gövdelerle temsil edildiğinden, bina yapımlarında büyük oranda tercih edilen ağaçları mevcuttur. Bu türün odunlarını diğerlerinden ayıran özellikler; odunlarının öz ışınları kısmındaki karşılaşma yeri geçitlerinin pinoid ve genellikle pencere tipte ve enine traheidlerinin çok belirgin şekilde kaba dişli olmasıdır (Res. 4.11).

Fıstıkçamı: Ülkemizde geniş bir yayılış yapan bu tür, odunlarından çok tohumlarının iç kısmındaki fıstıkları bakımından değerlidir. Şemsiye şeklinde geniş bir tepe yapan ve 10-15 m boya ulaşan, ticarette odunları da değerli olan bir türdür. Ülkemizde Ege ve Akdeniz sahil kesimlerinde ve özellikle İzmir-Bergama-Kozak yaylasında önemli ormanlar kurar. Bu türün odunlarında karşılaşma yeri geçitleri kızılçamlarınkine oranla çok daha büyük ve enine traheidlerinin çeperleri düz olup dişli ve düzensiz değildir (Res. 4.12).

Bazı çok çürümüş örneklerde ise örneğin çam cinsine ait olduğu tespit edilmiş fakat tür düzeyine inilememiştir. Bunlar da çam (*Pinus* L.) olarak belirtilmiştir.

Çam Odunlarının Kullanım Alanları: Çam odunları tarih boyunca en çok kullanılan ağaçlardan biri olmuştur. Karadeniz Bölgesi köylerinde bulunan ahşap binaların çoğunda, Safranbolu'daki ve benzeri binaların yapımında özellikle toprak seviyesinden itibaren 2-3 sıra meşe odunu kullanıldıktan sonra, yukarı kısımların tamamında çamlar tercih edilmiştir. Ülkemizin Doğu Anadolu ve Güneydoğu Anadolu Bölgeleri ile İç Anadolu'nun step alanları dışında kalan tüm ormanlık alanlarda çamların herhangi bir türü bulunduğundan, yakın bölgelerde hangi türler varsa onlar tercih edilmiştir.

Çam odunları genellikle orta derecede yumuşak, orta ağırlıkta (D12=0.52 g/cm^3), orta derecede şok direncine, yüksek derecede elastikiyet modülü ve eğilme direncine sahip, kolay işlenen, iyi tutkallanan, iyi çivi tutan bir malzemedir. Çalışması orta derecededir. Çam odunları inşaat kerestesi, doğrama, emprenye edildiğinde toprak ve suyla temas eden köprü malzemesi, maden direği, tel direği, bayrak direği, çit kazıkları ve travers olarak; uçaklarda, gemi güverte döşemelerinde, kontraplak,

(Yaltırık, 1988). On the other hand, wood of black pine trees has been heavily used both for local needs and exportation, as it is more valuable than the wood of other pines.

Pinewood is attested generally as planking and sometimes in the frames of Yenikapı wrecks. Pinewood was mostly used in the sixth-seventh centuries and was almost entirely abandoned in the merchantmen as of the ninth century but continued to be used in the galleys of the same period. This is probably due to its lightweight with respect to oak and chestnut wood, thus contributing to a lighter weight galley.

2. Broad-leaved trees (Angiosperms)

Woods of broad-leaved trees were used extensively in the ships and their genera and possible species are identified as follows:

- *Carpinus betulus* (Common hornbeam)
- *Castanea sativa* (Chestnut)
- *Fagus* (Beech)
  - o Oriental beech
  - o Europen beech
- *Fraxinus* (Ash)
  - o European ash
  - o Narrow-leaved ash
  - o South European flowering ash
- *Juglans regia* (Common walnut)
- *Phillyrea latifolia* (Phillyrea)
- *Platanus orientalis* L. (Oriental plane)
- *Populus* (Kavak)
  - o Black poplar
  - o Asian pyramidal black poplar
- *Quercus* (Oak)
  - o White oaks
  - o Red oaks
  - o Evergreen oaks
- *Spartium junceum* (Spanish, or weaver's broom)
- *Ulmus* (Elm)
  - o Field elm
  - o Mountain elm
  - o European white elm

Morphological and anatomic information on these woods as well as their areas of use are given below in alphabetical order based on Latin names.

ambalaj sandığı yapımında, kağıt ve selüloz sanayiinde kullanılmaktadır (Bozkurt ve Erdin, 1997).

Yenikapı'nın eski gemilerinde kullanılan çamlardan kızılçam odunu pek kıymetli değildir. Fıstıkçamı odunu karaçam kadar değerli olmasa da yerel ihtiyaçlar için kızılçam gibi kullanılmıştır (Yaltırık, 1988). Karaçam odunları ise diğer türlerin odunlarına göre çok daha değerli olduğu için hem yerel ihtiyaçlar hem de ihracatı yapılarak tarih boyunca kullanılmışlardır.

Çam odunları, Yenikapı gemilerinde genellikle kaplama olarak, bazı gemilerde de eğri sisteminde kullanılmıştır. 6.-7. yüzyıllarda yoğun olarak kullanılan çam ağaçları, 9. yüzyıldan sonra ticaret gemilerinde hemen hemen tümüyle terk edilirken, aynı dönemdeki kadırgalarda kullanımına yoğun olarak devam edilmiştir. Bunun nedeninin, meşe ve kestaneye göre kadırgaların daha hafif olmasına katkı sağlaması olarak belirtilebilir.

2. Geniş Yapraklı Ağaçlar (Angiospermler)

Gemilerde en sık kullanılan ağaçlar geniş yapraklılar olup cins ve olası türleri

- *Carpinus betulus* (Gürgen)
- *Castanea sativa* (Kestane)
- *Fagus* (Kayın)
  - o Doğu kayını
  - o Avrupa kayını
- *Fraxinus* (Dişbudak)
  - o Avrupa dişbudağı
  - o Sivri meyveli dişbudak
  - o Çiçekli dişbudak
- *Juglans regia* (Ceviz)
- *Phillyrea latifolia* (Akçakesme)
- *Platanus orientalis* L. (Doğu çınarı)
- *Populus* (Kavak)
  - o Karkavak
  - o Servi kavağı
- *Quercus* (Meşe)
  - o Akmeşe
  - o Kırmızı meşe
  - o Herdemyeşil meşe
- *Spartium junceum* (Katırtırnağı)
- *Ulmus* (Karaağaç)
  - o Ova karaağacı
  - o Dağ karağacı
  - o Saplı karaağaç

şeklinde belirlenmiştir. Bu ağaçlara ait morfolojik ve anatomik bilgilerle odunlarının kullanım alanları ana hatlarıyla Latince adlara dayanarak alfabetik olarak aşağıda verilmiştir.

Fig. / Res. 4.13

A natural hornbeam stand in Belgrade Forest of Istanbul / *İstanbul Belgrad Ormanı'ndan doğal bir gürgen meşceresi*

2.1. *Carpinus betulus* L. (Hornbeam)

Hornbeam is found as two species in Turkey: as hornbeam tree (*Carpinus betulus* L.) and the bush-like oriental hornbeam (*Carpinus orientalis* Mill.). Hornbeam gets into mixed forests especially in northern Turkey (Fig. 4.13). It is found all over Belgrade Forest of Istanbul.

Anatomic features of its wood: Vessel arrangement is diffuse-porous and vessel diameters are about 60-80 µm. Vessels are arranged individually or in small radial groups of 6-10 vessels. Perforation is simple, sometimes having 3-6 wide openings. Rays are uni- or biseriate and compound rays are discernible. Axial parenchyma forms quite intensive, apothracheal diffuse or tangential arrangements (Fig. 4.14).

Areas of use: Hornbeam wood is used in machine parts, shoe moulds, tool handles, agricultural tools and lathing (Bozkurt and Erdin, 2000). It is preferred usually for the frames, and very seldom for the keels of Yenikapı wrecks.

2.1. *Carpinus betulus* L. (Gürgen)

Gürgen; ülkemizde, ilki adi gürgen (*Carpinus betulus* L.) ağaç formunda ve ikincisi doğu gürgeni (*Carpinus orientalis* Mill.) ağaççık veya çalı formunda olmak üzere iki türle temsil edilmektedir. Ülkemizin özellikle kuzey bölgesi ormanlarında karışıma giren ağaçlardır (Res. 4.13). İstanbul Belgrad Ormanı'nda yaygın olarak bulunmaktadır.

Gürgen Odunlarının Anatomik Özellikleri: Gürgen odunlarında trahe dizilişi dağınık olup trahe çapları 60-80 µm'dir. Traheler tek tek ya da radyal yönde 6-10 adet traheden oluşan küçük gruplar halinde dizilirler. Perforasyon basit, bazen de 3-6 geniş bölmelidir. Öz ışınları 1-2 sıralı olup bileşik öz ışınları belirgindir. Boyuna paranşimler oldukça yoğun, apotraheal dağınık ya da teğet sıralar oluştururlar (Res. 4.14).

Gürgen Odunlarının Kullanım Alanları: Makine aksamı, ayakkabı kalıpları, spor aletleri, alet sapları, tarım aletleri yapımında ve tornacılıkta kullanılmaktadır (Bozkurt ve Erdin, 2000). Yenikapı'nın eski gemilerinde genel olarak eğri yapımında ve çok seyrek olarak da omurga kısımlarında tercih edilmiştir.

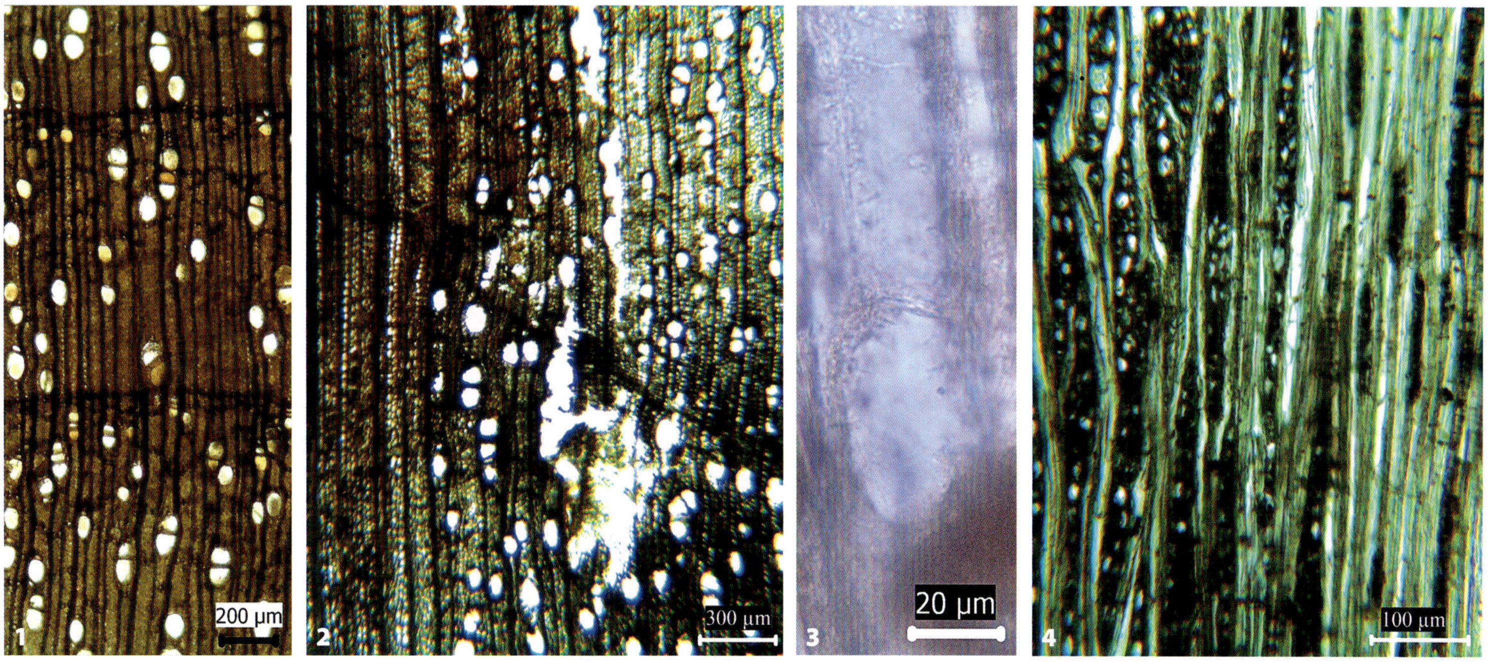

Fig. / Res. 4.14

Anatomic sections of hornbeam wood:
1.-2. Transversal;
3. Simple perforation plate;
4. Pseudo-ray

Gürgen odunlarının anatomik kesitleri:
1-2. Enine kesitler;
3. Basit perforasyon tablası;
4. Yalancı öz ışını

Fig. / Res. 4.15

A natural chestnut stand in north of Istanbul. It can be easily recognised in the spring with its greenish yellow blossoms.

İstanbul'un kuzeyinden doğal bir kestane meşceresi. İlkbaharda yeşilimsi sarı renkteki çiçeklerinden dolayı kolaylıkla ayırt edilebilmektedir.

2.2. *Castanea sativa* Mill. (Chestnut)

Chestnut is found only as a single species in Turkey: *Castanea sativa* Miller. Anatolian chestnut grows in the Black Sea, Marmara, and Inner Aegean regions (Fig. s 4.15 and 4.16).

Anatomic features of its wood: Vessel arrangement is ring porous; early wood vessels have wide diameters; tangential diameters reach 300 µm and are bi- or tri-seriate. Summer vessels have small diameters, diffuse or dendritic arrangement. Rays are uniseriate and 5-30 cells high (Fig. 4.17).

Areas of use: Chestnut wood is preferred for building timber, furniture, shipbuilding, fencing posts, barrels for kitchen oils, fruit juices and cheap wines, walking sticks, umbrellas, tool handles, garden gates, pannier and crate making, lathing, as well as its young shoots for bamboo-imitation furniture (Bozkurt and Erdin, 2000). As the chestnut wood is very durable it was preferred for shipbuilding and main carrier posts of buildings.

2.2. *Castanea sativa* Mill. (Anadolu kestanesi)

Kestane, ülkemizde, Anadolu kestanesi (*Castanea sativa* Miller) adlı tek türle temsil edilmektedir. Anadolu kestanesi, Karadeniz, Marmara ve İç Ege civarında yetişmektedir (Res. 4.15 ve 4.16).

Kestane Odununun Anatomik Özellikleri: Kestane odunlarında trahe dizilişi halkalı olup ilkbahar traheleri geniş çaplı, teğet çapları 300 µm ye kadar ve 2-3 sıralıdır. Yaz traheleri ise küçük çaplı, dağınık ya da dentrik bir diziliş gösterir. Öz ışınları tek sıralı ve 5-30 hücre yüksekliğindedir (Res. 4.17).

Kestane Odununun Kullanım Alanları: Yapı kerestesi, mobilya, gemi kerestesi, tel direği, mutfak yağları ile meyve suları ve ucuz şaraplar için kullanılan fıçılar, baston, şemsiye, alet sapları, bahçe kapıları, çit direği, küfe ve sepet yapımında, tornacılıkta, genç sürgünleri "bambu" taklidi olarak mobilya sanayiinde kullanılmaktadır (Bozkurt ve Erdin, 2000). Kestane ağaçları oldukça dayanıklı oduna sahip olmaları nedeniyle gemi yapımında ve binaların ana taşıyıcılarında sıkça kullanılmışlardır.

Fig. / Res. 4.17

Anatomic sections of chestnut wood: 1-2. Transversal; 3. Tangential

Kestane odununun anatomik kesitleri: 1-2. Enine kesitler; 3. Teğet kesit

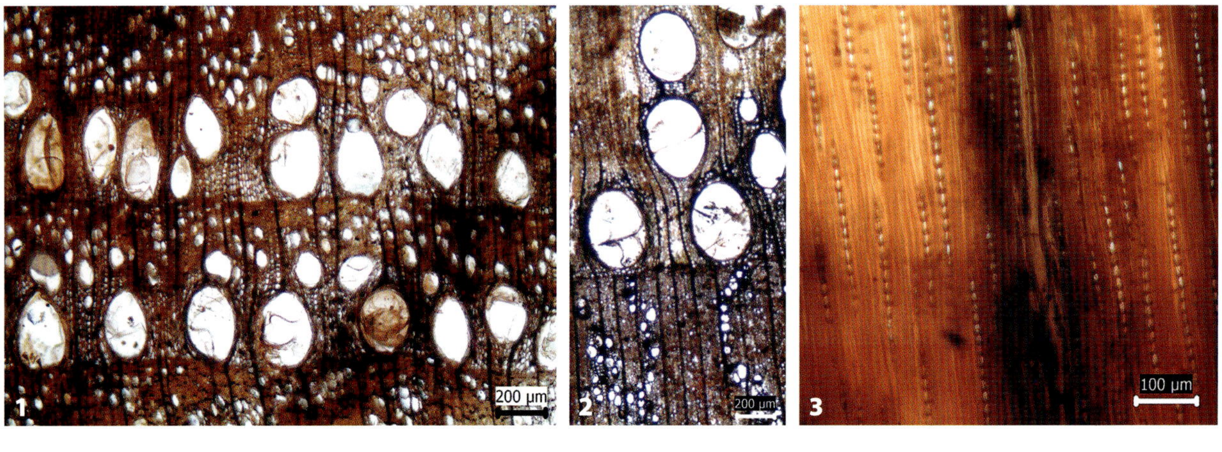

Fig. / Res. 4.16
An Anatolian chestnut from Belgrade Forest of Istanbul. Their number here has decreased dramatically due to an illness.
İstanbul Belgrad Ormanı'ndan bir Anadolu kestanesi. Belgrad Ormanı'nda çok yaygın iken bir hastalıktan dolayı sayıları oldukça azalmış durumdadır.

Fig. / Res. 4.18
Oriental beech trees in Belgrade Forest of Istanbul. Very smooth and quality beech trees are found in Istanbul.
İstanbul Belgrad Ormanı'ndan doğu kayını ağaçları. İstanbul'da oldukça düzgün ve kaliteli ağaçlarla temsil edilmektedir.

2.3. *Fagus* L. (Beech)

Beech tree is found as two species in Turkey and environs: Oriental beech (*Fagus orientalis* Lipsky) and European beech (*Fagus sylvatica* L.). As it is not possible to distinguish between the woods of these two species, they are denoted together. The oriental beech is widely found in the northern forests, and mountains to the south of Marmara Sea in Turkey (Fig. 4.18). European beech is found in Istranca Mountains in Thrace.

Anatomic features of its wood: Vessels are diffuse porous arranged; high number of vessels per sq. mm. (between 100 and 200 ea.); vessel tangential diameters are under 100 µm. Perforation plate is of simple type and scalariform. Rays are homocellular type. Ray widths are 1 to 25 cells and in the tangential sections diffusion of uni-bi-tri- and multiseriate is more homogenous. Thus, it is difficult to distinguish it from plane wood. Wood parenchymae are extensively apotracheal or form short tangential bands (Fig. 4.19).

Areas of use: It is preferred for especially massive and bending furniture, wainscoting, sports instruments, tool handles, boat and bakery oars, musical instruments, parquet, cardboard, veneer plaques, barrels, bodywork, lathing, mining posts, for fibre and paper, charcoal, wood tar, acetic acid, and as traverse when impregnated (Bozkurt, 1971; Bozkurt and Erdin, 2000). This wood is attested especially in the keels of the galleys in Yenikapı.

2.3. *Fagus* L. (Kayın)

Türkiye ve çevresinde iki türle (Doğu kayını-*Fagus orientalis* Lipsky ve Avrupa kayını-*Fagus sylvatica* L.) temsil edilmektedir. Bu türlerin odunlarını ayırt etmek olanaklı olmadığından her iki tür birlikte verilmiştir. Bu türlerden ilki olan doğu kayını ülkemizin kuzey ormanlarında ve Marmara'nın güneyindeki dağlık kesimlerde yaygındır (Res. 4.18). Diğer tür ise genel olarak ülkemizin Istranca Dağları'nda ve Avrupa'da yaygındır.

Kayın Odununun Anatomik Özellikleri: Kayın odunlarında trahe dizilişi dağınık, 1 mm^2deki trahe sayısı oldukça fazla (100-200 arasında) trahe teğet çapları 100 µm'nin altındadır. Perforasyon tablası basit ve merdivenimsi tiptedir. Öz ışınları homoselüler tiptedir. Öz ışını genişliği 1-25 hücre kadardır ve teğet kesitte bir-iki-üç ve çok sıralıların dağılımı daha homojendir. Bu özelliğinden dolayı çınar ağaçlarından ayırmak mümkün olmaktadır. Odun paranşimleri yoğun apotrahealdir ya da kısa teğet bantlar oluşturur (Res. 4.19).

Kayın Odununun Kullanım Alanları: Özellikle masif ve bükme mobilya, lambri, spor aletleri, alet sapları, sandal ve fırın kürekleri, müzik aletleri, parke, kontrplak, kaplama levha, fıçı, karoser yapımında, tornacılıkta, maden direği, lif-kağıt odunu olarak, odun kömürü, odun katranı, asetik asit eldesinde ve emprenye edildiğinde travers olarak kullanılmaktadır (Bozkurt, 1971; Bozkurt ve Erdin, 2000). Yenikapı gemilerinde genellikle kadırgaların omurga kısımlarında kullanılmıştır.

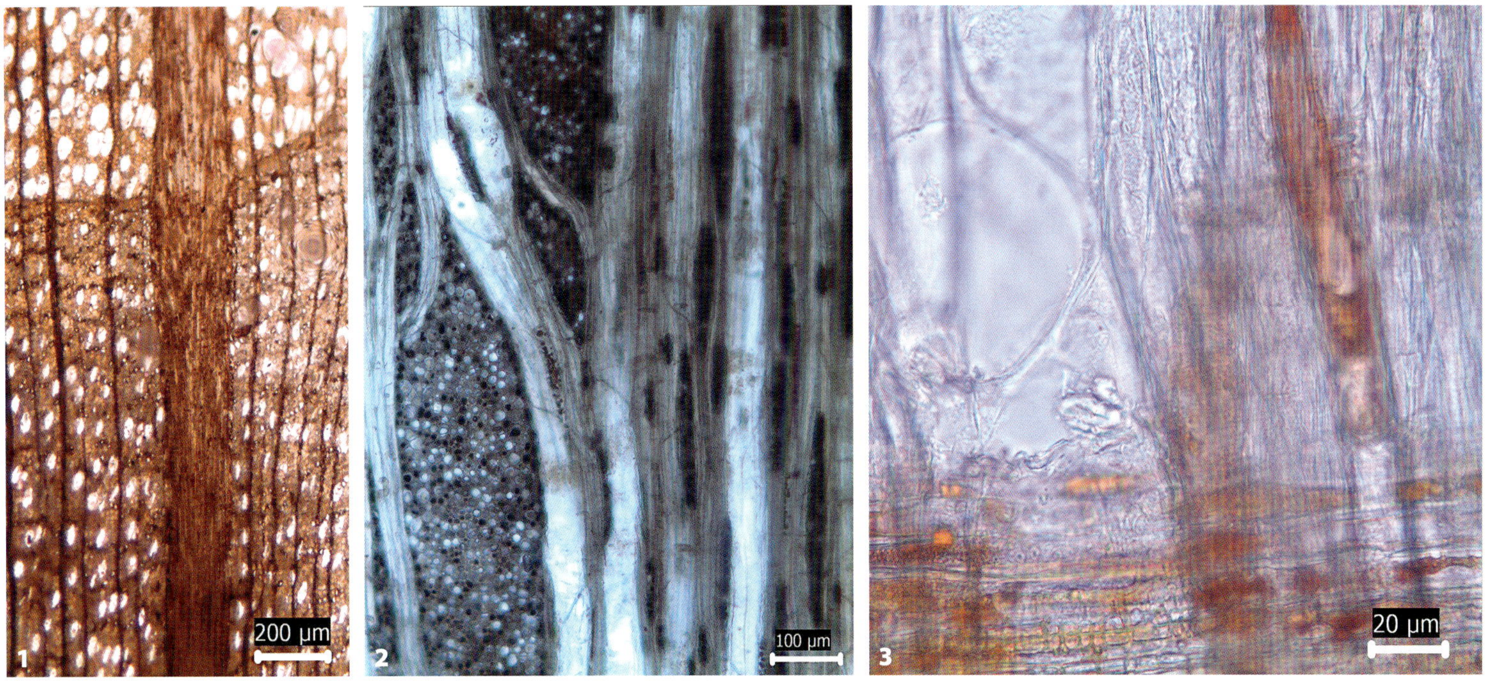

Fig. / Res. 4.19

Wood sections of beech trees: 1. Transversal section; 2. Tangential section; 3. Radial sections

Kayın odunu kesitleri: 1. Enine kesit; 2. Teğet kesit; 3. Radyal kesit

Fig. / Res. 4.20

Ash trees in Belgrad Forest of Istanbul

İstanbul Belgrad Ormanı'nda dişbudak ağaçları

2.4. *Fraxinus* L. (Ash)

In Turkey the ash tree is found as three species, which all grow in humid regions, by rivers and bottom land: European, or common ash (*Fraxinus excelsior* L.), narrow-leaved ash (*Fraxinus angustifolia* Vahl.) (Fig. 4.21), and South European flowering ash (*Fraxinus ornus* L.). As the woods of these three species are very much alike it was not possible to reach identification at the species level. And yet, two possible species for shipbuilding are the common ash and narrow-leaved ash.

Anatomic features of its wood: Ash wood's vessels have ring porous arrangement; early wood vessels are wide (up to 350 µm) and uni- to quadri-seriate whereas the late wood vessels have small diameters, uni- or biseriate, and very seldom. Vessel cell walls are very thick. Rays are uni-, tri- or quint-seriate and have an average height of ten cells, mostly one or two cells wide (Fig. 4.22).

Areas of use: Ash wood is used for producing bent furniture, massive furniture, and veneer, sports instruments (e.g. ski, rackets, hockey sticks, pools stick, cricket bats, boat oars), producing handles for pounding tools, airplanes and yachts. Usually ash wood with narrow tree rings is used in the veneer industry and that with wide rings in producing sports instruments (Bozkurt and Erdin, 2000). This woods were used rarely in the ships.

2.4. *Fraxinus* L. (Dişbudak)

Dişbudak, ülkemizde 3 türle temsil edilmektedir. Her üç tür de ülkemizin nemli bölgelerinde, dere kenarlarında ve taban arazilerinde yetişmektedir. Türler; sivri meyveli dişbudak (*Fraxinus angustifolia* Vahl.) (Res. 4.21), âdi dişbudak (*Fraxinus excelsior* L.) ve çiçekli dişbudaktır (*Fraxinus ornus* L.). Türlerin odunları birbirine çok benzediği için gemilerden alınan parçalardan tür düzeyine kadar teşhise gitmek olanaklı olmamıştır. Buna karşın gemi yapımlarında kullanılan olası iki yaygın tür sivri meyveli ve âdi dişbudak türlerdir.

Dişbudak Odununun Anatomik Özellikleri: Dişbudak odunları, halkalı traheli olup ilkbahar traheleri geniş (350 µm ye kadar) ve 1-4 sıralı, yaz odununda ise trahe çapları küçük, tek tek ya da çift olarak bulunurlar ve yaz odununda ise oldukça seyrektir. Trahe hücre çeperleri oldukça kalındır. Öz ışınları 1-3-5 sıralıdır, ortalama 10 hücre yüksekliğinde ve çoğunlukla da 1-2 hücre genişliğindedir (Res. 4.22).

Dişbudak Odununun Kullanım Alanları: Odunu bükme mobilya, masif mobilya ve kaplama levha üretiminde, spor aletleri (ski, raket, hokey sopaları, bilardo sopası, kriket sandal kürekleri v.b.), vurucu alet sapları yapımında, uçaklarda ve yatlarda kullanılmaktadır. Genellikle dar yıllık halkalı dişbudak kaplama levha endüstrisinde, geniş yıllık halkalı dişbudak ise spor aletleri yapımında tercih edilmektedir (Bozkurt ve Erdin, 2000). Yenikapı gemilerinde seyrek olarak kullanılmıştır.

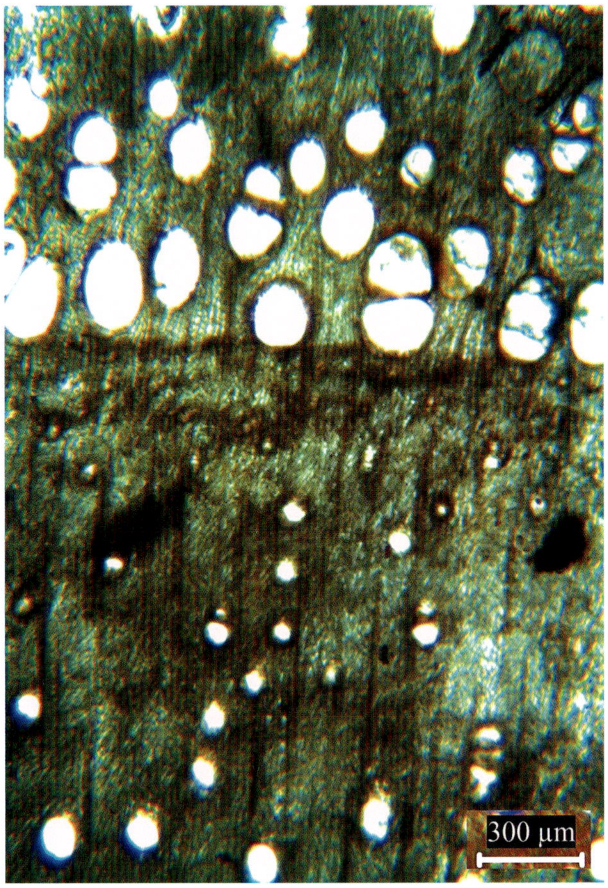

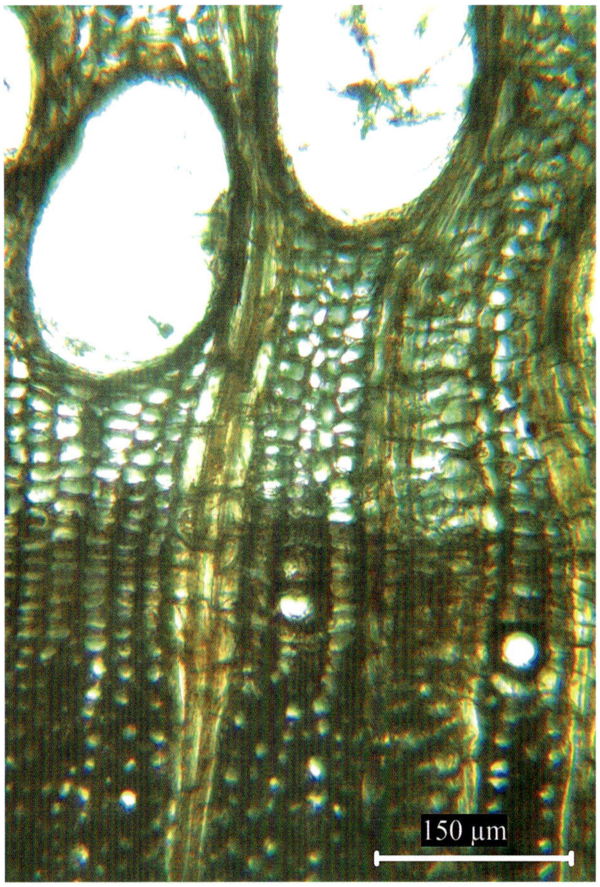

Fig. / Res. 4.21

Transversal sections of ash woods

Dişbudak odunlarının enine kesitleri

Fig. / Res. 4.22
A walnut tree
Bir ceviz ağacı

2.5. *Juglans regia* L. (Walnut)

Walnut grows naturally in Eastern Anatolia but is cultivated almost in every region. It is valuable for its fruit and wood. There is only one species growing in Turkey: *Juglans regia* L. (Fig. 4.23). Therefore, samples identified belong to this species.

Anatomic features of its wood: Vessels of walnut wood are large (up to 200 µm), and usually have diffuse or semi-ring porous arrangement. Number of vessels per sq. mm. varies from five to ten (Fig. 4.24). In late wood they are individual or three-four radial seriate. Tangential seriate axial parenchyma cells are clearly discernible. Rays are one to five-seriate, and reach a height of maximum 40 cells.

Areas of use: Walnut wood usually has smooth fibres, is easy to process and very valuable. It is usually preferred for veneer as well as massive furniture, gunstocks, frames, and lathing (Bozkurt, 1971). At Yenikapı, walnut wood was sporadically utilized for repairs.

2.5. *Juglans regia* L. (Ceviz)

Ceviz, Doğu Anadolu Bölgesi'nde doğal yetişmekte olup hemen her bölgede kültüre alınmış bir ağaç türüdür. Meyve ve odunları bakımından çok değerlidir. Ülkemizde *Juglans regia* L. (Ceviz) adı altında tek tür bulunmaktadır (Res. 4.23). Bu nedenle, teşhis edilen örnekler bu türe aittir.

Ceviz Odununun Anatomik Özellikleri: Ceviz odunlarında traheler büyük (200 µm ye kadar), çoğunlukla dağınık ya da yarı halkalı şekilde dizilmiştir. 1 mm^2 deki trahe sayısı 5-10 arasında değişmektedir (Res. 4.24). Yaz odununda ise tek tek ya da 3-4 radyal sıralıdır. Teğet sıralı boyuna paranşim hücreleri belirgindir. Öz ışınları 1-5 sıralı, maksimum 40 hücre yüksekliğindedir.

Ceviz Odununun Kullanım Alanları: Ceviz odunu genellikle düzgün lifli, kolay işlenebilen ve çok değerlidir. Genellikle kaplamacılıkta çok tercih edilmektedir. Kaplamacılıktan başka massif mobilya yapımında, tüfek kundaklarında, çerçevecilikte ve tornacılıkta kullanılmaktadır (Bozkurt, 1971). Yenikapı gemilerinde yer yer eğri yapımlarında tercih edilmiştir. Cevizin kullanıldığı yerler büyük olasılıkla onarım geçiren kısımlar olabilir.

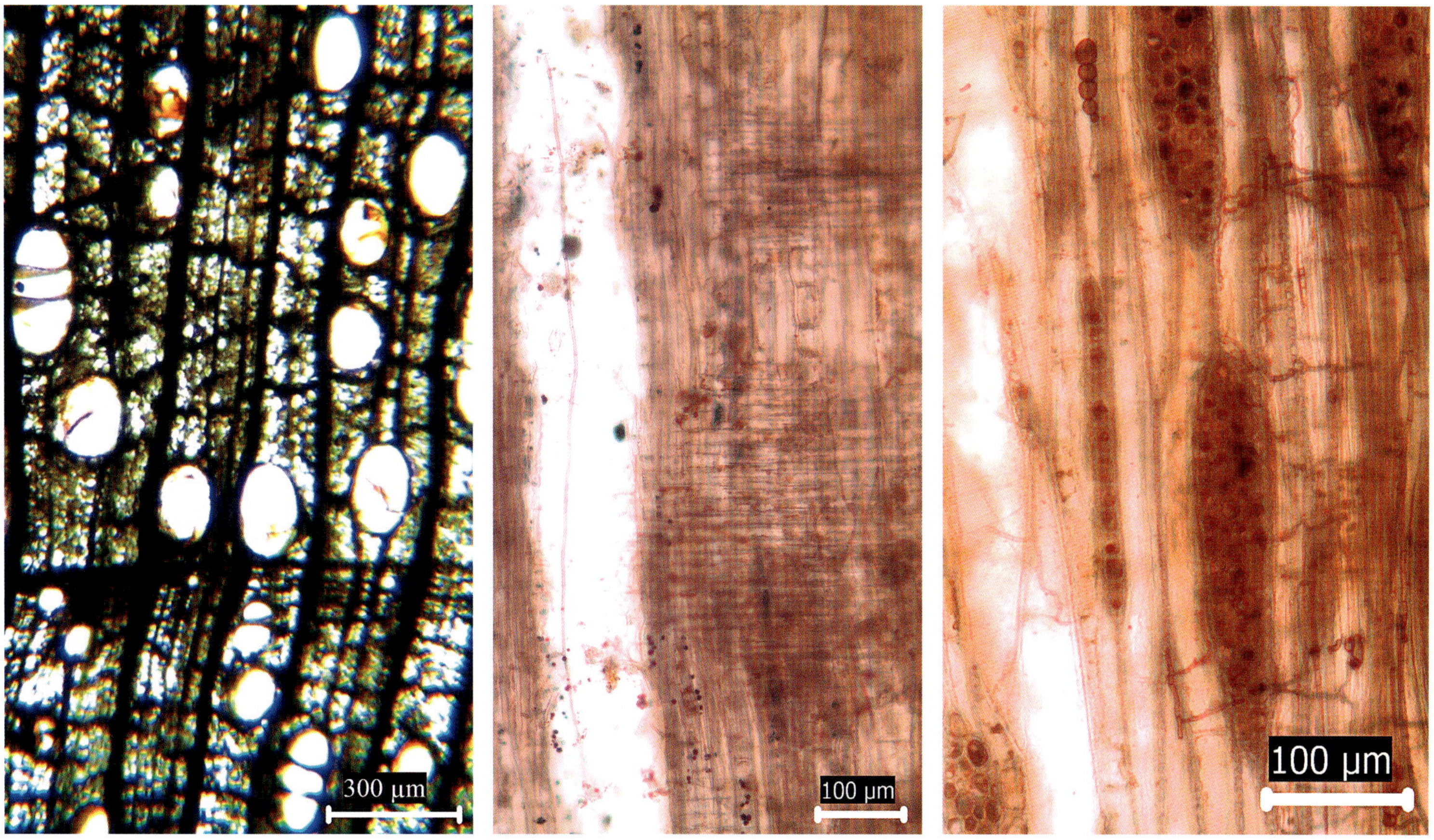

1 2 3

Fig. / Res. 4.23

Anatomic sections of walnut wood: 1. Transversal; 2. Radial; 3. Tangential

Ceviz odunlarının anatomik kesitleri: 1. Enine kesitler; 2. Radyal kesit; 3. Teğet kesit

Fig. / Res. 4.24

General look of Phillyrea and its shoot with leaf / *Akçakesmenin genel görünüşü ve yapraklı sürgünü*

2.6. *Phillyrea latifolia* (Phillyrea)

This short tree or bush-like woody plant is seen in the Mediterranean basin. In Turkey it is found in the maquis and arid areas, mixing into the Turkish pine or non-evergreen oak forests in the north, west and south regions (Fig. 4.25).

Anatomic features of its wood: Its annual rings are clear and its wood contain areas without vessels. The vessels cluster outside the areas without vessels. Its wood has diffuse porous vessels. Annual ring border is discernible with its axial parenchymal bands positioned apotracheally. Vessels do not form groups, are diffused individually. Transversal sections of the vessels are cornered. Vessel frequency per sq. mm is 100-300 ea. Tangential diameter of vessels is between 10-55 µm. Perforation plate is simple type. Rays are heterocellular type (Fig. 4.26).

Areas of use: No areas of use have been noted as this is usually a bush. In the ships only very few dowel examples of phillyrea have been identified. This may suggest that phillyrea examples were mixed into the weaver's broom wood while collecting because both species grow in the same regions.

2.6. *Phillyrea latifolia* (Akçakesme)

Genel olarak Akdeniz Havzasının bir bitkisi olup ülkemizde kuzey, güney ve batı kesimlerdeki makiliklerde ve kurak alanlarda, kızılçam ya da yaprak döken meşe ormanlarında karışıma giren kısa boylu ağaç ya da çalı formunda odunsu bitkilerdir (Res. 4.25).

Akçakesme Odununun Anatomik Özellikleri: Yıllık halka sınırı belirgin olup yıllık halka içlerinde trahesiz bölgeler vardır. Traheleri, trahesiz bölgeler dışında yoğun olarak bir arada bulunur. Odunu dağınık trahelidir. Yıllık halka sınırı apotraheal konumlu boyuna paranşim bantları ile belirgindir. Traheler grup yapmaz tek tek dağılmıştır. Trahelerin enine kesitleri köşelidir. 1 mm^{2}deki trahe sayısı 100-300 adettir. Trahe teğet çapı 10-55 µm arasındadır. Perforasyon tablası basit tiptedir. Öz ışınları heterocelular tiptedir (Res. 4.26).

Akçakesme Odununun Kullanım Yerleri: Genel olarak çalı formunda olduğundan herhangi bir kullanım alanı tespit edilememiştir. Gemilerde de oldukça az sayıda kavela olarak kullanılmış örneğine rastlanıştır. Bu durum, akçakesme odunlarının, katırtırnağı örneklerini alırken araya karışmış olabileceğini düşündürmüştür. Çünkü her ikisi de aynı alanlarda yayılış yapmaktadır.

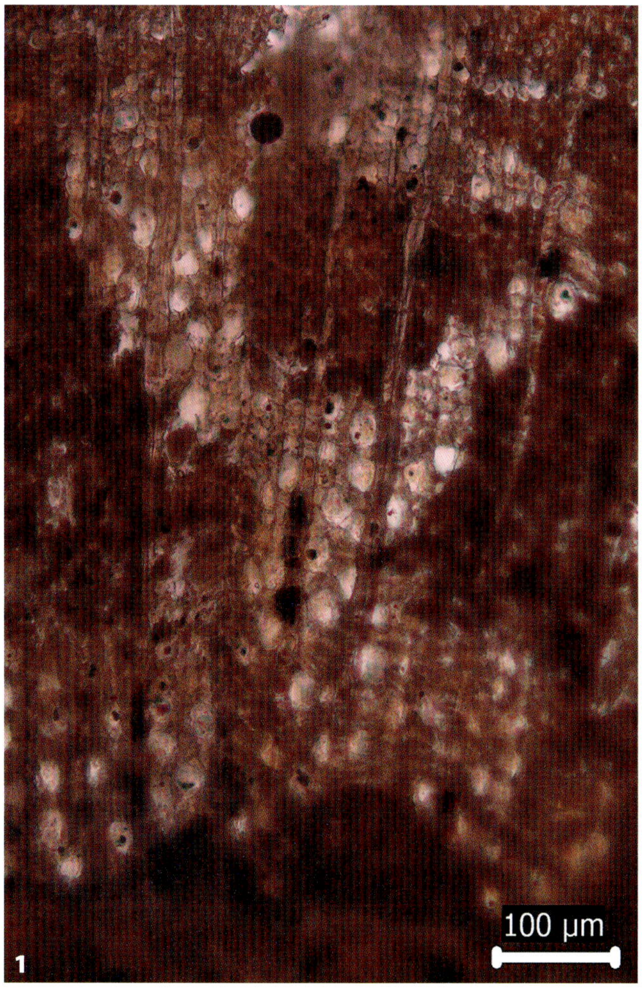

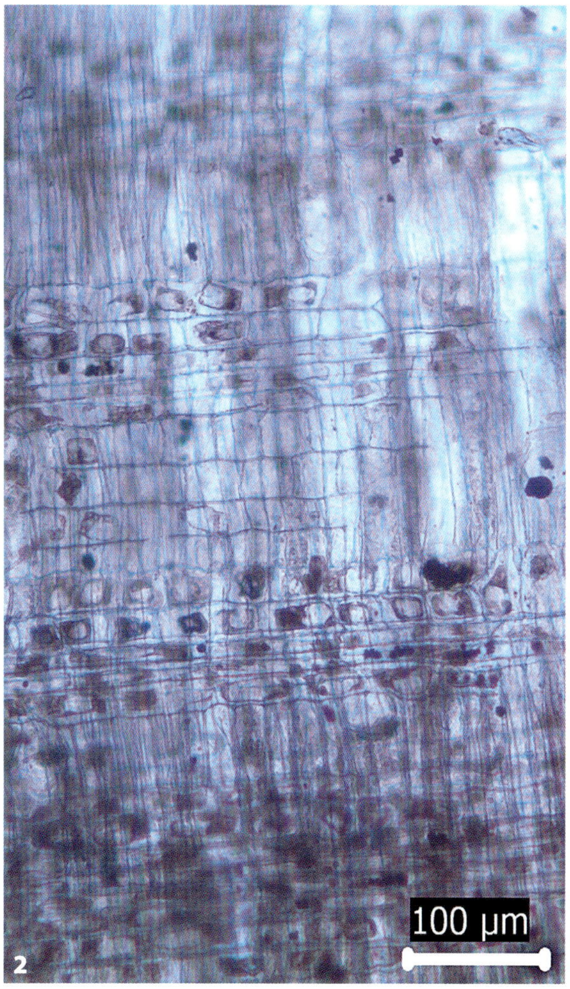

Fig. / Res. 4.25
Wood thin sections of Phillyrea:
1. Transversal section;
2. Radial section

Akçakesmenin odun kesitleri:
1. Enine kesit;
2. Radyal kesit

Fig. / Res. 4.26

Oriental plane trees with very smooth trunks in the Belgrade Forest of Istanbul

İstanbul Belgrad Ormanı'ndan oldukça düzgün gövdeli doğu çınarı ağaçları

2.7. *Platanus orientalis* L. (Oriental plane)

The plane tree usually grows by the rivers, in bottomlands and wetlands. It is found only as the oriental plane in Turkey. Oriental plane is a straight and tall tree in thick forests but grows with a wide top when alone (Fig. 4.27).

Anatomic features of its wood: The vessels are in diffuse porous arrangement. Vessel number per square mm is as high as 100-150. They are arranged individually or in small groups. Tangential diameters are below 75 µm. Rays are wide and uni- to 12-seriate and 1-2 mm long. Singular or bi- or tri-seriate rays are rarely seen; they are usually 10-12-seriate. This feature distinguishes plane wood from beech wood (Fig. 4.28).

Areas of use: Plane wood is used for veneer plaques, furniture, parquet, fruit and vegetable boxes, dry substance barrels, palette, tennis rackets, musical instruments, and lathing (Bozkurt and Erdin, 2000). No evidence has been attested for use of plane wood in shipbuilding; yet, Willich (1802) and D'Amato (2009) states that plane wood was used in shipbuilding to decrease the weight during the Roman period.

2.7. *Platanus orientalis* L. (Doğu çınarı)

Çınar, genel olarak nehir kenarlarında, taban arazilerde ve sulak alanlarda yetişen bir ağaç cinsidir. Ülkemizde doğu çınarı adlı tek bir türle temsil edilmektedir. Doğu çınarı, sıkışık ormanlarda düzgün ve uzun boylu, serbest büyüdüğünde geniş tepeli bir ağaçtır (Res. 4.27).

Doğu Çınarı Odununun Anatomik Özellikleri: Odunlarında traheler dağınık dizilіştedir. 1 mm^{2}deki trahe sayısı 100-150 olup oldukça fazladır. Traheler tek tek ya da küçük gruplar halinde dizilmişlerdir. Teğet çapları 75 µm'nin altındadır. Öz ışınları geniş olup 1-12 sıralı ve 1-2 mm boyundadır. Tek ya da 2-3 sıralı öz ışınlarına çok seyrek rastlanır; genellikle 10-12 sıralıdır. Bu özelliği ile kayın ağaçlarından ayırt edilebilmektedir (Res. 4.28).

Doğu Çınarı Odununun Kullanım Alanları: Kaplama levha, mobilya, parke, meyve ve sebze kutuları, kuru madde fıçıları, palet, tenis raketi, müzik aleti yapımında kullanılmaktadır (Bozkurt ve Erdin, 2000). Çınarların günümüzde gemi yapımında kullanılmasına ilişkin herhangi bir bulguya ulaşılamamıştır. Buna karşın Willich (1802) ve D'Amato (2009), Roma Dönemi gemilerinde çınar ağaçlarının gemi ağırlığını azaltmak amacıyla kullanıldığını belirtmiştir.

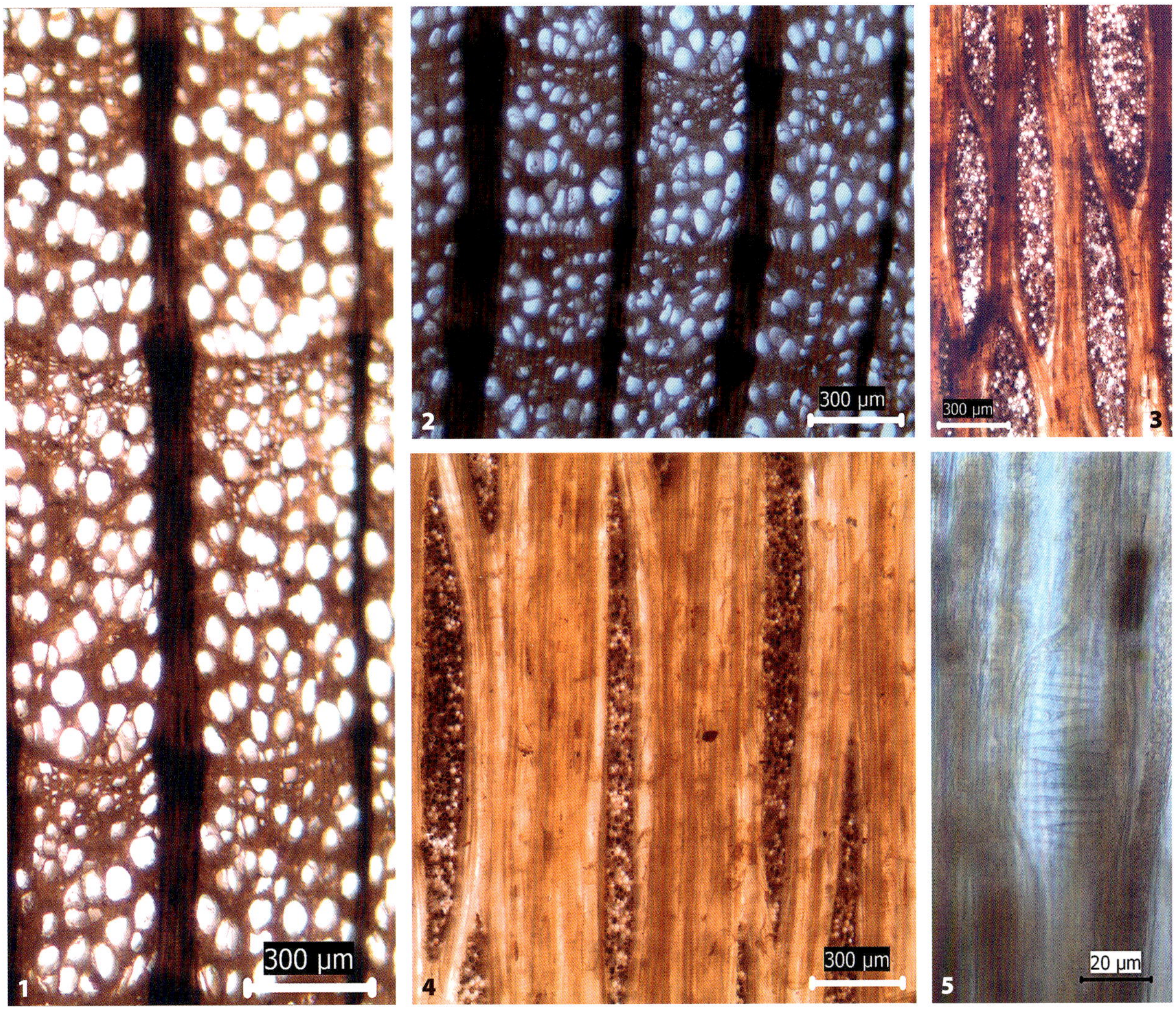

Fig. / Res. 4.27

Anatomic sections of oriental plane wood:
1, 2. Transversal;
3, 4. Tangential section;
5. Scalariform perforation plate

Doğı çınarı odununun anatomik kesitleri.
1, 2. Enine kesit;
3, 4. Teğet kesit;
5. Skalariform perforasyon tablası

Fig. / Res. 4.28
Poplar trees
Kavak ağaçları

2.8. *Populus* L. (Poplar)

Poplar trees are represented with seven species in Turkey. Two of them, Asian pyramidal black poplar (*Populus afghanica*) and Black poplar (*Populus nigra*) are planted widely for industrial purposes in Turkey (Fig. 4.29). They have been cultivated throughout centuries in Anatolia.

Anatomic features of its woods: Vessels are diffuse porous arranged; high number of vessels per sq. mm (between 100 and 200 ea.); vessel diameters are about or under 100 µm. Perforation plate is simple type. Rays are homocellular type. Ray widths are one cell. The cross-field pits are wider and compact. Wood parenchyma cells are diffuse and not common (Fig. 4.30). Its wood is similar to Salix woods, and it can be distinguished with homocellular rays.

Areas of use: Poplar wood is soft and not durable; therefore, it is not preferred as planks. Usually it is used in packaging industry, panels based on wood, ceiling strakes, construction moulds, and paper. There is no information available for its use in shipbuilding.

2.8. *Populus* L. (Kavak)

Kavak ağaçları Türkiye'de yedi türle temsil edilmektedir. Bunlardan ikisi, Asya servi kavağı (*Populus afghanica*) ve karakavak (*Populus nigra*) günümüzde endüstriyel amaçlı olarak yaygın bir şekilde yetiştirilmektedir (Res. 4.29). Bu türler yüzyıllar boyu Anadolu'da yaygın bir şekilde kültüre alınmıştır.

Kavak Odununun Anatomik Özellikleri: Traheleri dağınık dizilmiş ve 1 mm^{2}deki sayısı çok fazla olup 100-200 arasındadır. Trahe çapları yaklaşık 100 µm veya hemen altındadır. Perforasyon tablası basit tiptedir. Özışınları homoselüler tipte ve genişlikleri tek sıralıdır. Karşılaşma yeri geçitleri büyük ve sıktır. Odun paranşim hücreleri dağnık tipte ve seyrektir (Res. 4.30). Odunu söğüt odunlarına çok benzer, fakat öz ışınlarının homoselüler tipte olmasıyla ayırt edilebilir.

Kavak Odununun Kullanım Alanları: Kavak odunu yumuşak ve dayanıksız olması nedeniyle genellikle tercih edilmez. Buna karşın ambalaj sandıklarında, oduna dayalı panel yapımlarında ve özellikle kağıt sanayiinde tercih edilir. Ayrıca çatı malzemesi ve inşaat iskeleleri yapımında ve kalıp tahtası olarak kullanılır. Gemilerde kullanımına ilişkin ise herhangi bir bilgiye ulaşılamamıştır.

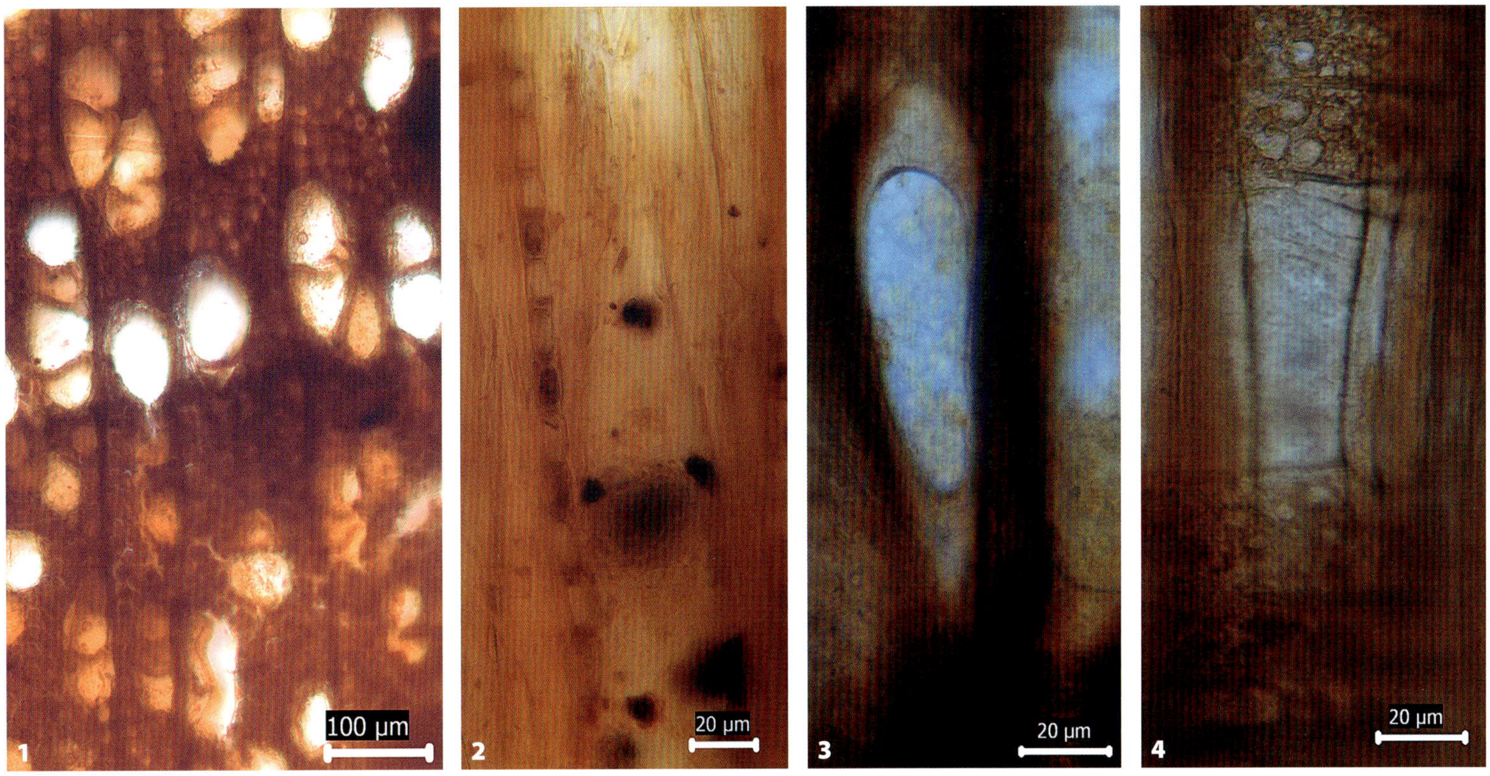

Fig. / Res. 4.29

Wood thin sections of poplar:
1. Cross section; 2. Tangential section; 3. Perforation plate; 4. Radial section

Bir kavak odununun ince kesitleri:
1. Enine kesit; 2. Teğet kesit; 3. Perforasyon tablası; 4. Radyal kesit

Fig. / Res. 4.30

White oak trees with smooth trunks in Belgrade Forest of Istanbul / *İstanbul Belgrad Ormanı'ndan düzgün gövdeli akmeşe ağaçları*

2.9. *Quercus* L. (Oak)

Oak is an important tree of Turkey represented with seventeen species. Due to this high number, Turkey is considered an oak centre of the world. Oak trees form large forests; its hard and durable wood is in demand for every field where durable wood is needed. Oak trees are tall and have valuable wood (Figs. 4.31 and 4.32).

Anatomic features of its wood: Oakwood is easily identified under microscope. Yet, it can be identified only down to the three major groups of white, red, and evergreen oaks.

Oakwood is distinguished at the genus level with its ring vessels or diffuse porous vessels in radial bands; with its very wide rays; with its large cross-field pits and sometimes vertically elliptic in some trees. Perforations are simple type. Ray widths are uni- or multiseriate (wide) and rays are about 3-4 mm tall.

The woods of the genus cannot be identified at species level. The wood features of the three major groups are as follows:

a. White oaks: Early wood vessels are ring porous; transition from early to late wood is sudden; late wood vessels are in flame arrangement (Fig. 4.33).

b. Red oaks: Early wood vessels are ring porous; transition from early to late wood is more gradual; late wood vessels are less frequent (Fig. 4.34).

c. Evergreen oaks: Vessels are arranged radially from the pit toward the wall; transition from early to late wood is not discernible (Fig. 4.35).

Fig. / Res. 4.31
A Turkish oak growing freely
Serbest büyümüş bir Türk meşesi ağacı

2.9. *Quercus* L. (Meşe)

Meşe; ülkemizde 17 türle temsil edilen çok önemli bir ağaç cinsidir. Tür sayısının fazlalığından dolayı Türkiye, dünyanın meşe merkezlerinden biri olarak kabul edilmektedir. Meşe ağaçlarının büyük ormanlar kurması ve özellikle sert ve dayanıklı odunlara sahip olmasından dolayı direnç gerektiren ahşap malzemenin gerekli olduğu tüm alanlarda kullanılmışlardır. Meşeler genellikle uzun boylu çok değerli odunlara sahip orman ağaçlarıdır (Res. 4.31 ve 4.32).

Meşe Odunlarının Anatomik Özellikleri: Meşe odunlarının mikroskobik teşhisleri oldukça kolaydır. Ak meşeler, kırmızı meşeler ve herdem yeşil meşeler olmak üzere üç gruba ayrılmakta ve teşhislerde ancak grup düzeyine inilebilmektedir.

Meşeler cins düzeyinde, odunlarının halkalı traheleri ya da radyal yönde şeritler halinde dağınık dizilmiş olması, öz ışınlarının çok geniş ve trahe-öz ışını karşılaşma yerlerindeki geçitlerin büyük ve bazı ağaçlarda dikine elipsler şeklinde olmasıyla ayırt edilir. Perforasyonları basit tiptedir. Öz ışını genişliği tek ya da çok sıralı olup çok sıralı (geniş) öz ışınlarının yüksekliği 3-4 mm kadardır.

Cinsin odunlarının tür düzeyinde teşhisi ise mümkün olamamaktadır. Ancak grup seviyesinde teşhis yapılabilmektedir. Grupların odun özellikleri ise şöyledir:

a. Akmeşeler: İlkbahar traheleri halka şeklinde; ilkbahar odunundan yaz oduna geçiş çok ani ve yaz odunu traheleri alev dili şeklinde dizilmiştir (Res. 4.33).

b. Kırmızı meşeler: İlkbahar traheleri halka şeklinde; ilkbahardan yaz oduna geçiş daha yavaş, yaz traheleri daha seyrektir (Res. 4.34).

c. Herdemyeşil meşeler: Traheler özden çevreye doğru radyal olarak dizilmişler ve ilkbahar-yaz geçişleri belirgin değildir (Res. 4.35).

Meşe Odunlarının Kullanım Alanları: Traheleri tüllerle tıkalı olduğundan sıvıların geçmesi engellenmekte ve konyak, şarap gibi alkollü içki fıçıları yapımında ideal bir malzeme olarak kullanılmaktadır. Masif olarak mobilya yapımında, yatlarda, doklarda, limanlarda, su içi inşaatlarda, vagon yapımında ve toprakla temas eden her çeşit kullanım yerinde değerlendirilir. Maden direği, travers, yüksek kaliteli marangozluk işlerinde, parke, karoser yapımı, kesme kaplama levha (dar yıllık halkalı tomruklardan), mobilya, lambri, alet sapları yapımında ve oymacılıkta kullanılmaktadır. Ayrıca mazı meşelerinde patolojik olarak oluşan mazılardan tanen elde edilmektedir. Kırmızı meşeler, genellikle ak meşelerin kullanıldığı yerlerde değerlendirilir. Ancak, trahelerinde tül oluşumu bulunmadığı için kuru madde fıçıları yapımında tercih edilirler (Bozkurt, 1971; Bozkurt ve Erdin, 2000).

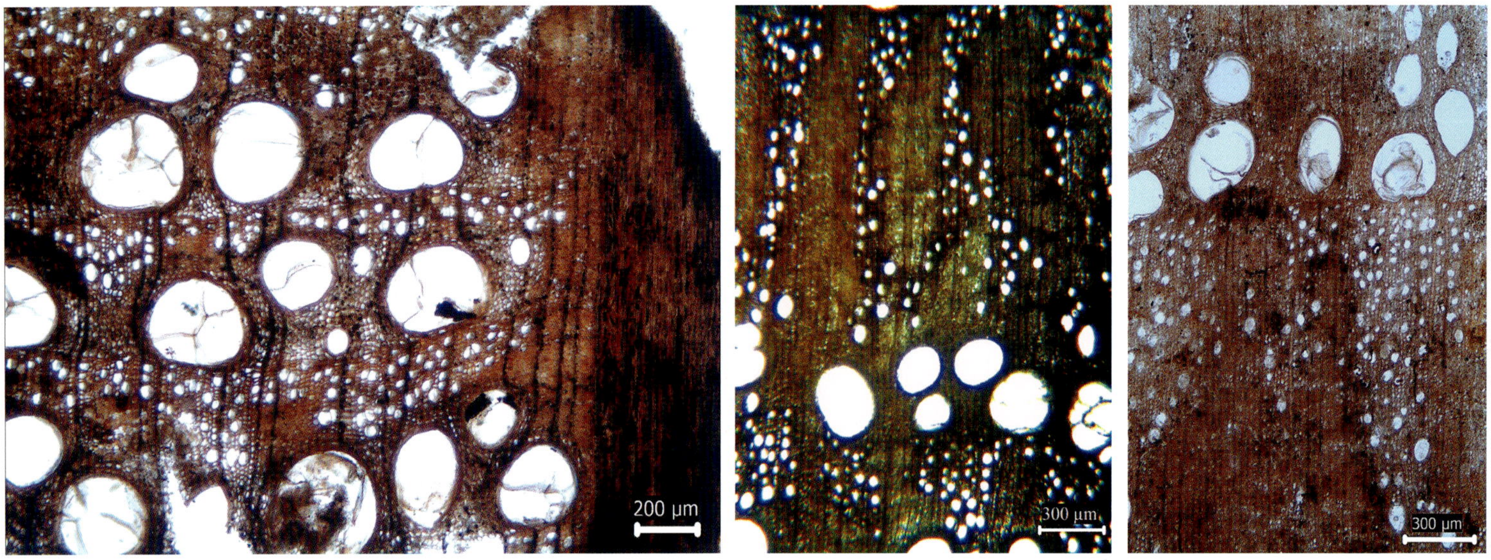

Fig. / Res. 4.32
Anatomic sections of white oaks: Transversal sections
Akmeşe odunlarının anatomik kesitleri: Enine kesitler

Fig. / Res. 4.33
Anatomic sections of red oak wood: Transversal sections
Kırmızı meşe odunlarının anatomik kesitleri: Enine kesitler

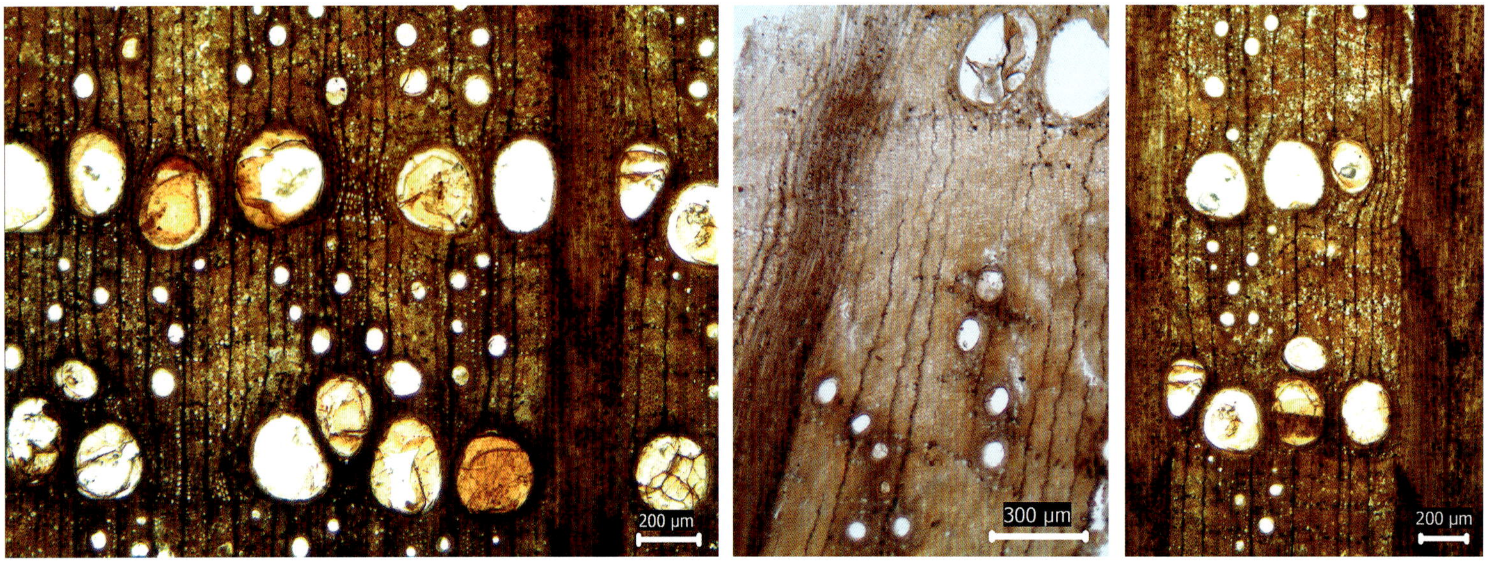

Fig. / Res. 4.34
Anatomic sections of evergreen oaks: Transversal sections. Tree ring borders are less discernible than those of other oak groups and vessels continue radially.
Herdemyeşil meşe odunlarının anatomik kesitleri: Enine kesitler. Yıllık halka sınırı diğer meşe gruplarına daha az belirgin ve traheler radyal yönde devamlıdır.

Areas of use: As its vessels are blocked with thyl, liquids cannot penetrate through oak wood; thus, it is the perfect material for making barrels for spirits such as cognac and wine. As massive wood, it is used in furniture, yachts, docks, harbours, underwater constructions, train cars, and any areas that has direct contact with earth. In addition it is preferred for mining posts, traverses, high quality carpentry, parquet, bodywork, veneer plaques (from trunks with narrow rings), furniture, wainscoting, tool handles and woodworking. Furthermore, tannin is obtained from pathological galls of Cyprus oak. Red oaks are used usually where white oaks are used. However, as their vessels do not have thyl they are preferred for dry food barrels (Bozkurt, 1971; Bozkurt and Erdin, 2000).

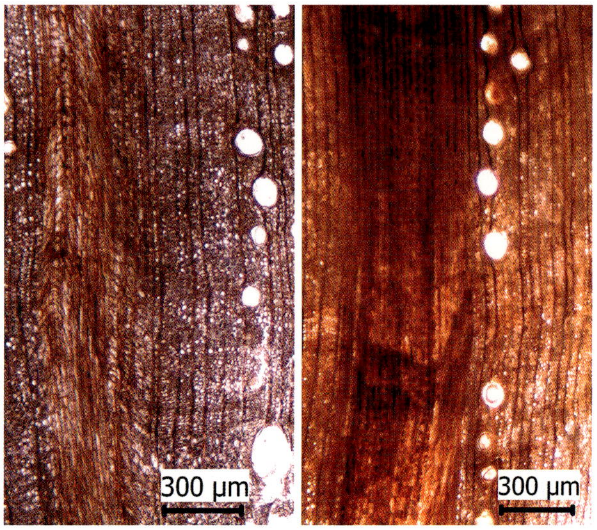

2.10. *Spartium junceum* L. (Spanish, or weaver's broom)

Spanish, or weaver's broom is one of the most common bushes of the Mediterranean. It is seen all around the Mediterranean and Marmara, the straits, and Black Sea littoral. Especially its yellow blossoms adorn the nature in the spring (Fig. 4.35).

Anatomic features of its wood: Its vessels are diffuse, ring, or semi-ring porous; there is dendritic arrangement and dense spiral thickening. Peroration plate is of simple type. Tracheal elements and parenchymae have storied structure. Wood parenchymae form wide tangential bands. Vessels have coloured materials in them (Fig. 4.36).

Areas of use: No information is available for areas where weaver's broom wood is used. As it is a bush with a trunk diameter of 3-5 cm it is not a woody plant of trade. Yet, it was extensively used for coaks of Yenikapı wrecks without any extra process. It may have been preferred for easy access from docks, not requiring extra work, and for its flexibility.

2.10. *Spartium junceum* L. (Katırtırnağı)

Katırtırnağı, Akdeniz çevresinin en yaygın çalılarından biridir. Tüm Akdeniz çevresi, Marmara, Boğazlar ve Karadeniz sahilleri boyunca geniş bir yayılışa sahiptir. Özellikle ilkbaharda açan sarı renkli çiçekleriyle geniş alanların sarı renkle kaplanmasını sağlar (Res. 4.35).

Katırtırnağı Odununun Anatomik Özellikleri: Traheler dağınık, halkalı ya da yarı halkalı olup dendritik bir dizilişte bulunur ve spiral kalınlaşma yoğundur. Perforasyon tablası basittir. Traheal elemanlarda ve paranşimlerde tabakalı yapı bulunur. Odun paranşimleri geniş teğet bantlar oluşturur. Trahelerin içlerinde renkli materyaller vardır (Res. 4.36).

Katırtırnağı Odununun Kullanım Alanları: Katırtırnağı odunlarının kullanım alanlarıyla ilgili herhangi bir bilgiye ulaşılamamıştır. Çalı formunda ve gövde çapları 3-5 cm olduğundan ticarette kullanılan bir odunsu bitki değildir. Buna karşın, Yenikapı gemilerinin yapımında, ek bir işlem gerektirmeden kavelalarda yoğun bir şekilde kullanılmıştır. Bu türün kullanım nedeni gemi yapım atölyelerine çok yakın alanlarda ve yoğun bir şekilde bulunuyor olması, ek bir işlem gerektirmemesi ve esnekliği olabilir.

Fig. / Res. 4.35

Spanish broom bushes on Büyükdere heights of Istanbul

İstanbul Büyükdere sahillerinin yamaçlarında bulunan katırtırnağı çalıları

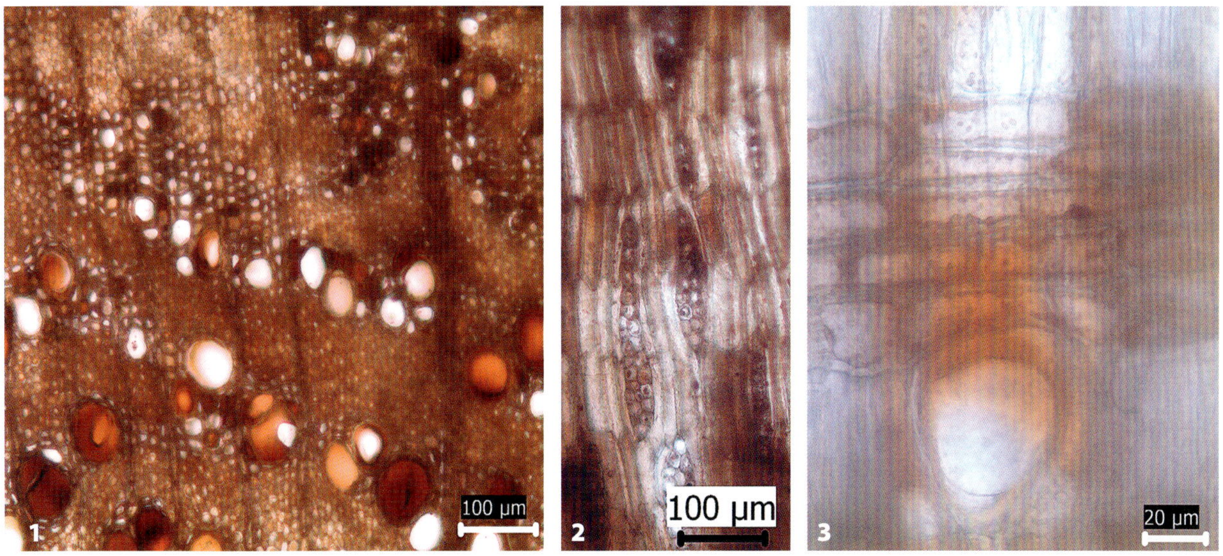

Fig. / Res. 4.36

Anatomic sections of Spanish broom wood:
1. Transversal;
2. Tangential;
3. Radial

Katırtırnağı çalısı odunlarının anatomik kesitleri:
1. Enine kesit;
2. Teğet kesit;
3. Radyal kesit

Fig. / Res. 4.37
A field elm tree
Bir ova karaağacı

2.11. *Ulmus* L. (Elm)

Elm is found as four naturally growing species in Turkey and neighbouring regions. They do not form a forest of their own but get into mixed forests (Fig. 4.37). European white elm (*Ulmus laevis* Pall.) is found in Subasar forests of Thrace; mountain elm (*Ulmus glabra* Huds.) grows in the high mountainous parts of Anatolia; and near human settlements, field elm (*Ulmus minor* Mill.) is seen in the plains of the north whereas grey elm is seen in the south of the country. Its wood is quite decorative and valuable. It has been in high demand especially for furniture production. And yet, it has gone almost extinct due to an insect-fungus disease recently.

It is almost not possible to identify the woods of these four species at species level. Therefore, their identification has remained at genus level. Yet, it is more likely that the samples belong to the field elm.

Anatomic features of its wood: Vessels have ring porous arrangement. Early wood vessels are wide and uni- to tri-seriate ring whereas the late wood vessels are arranged as wavy tangential bands. Rays are homocellular and uni- to hexa-seriate. Perforate plate is simple type (Fig. 4.38).

Areas of use: It is preferred for production of massive furniture, parquet, wainscoting, veneer (especially from trees with tumours), yacht, train car, musical instruments, sports instruments, tool handles, lathing, woodworking, and interior parts of ships (Bozkurt, 1971). At Yenikapı it is seen less in the merchantmen and more in, especially the frames of galleys.

2.11. *Ulmus* L. (Karaağaç)

Karaağaçlar, ülkemiz ve çevresinde doğal yetişen 4 türle temsil edilirler; tek başlarına orman oluşturmazlar ama ormanda karışıma giren ağaçlardır (Res. 4.37). Trakya Subasar ormanlarında saplı karaağaç (*Ulmus laevis* Pall.), Anadolu'nun yüksek dağlık kısımlarında dağ karaağacı (*Ulmus glabra* Huds.), insan yerleşimlerine yakın kısımlarda ise kuzeyde ova karağaacı (*Ulmus minor* Mill.) ve güneyde tüylü ova karağacı (*Ulmus canascens* Melville) doğal yetişmektedir. Odunları oldukça dekoratif ve değerli olup yıllar boyu çok tercih edilmişler ve özellikle mobilya yapımında kullanılmışlardır. Bununla beraber bir böcek-mantar hastalığı nedeniyle günümüzde büyük oranda yok olmuşlardır.

Bu dört türün odunlarını tür düzeyinde teşhis etmek hemen hemen olanaksızdır. O nedenle teşhisleri cins düzeyinde yapılmıştır. Buna karşın kullanılan odunların ova karaağacı türüne ait olma olasılığı yüksektir.

Karaağaç Odunlarının Anatomik Özellikleri: Karaağaç odunlarında traheler halkalı dizilmiştir. İlkbahar traheleri geniş ve 1-3 sıralı halka şeklinde, yaz odunu traheleri dalgalı teğet bantlar şeklinde dizilmiştir. Öz ışınları homoselüler, 1-6 sıralıdır. Perforasyon tablası basit tiptedir (Res. 4.38).

Karaağaç Odunlarının Kullanım Alanları: Karaağaç odunu masif mobilya, parke, lambri, kesme kaplama (özellikle urlu ağaçlardan), yat, vagon, müzik aletleri, spor aletleri, alet sapları yapımında, tornacılık ve oymacılıkta, gemilerin iç kısımlarında kullanılmaktadır (Bozkurt, 1971). Yenikapı'nın eski ticaret gemilerinde daha seyrek bir kullanımı varken kadırga eğrilerinin ana malzemelerinden biridir.

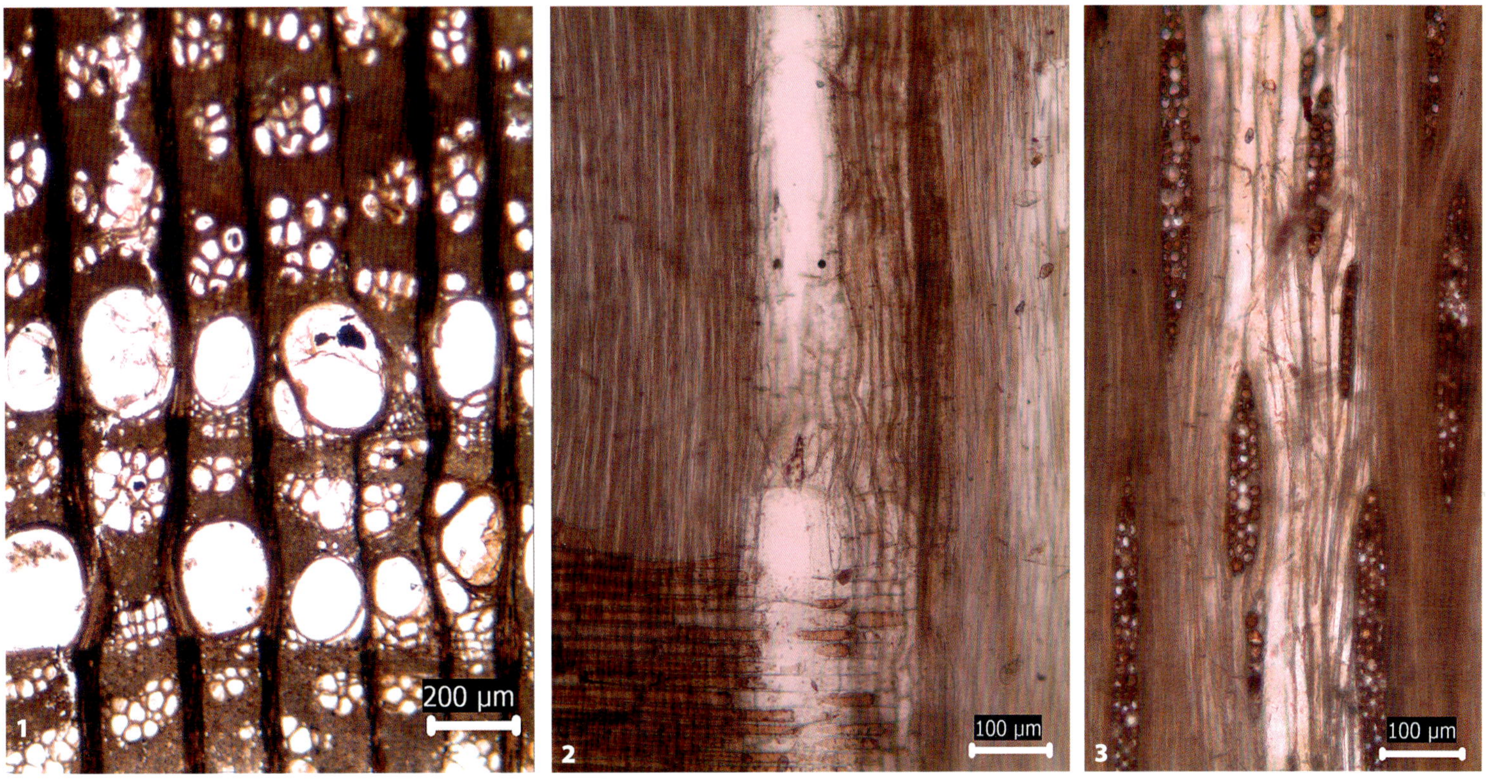

Fig. / Res. 4.38

Anatomic sections of elm wood:
1. Transversal;
2. Radial; 3. Tangential

Karaağaç odununun anatomik kesitleri.
1. Enine kesit;
2. Radyal kesit;
3. Teğet kesit

V

Periodical Changes in Wood Use

Ahşap Kullanımında Dönemsel Değişimler

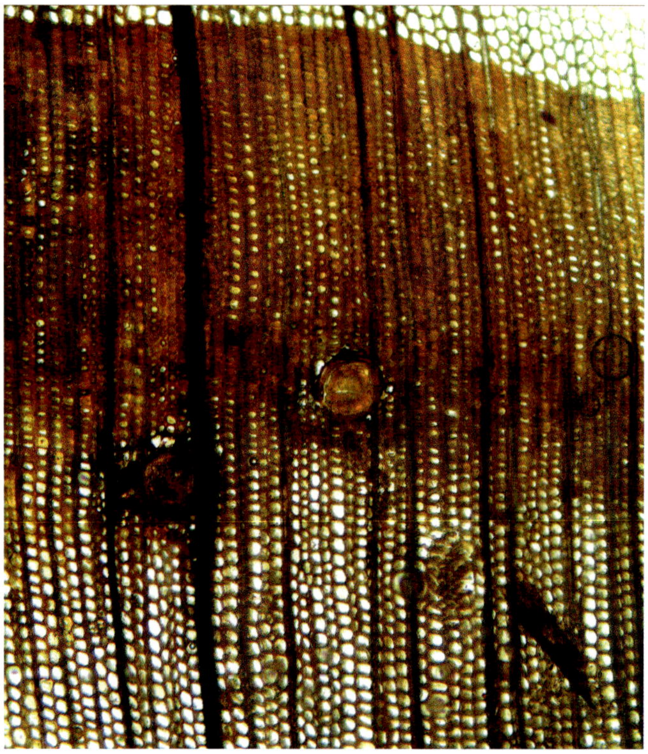

Wrecks uncovered at Yenikapı date to a wide time period ranging from the fifth to the eleventh century. Thus, we have a chance to analyse the changes in shipbuilding technology and in use of wood. Examining the woods used with respect to time has yielded important conclusions (Table 5.1). The ships are basically categorised into two as merchantmen and galleys and then classified into the centuries as fifth-seventh, seventh-ninth and ninth-eleventh centuries.

Yenikapı kazılarında bulunan gemiler 5. yüzyıldan 11. yüzyıla kadar geniş bir zaman aralığına aittir. Bu durum yüzyıllar boyunca gemilerin yapım tekniğindeki ve özellikle ağaç kullanımındaki değişimler hakkında önemli bilgiler sunacak bir olanak yaratmıştır. Gemilerde kullanılan ağaçlar, değişik yüzyıllarda yapılan gemilerdeki kullanım durumuna göre analiz edildiğinde önemli sonuçlara ulaşılmıştır (Tablo 5.1). Gemiler önce ticaret gemileri ve kadırgalar olarak iki gruba ayrılmış, sonra da 5.-7., 7.-9. ve 9.-11. yüzyıllara göre sınıflandırılmıştır.

Table / Tablo 5.1 Main wood genera/species used in the main ship members according to periods / *Dönemlere göre gemilerin ana kısımlarında kullanılan ana ağaç cins/türleri*

Merchantmen / Ticaret gemileri						
		Ship code/ Gemi kodu	Planking/Kaplama	Ceiling/Farş	Keel/Omurga	Frame/Eğri
5th-7th centuries / 5.-7. yy	5th century / 5. yy	YK34	Black pine/Karaçam	Black pine/Karaçam; Turkish pine/Kızılçam	Red oak/ Kırmızı meşe; Beech /Kayın	Red oak/ Kırmızı meşe
		YK35	Mediterranean cypress/ Akdeniz servisi	Turkish pine/Kızılçam; Cedar/Sedir	Elm tree/Karaağaç; Mediterranean cypress/ Akdeniz servisi; Turkish pine/ Kızılçam	Elm tree/Karaağaç; Mediterranean cypress/ Akdeniz servisi; Turkish pine/Kızılçam; Red oak/ Kırmızı meşe
	5th-6th century / 5.-6. yy	YK22	Mediterranean cypress/Akdeniz servisi; Turkish pine/Kızılçam	Turkish pine/Kızılçam	Mediterranean cypress/ Akdeniz servisi	White oak/Akmeşe; Red oak/ Kırmızı meşe
		YK26	Red oak/Kırmızı meşe	--	--	--
7th-9th centuries / 7.-9. yy	7th-9th centuries / 7.-9. yy	YK03*	Black pine/Karaçam	Black pine/Karaçam	Eastern plane/Doğu çınarı	Eastern plane/Doğu çınarı; Elm tree/ Karaağaç; Ash/Dişbudak
	8th century / 8. yy	YK10	Mediterranean cypress/ Akdeniz servisi; Stone pine/ Fıstıkçamı	--	--	Stone pine/Fıstıkçamı
		YK19	White oak/Akmeşe	--	White oak/Akmeşe; Eastern plane/Doğu çınarı	White oak/Akmeşe
		YK29	Mediterranean cypress/ Akdeniz servisi	Turkish pine/Kızılçam; Stone pine/ Fıstıkçamı; Chestnut/Kestane	Turkish pine/Kızılçam	Turkish pine/Kızılçam; Elm tree/Karaağaç
	8th-9th centuries / 8.-9. yy	YK15	Stone pine/ Fıstıkçamı	--	White oak/Akmeşe	--
		YK17	Stone pine/ Fıstıkçamı	--	Stone pine/ Fıstıkçamı	Stone pine/ Fıstıkçamı
		YK27	Stone pine/ Fıstıkçamı	Stone pine/ Fıstıkçamı	Red oak/Kırmızı meşe	
		YK28	Turkish pine/Kızılçam; White oak/Akmeşe	--	--	Red oak/Kırmızı meşe; Elm tree/Karaağaç
		YK30	Mediterranean cypress/ Akdeniz servisi; White oak/Akmeşe	--	White oak/Akmeşe	Red oak/Kırmızı meşe; Turkish pine/Kızılçam
		YK32	Chestnut/Kestane; Oak/Meşe	--	White oak/Akmeşe	White oak/Akmeşe; Red oak/Kırmızı meşe
	9th century / 9. yy	YK12	Chestnut/Kestane	Oak/Meşe	Hornbeam/Gürgen; Beech/ Kayın	Ash/Dişbudak; Oak/Meşe
		YK31	Chestnut/Kestane; Oak/Meşe	Oak/Meşe	Oak/Meşe	Oak/Meşe
9th-11th centuries / 9.-11. yy	9th-10th centuries / 9.-10. yy	YK20	Chestnut/Kestane	--	Beech/Kayın	Oak/Meşe
		YK21	Oak/Meşe	--	Oak/Meşe; Eastern plane/ Doğu çınarı	Oak/Meşe
	10th-11th centuries / 10.-11. yy	YK06	Chestnut/Kestane; White oak/Akmeşe	--	Hornbeam/Gürgen	White oak/Akmeşe
		YK7	Chestnut/Kestane; Oak/Meşe	--	Red oak/Kırmızı meşe	White oak/Akmeşe
		YK08	Chestnut/Kestane; Oak/Meşe	--	Beech/Kayın	White oak/Akmeşe
		YK09	White oak/Akmeşe	--	White oak/Akmeşe	White oak/Akmeşe
		YK18	Chestnut/Kestane; White oak/Akmeşe	--	White oak/Akmeşe; Eastern plane/Doğu çınarı	White oak/Akmeşe
Galleys / Kadırgalar						
		Ship code/ Gemi kodu	Planking/Kaplama	Ceiling/Farş	Keel/Omurga	Frame/Eğri
7th-9th centuries / 7.-9. yy	8th century / 8. yy	YK16	Black pine/Karaçam	--	Eastern plane/Doğu çınarı	Eastern plane/Doğu çınarı; Elm tree/Karaağaç
	8th-9th centuries / 8.-9. yy	YK13	Black pine/Karaçam	--	Oak/Meşe; Eastern plane/ Doğu çınarı	Eastern plane/Doğu çınarı; Elm tree/Karaağaç
9th-11th centuries / 9.-11. yy	10th-11th centuries / 10.-11. yy	YK25	Black pine/Karaçam; Cedar/Sedir	--	--	Eastern plane/Doğu çınarı
		YK36	Chestnut/Kestane; Black pine/Karaçam	--	Eastern plane/Doğu çınarı	Eastern plane/Doğu çınarı

* YK3 was tentatively dated to the tenth-eleventh centuries in the early stages of the work but wood genera and species indicated earlier period. Later C14 analyses designated seventh-ninth centuries, thus confirming the information obtained from wood identifications.

YK3 ilk listede 10.-11. yüzyıl olarak tahmin edilmesine karşın ahşap cins ve türleri bunun daha döneme ait erken olması gerektiğini göstermiştir. Daha sonra yapılan C14 analizlerinde 7.-9. yüzyıl olarak çıkmış olup ahşaba dayalı tahminleri doğrulamıştır.

1. Periodical Evaluation of Ship Members

1.1. Planking

For the merchantmen: The planking was usually made from coniferous trees like cypress, stone pine and black pine and from broad-leaved trees like red oaks during the fifth-seventh centuries. The situation continued similarly during the seventh-ninth centuries; however, these woods were mostly replaced by white oak wood and chestnut wood in the ninth-tenth and tenth-eleventh centuries. Thus, in planking there is a clearly discernible change from pines towards the oak and chestnut (Table 5.2; Fig. 5.1).

The change in use of wood from the fifth to the eleventh century is given below revealing a clear tendency from conifers to oak and chestnut. D'Amato (2009) states that Roman period ships in the Mediterranean were usually built with coniferous trees. Our identifications confirm this statement.

1. Gemi Kısımlarının Dönemlere Göre Değerlendirilmesi

1.1. Kaplama

Ticaret gemilerinde 5.-7. yüzyıllarda kaplamalar genellikle iğne yapraklı ağaçlardan servi, fıstıkçamı ve karaçam ile yapraklı ağaçlardan kırmızı meşe kullanılarak yapılmıştır. 7.-9. yüzyıllarda da benzer bir durum söz konusu iken özellikle 9.-11. yüzyıllarda bu ağaçların yerini büyük oranda akmeşe ve kestane almıştır. Kaplama yapımında çamlardan meşe ve kestaneye göre bir değişim belirgin şekilde ortaya çıkmıştır (Tablo 5.2).

5. yüzyıldan 11. yüzyıla doğru kaplamalardaki ahşap kullanımındaki değişim aşağıdaki şemada verilmiş ve genel olarak iğne yapraklı ağaçlardan meşe ve kestaneye doğru belirgin bir değişim ortaya çıktığı tespit edilmiştir. D'Amato (2009) Akdeniz'de Roma Dönemi gemilerinin kaplamalarının genellikle iğne yapraklı ağaçlardan yapıldığını belirtmiştir. Teşhis sonuçlarımız bu açıklamayla uyumludur.

Table / Tablo 5.2 Periodical changes in use of planking wood / *Kaplama yapımındaki ahşap kullanımında dönemsel değişimler*

Planking of the merchantmen / Ticaret gemilerindeki kaplamalar		
5th-7th centuries / 5.-7. yy	**7th-9th centuries / 7.-9. yy**	**9th-11th centuries / 9.-11. yy**
Turkish pine / Kızılçam **Mediterranean cypress** / Akdeniz servisi **Black pine** / Karaçam **Red oak** / Kırmızı meşe	**Black pine** / Karaçam **Turkish pine** / Kızılçam **Stone pine** / Fıstıkçamı **Mediterranean cypress** / Akdeniz servisi **White oak** / Akmeşe **Chestnut** / Kestane	**White oak** / Akmeşe **Oak** / Meşe **Chestnut** / Kestane
Conifers / İğne yapraklı ağaçlar →	**Broad-leaved trees / Geniş yapraklı ağaçlar**	

For planking, pine and cypress were preferred from the fifth to the ninth century; however, white oak and chestnut came into use in the ninth century and reached its peak in the tenth-eleventh centuries, thus pine and cypress were entirely abandoned.

Chestnut and oak woods are today the most preferred wood types in shipbuilding for the parts that are in direct contact with water. This is also expressed by Bozkurt (1971). That the wood preference changed from pines to oak and chestnut in the Byzantine period indicates that durability stepped forth when material with resistance against mechanical effects is needed. This also points to the fact that actually new materials were sought after based on observations and experimentation in shipbuilding; thus, it is possible to state that oak and chestnut woods were understood to have been more resistant and durable as planking.

On the other hand, taking into consideration the quantity of material and their origins, it is noted that stone pinewood used in the seventh-ninth centuries is not a widely common material. Both the cones and wood

Kaplama yapımında 5. yüzyıldan 9. yüzyıla doğru çam ve servi ağaçlarının kullanıldığı görülürken, 9. yüzyılda başlayan Akmeşe ve kestane kullanımı 10.-11. yüzyılda en yüksek düzeyine çıkmış ve çam ve servi ağaçlarının kullanımı tümüyle terk edilmiştir.

Kestane ve meşe ağaçları, günümüzde de gemi yapımında ve yapıların özellikle neme maruz kalan kısımlarında diğer ağaçlara göre daha çok tercih edilen ağaçlardır. Bozkurt (1971) bu ağaçların gemi yapımında ve özellikle su ile temas eden kısımlarda tercih edildiğini belirtmektedir. Bizans Dönemi gemi kaplamalarında çam grubu ağaçlardan meşe ve kestane ağaçlarına doğru bir yönelme olmuş, bu durum suya dayanıklılık ve mekanik etkilere karşı daha dirençli ağaç malzemenin tercih edilmesi açısından değerlendirildiğinde dayanıklılığın daha da önem kazandığını göstermiştir. Bu tercih gemi yapımında ağaç malzeme kullanımında da bir arayış, gözlem ve araştırma olduğunu, daha dirençli ve dayanıklı olan kaplama malzemelerinin meşe ve kestane olarak tespit edilerek bu malzemelerin kullanılmaya başlandığı sonucuna varılabilir.

of stone pine are valuable for trade. Today they are under protection for seed and cone production. Turkish pines do not have very smooth trunks. Cypresses are not widely common either. When compared with present day forest fabric these trees were limited in use. In addition these trees are found on the south side of Marmara, Aegean and Mediterranean. In case these ships were built in Marmara, especially around Istanbul, then this will mean that the planking wood was procured from some distance. In case the ships were not built around Istanbul then they may have been built in the Aegean-Mediterranean regions.

Beside durability oak and chestnut woods may have been preferred in later periods for two other reasons. Firstly, that Istanbul and environs are rich in oak and chestnut facilitated the procurement of materials. Secondly, short distance means lower transportation costs. However, in order to be able to reach more decisive conclusions on the topic economic condition of the period needs to be considered.

For the galleys: Black pine was preferred for planking during seventh-ninth centuries. In ninth-eleventh centuries Black pine, Cedar and Chestnut trees were used.

1.2. Ceiling

Although it is a main part of a ship very few elements of ceiling have been uncovered. None of the merchantmen of the ninth-eleventh centuries had any extant ceiling. Similarly, galleys did not have any ceiling either.

A change is observed from the pinewood used in the fifth-seventh centuries to the oak wood used in the seventh-ninth centuries (Table 5.3; Fig. 5.1).

In the fifth-seventh centuries Turkish pine, black pine and Cedar were used; in the seventh-ninth centuries black pine, Turkish pine, stone pine, oak and chestnut were preferred. This change is similar to that in planking (Table 5.3).

The change in ceiling wood was from the pines towards the oak; however, as the ships of the ninth-eleventh centuries did not contain any extant ceiling pieces no comments can be proposed on these centuries.

Diğer yandan, kullanılan malzemelerin miktarı ve bölgeleri açısından değerlendirildiğinde, 7.-9. yüzyıllara ait malzemelerden fıstıkçamları yaygın ağaçlar değillerdir. Hem kozalakları ticari açıdan önemli hem de odunları değerlidir. Günümüzde kozalak ve tohum üretimi yapıldığından yaygın bir şekilde korunmaktadır. Kızılçamlar çok düzgün gövdelere sahip değillerdir. Servi ağaçları da yaygın ağaçlar değildir. Bu ağaçların yaygın olarak kullanımı, günümüz orman yapısıyla kıyaslandığında, oldukça sınırlı kalmaktadır. Bu ağaçlar aynı zamanda daha çok Marmara'nın güney tarafları, Ege ve Akdeniz Bölgesi ağaçlarıdır. Eğer gemiler Marmara ve özellikle İstanbul çevresinde yapılmışsa, malzemenin kısmen uzak mesafeden taşınmış olması gerekir. Eğer gemiler İstanbul çevresinde inşa edilmemişse de Ege-Akdeniz Bölgelerinde yapılmış olabilirler.

Geç dönemde yapılan gemilerdeki meşe ve kestane kullanımı dayanıklılıklarının yanısıra başka iki açıdan da tercih nedeni olabilir. Birincisi, İstanbul ve çevresinin meşe ve kestane açısından oldukça zengin olması malzeme açısından bir üstünlük sağlamaktadır. İkincisi de yakın mesafede bulunması, uzak mesafeden taşıma maliyetlerini düşürmesi açısından ekonomik olmasıdır. Bunlarla ilgili olarak kesin bilgilere ulaşabilmek için dönemin iktisadi boyutunun da ele alınması gereklidir.

Kadırgalarda ise 7.-9. yüzyıllarda kaplama yapımında karaçam ve sedir ağacı kullanılmış olup 9.-11. yüzyıllarda ise karaçam, sedir ve kestane tercih edilmiştir.

1.2. Farş

Gemilerin ana bölümlerinden biri olan farş, kazılarda en az bulunan parçalardan biri olmuştur. 9.-11. yüzyıllara ait ticaret gemilerinin hiçbirinde farşa rastlanmamıştır. Aynı şekilde kadırgalarda da farş tespit edilememiştir.

5.-7. yüzyıldan 7.-9. yüzyıla doğru çam grubu ağaçlardan meşeye doğru bir değişim tespit edilmiştir (Tablo 5.3).

5.-7. yüzyıllarda kızılçam, karaçam ve sedir, 7.-9. yüzyıllarda karaçam, kızılçam, fıstıkçamı, meşe ve kestane kullanılmıştır. Bu kullanım şekli kaplamalardakine benzer olup aynı yönde bir değişimi ortaya koymuştur (Tablo 5.3; Res. 5.1).

Table / Tablo 5.3 Periodical changes in use of ceiling woods / *Farş yapımındaki ahşap kullanımında dönemsel değişimler*

Ceiling of the merchantmen / Ticaret gemilerindeki farşlar		
5th-7th centuries / 5.-7. yy	**7th-9th centuries / 7.-9. yy**	**9th-11th centuries / 9.-11. yy**
Turkish pine / Kızılçam **Black pine** / Karaçam **Cedar** / Sedir	**Black pine** / Karaçam **Turkish pine** / Kızılçam **Stone pine** / Fıstıkçamı **Oak** / Meşe **Chestnut** / Kestane	---
Conifers / İğne yapraklı ağaçlar ⟹	**Broad-leaved trees / Geniş yapraklı ağaçlar**	

Table / Tablo 5.4 Periodical changes in keel wood / *Omurga yapımındaki ahşap kullanımında dönemsel değişimler*

Keels of the merchantmen / Ticaret gemilerindeki omurgalar		
5th-7th centuries / 5.-7. yy	**7th-9th centuries / 7.-9. yy**	**9th-11th centuries / 9.-11. yy**
Turkish pine / Kızılçam **Mediterranean cypress** / Akdeniz servisi **Beech** / Kayın **Red oak** / Kırmızı meşe **Elm** / Karaağaç	**Turkish pine** / Kızılçam **Stone pine** / Fıstıkçamı **White oak** / Akmeşe **Red oak** / Kırmızı meşe **Eastern plane** / Doğu çınarı **Beech** / Kayın **Hornbeam** / Gürgen **Oak** / Meşe	**White oak** / Akmeşe **Red oak** / Kırmızı meşe **Eastern plane** / Doğu çınarı **Beech** / Kayın **Hornbeam** / Gürgen
Conifers / İğne yapraklı ağaçlar ⇨	**Broad-leaved trees / Geniş yapraklı ağaçlar**	

1.3. Keel

No clear periodical tendency was noted for the keels. All the trees, namely white oak, red oak, beech, plane, stone pine, Turkish pine, and cypress are attested in the keels. Nevertheless, wood of coniferous trees is attested in the keels in the fifth-seventh and seventh-ninth centuries when this kind of wood was used in other parts of the ships. However, in the later centuries use of coniferous trees was entirely abandoned. This change is given in the Table 5.4 and Fig. 5.1.

In the galleys, the keel was mainly made of plane wood, then of oak wood as a second choice. In the merchantmen, oak, pine, chestnut, beech, hornbeam, and plane wood was preferred as per the time. Plane wood was widely used in merchantmen. D'Amato (2009) states that oak and beech woods were preferred for the keel in Roman period ships. A similar conclusion is given below.

Today, plane, hornbeam and beech woods are not preferred for shipbuilding. Yet, at Yenikapı hornbeam was used in the frames, beech and plane in addition to pine and oak were used in the keels. With respect to anatomic features plane and beech woods are closely similar. That hornbeam wood also has fine texture may make it possible to use these three wood types (plane, beech, hornbeam) to be used interchangeably. This is seen in the ships. Some ships have oak-beech, some have oak-plane or -hornbeam.

1.4. Frame System

From the fifth to the ninth century frames were built with Turkish pine, stone pine, white oak, red oak, evergreen oak and elm; however, in the ninth-eleventh centuries almost all the ships were built with white oak frames (Table 5.5; Fig. 5.1).

A clear periodical tendency is attested in the frame system. In general there is a clear change from the conifers (pine) to broad-leaved trees (oak). Furthermore, variety of woods was abandoned and only white oak was preferred.

Farş yapımında da çamlardan kestane ve meşeye doğru bir yönelme olmuştur. 9.-11. yüzyıllara ait olan gemilerde farş örneklerine rastlanamadığından bu döneme ilişkin bir bulguya ulaşılamamıştır.

1.3. Omurga

Omurga yapımında çok belirgin bir dönemsellik bulunamamıştır. Akmeşe, kırmızı meşe, kayın, çınar, fıstıkçamı, kızılçam ve servi gibi ağaçların tamamı kullanılmıştır. Bununla beraber, özellikle 5.-7. ve 7.-9. yüzyıllar arasında gemilerin diğer kısımlarında kullanılan iğne yapraklı ağaçlarla birlikte omurga yapımında da yer yer iğne yapraklı ağaçlar kullanılmıştır. Sonraki yüzyıllarda ise iğne yapraklı ağaçların kullanımı tümüyle terk edilmiş olup bu değişim aşağıdaki şemada verilmiştir (Tablo 5.4).

Kadırgalarda omurga yapımının ana malzemesi çınar ve ikinci derecede meşe iken ticaret gemilerinde dönemlere bağlı olarak meşe, çam, kestane, kayın, gürgen ve çınar ağaçlarıdır. Çınar ticaret gemilerinde de büyük oranda kullanılmıştır. D'Amato (2009) Roma Dönemi gemilerinde meşe ve kayın ağaçlarının omurga yapımında tercih edildiğini belirtmiştir. Benzer bir sonuç da aşağıda verilmiştir.

Günümüzde çınar, gürgen ve kayın ağaçları genellikle gemi yapımında tercih edilen ağaçlar değildir. Buna karşılık Bizans Dönemi gemilerinin yer yer eğri yapımlarında gürgen; omurga yapımlarında da çam ve meşe ağaçlarına ek olarak kayın ve çınar önemli bir yer tutmuştur. Odunlarının anatomik yapıları açısından ele alındığında çınar ve kayın birbirlerine büyük benzerlik göstermektedir. Gürgen ağacının da benzer şekilde ince tekstürlü oduna sahip olması nedeniyle bu üç ağacın birbirinin yerine kullanılması mümkün olabilir. Gemilerde bu durumu görmekteyiz. Bazı gemilerde meşe-kayın, bazılarında meşe-çınar ya da gürgen kullanılmıştır.

1.4. Eğri Sistemi

Eğri yapımında 5.-9. yüzyıllarda kızılçam, fıstıkçamı, akmeşe, kırmızı meşe, herdemyeşil meşe ve karaağaç kullanılmışken, 9.-11. yüzyıllardaki gemilerin hemen tamamında akmeşe ağaçları tercih edilmiştir (Tablo 5.5).

Table / Tablo 5.5 Periodical changes in frame woods / *Eğri yapımındaki ahşap kullanımında dönemsel değişimler*

Frames of the merchantmen / Ticaret gemilerindeki eğriler		
5th-7th centuries / 5.-7. yy	**7th-9th centuries / 7.-9. yy**	**9th-11th centuries / 9.-11. yy**
Turkish pine / Kızılçam **Mediterranean cypress** / Akdeniz servisi **White oak** / Akmeşe **Red oak** / Kırmızı meşe **Elm** / Karaağaç	**Turkish pine** / Kızılçam **Stone pine** / Fıstıkçamı **White oak** / Akmeşe **Red oak** / Kırmızı meşe **Elm** / Karaağaç **Ash** / Dişbudak	**White oak** / Akmeşe **Oak** / Meşe
Conifers / İğne yapraklı ağaçlar ⇒	**Broad-leaved trees / Geniş yapraklı ağaçlar**	

As for galleys; in seventh-ninth centuries Eastern plane and Elm trees were used in the frame system, and later only Eastern plane tree was preferred in ninth-eleventh. (Table 5.1).

Plane wood is not preferred in shipbuilding today. Yet, it was one of the main materials used in the ships of the Roman and Byzantine periods. Willich (1802) states that oriental plane trees were gorgeous and they were widely used in shipbuilding in the Levant. D'Amato (2009) underlines that plane wood was preferred for decreasing the weight of the ships. Thus, plane wood was preferred more in the galleys, which were narrow and long.

1.5. Treenail

An important task in shipbuilding is the joinery. Many wooden ships were joined with treenails. Analyses on samples taken from treenails in Yenikapı wrecks have shown that trunk and branches of oak were used mostly as well as a bush known as weaver's broom. In addition, few examples of myrtle and phillyrea were identified.

Especially treenails of weaver's broom were used without any chipping. Many treenails of weaver's broom retain their bark; those with convenient diameters were used without any processing. Most of the treenails of oak came from branches whereas only some came from the trunks. Those that came from the trunk required chipping.

Both oak and weaver's broom are widely found around the Marmara. Especially weaver's broom is a common bush of maquis vegetation widely seen on the Marmara, Aegean and Mediterranean littoral. Even undeveloped hills of Sarıyer in Istanbul are adorned with the bright yellow blossoms of weaver's broom in May and June every year, almost claiming the name of the district, Sarıyer, literally "yellow place".

Bu sonuçlar eğri sisteminin yapımında da belirgin bir dönemselliğe işaret etmektedir. Genel olarak iğne yapraklı ağaçlardan (çam) geniş yapraklı ağaçlara (meşe) bir yönelmenin olduğunu belirgin şekilde ortaya koymuştur. Ayrıca, değişik türden ağaç kullanımı zaman içerisinde yerini tümüyle akmeşeye bırakmıştır.

Kadırgalarda ise çok belirgin olmamakla beraber bir değişim görülmektedir. Eğri sisteminde 7.-9. yüzyıllarda doğu çınarı ve karağaç kullanılırken 9.-11. yüzyıllarda sadece Doğu çınarı tercih edilmiştir. Çınarlar, günümüzde gemi yapımlarında tercih edilmeyen ağaçlardır. Buna karşılık Roma ve Bizans Dönemi gemilerinin ana malzemelerinden biri olmuştur. Willich (1802) Doğu çınarı ağaçlarının muhteşem görünüşlü olduğunu ve Levant'ta gemi yapımında yaygın olarak kullanıldığını belirtmiştir. D'Amato (2009) gemilerde ağırlığı azaltmak için çınar ağaçlarının tercih edildiğini vurgulamıştır. Özellikle dar ve uzun olan kadırga yapımında çınarlar daha çok tercih edilmiştir.

1.5. Ahşap Çivi

Gemilerin yapımında önemli yer tutan işlemlerden biri de kullanılan parçaların birleştirilmesidir. Birleştirme işlemi birçok gemide ahşap çivilerle sağlanmıştır. Ahşap çivilere ilişkin olarak yapılan ahşap teşhisi sonucunda, çivilerde büyük oranda meşe gövde ve dal odunları ile katırtırnağı adlı bir çalının kullanıldığı tespit edilmiştir. Bunlara ek olarak az sayıda mersin ve akçakesme odunlarına da rastlanmıştır.

Özellikle katırtırnağından yapılan çiviler herhangi bir yontma işlemine gerek duyulmadan kullanılmıştır. Birçok katırtırnağı çivisinde örnekler kabuklu olup, çapları uygun olanlar işlenmeden kullanılmıştır. Meşe örneklerinin birçoğu dal odunu iken bazıları gövde parçalarıdır. Gövde parçası olanlar ayrıca bir yontma işlemi gerektirmektedir.

Hem meşe hem de katırtırnağı Marmara çevresinde çok yaygın olan bitkilerdir. Özellikle katırtırnağı maki vejetasyon tipinin en yaygın çalılarından biri olup tüm sahil kesimlerinde ve özellikle Marmara, Ege ve Akdeniz sahillerinde çok yoğun olarak bulunmaktadır. Hatta İstanbul Sarıyer tepelerinin şehirleşmemiş kısımlarını, Mayıs-Haziran aylarında parlak sarı renkli çiçekleriyle, sanki Sarıyer'e adını vermişçesine bir örtüyle kaplar.

2. Comparison of Woods Identified with Respect to Durability

A clear change of wood choice has been noted for the merchantmen from the sixth to the eleventh century. Thus, we are faced with four questions:

1. Were the ships now built somewhere else? Did their origins move from the Aegean-Mediterranean to Marmara?
2. As the new choices are oak and chestnut, was this because of their durability?
3. Was the abundance or scarcity of woods used a limiting factor? Stone pine and cypress were not very common.
4. Did the distance of transportation of the timber become more important? All the woods of the ninth-eleventh centuries could be procured from the humid forests of Marmara and environs.

With respect to durability, it is stated that oak and chestnut preferred in the tenth-eleventh centuries are more resistant to water (Bozkurt, 1992) (Table 5.6).

Our samples were taken from "water-logged timber elements" or material immersed in water for a long time; therefore, even though those belonging to durable wood types have already turned soft over time. When wood remains in water for a long time first the starch and sugars, then soluble salts, pigments and other extractive substances wash out; with hydrolysis the cellulose and hemicellulose in the cell membranes disintegrate whereas lignin takes long years to start disintegrating. When the lignin starts to disintegrate the wood's fabric becomes porous thus its permeability increases. Gaps formed with the chemicals disintegrating are filled with water (Erdin, 2009; Köse, 2013). Köse (2013) and Köse and Taylor (2013) state that deterioration caused by soft decay and erosive bacteria in the black pine and elm wood members of the galley YK13 is extensive.

Examining the durability of tree species used in the table above it is seen that in both periods, both durable, and medium-durable and non-durable trees were used. Yet, choosing mainly oak and chestnut in the ninth-eleventh centuries may indicate resistance to water, that is, durability against water. Bozkurt (1992) states that these two species are very durable under water.

On the other hand, different shipbuilding workshops may be the reason for the change in wood choice. Ships of the fifth-seventh centuries recall the Aegean-Mediterranean littoral based on the wood choice; however, as of the ninth century features of the Black Sea-Marmara come to the fore. Here, if the shipbuilding workshops of Marmara were employed then the procurement of the wood and its transportation from a shorter distance became more feasible. In order to be more conclusive about this issue it is necessary to

2. Kullanılan Ahşap Malzemenin Dayanıklılığı Açısından Karşılaştırması

Ticaret gemilerinde 5. yüzyıldan 11. yüzyıla doğru belirgin bir değişim olduğu tespit edilmiştir. Bu değişimin nedenleri ile ilgili olarak dört soru ortaya çıkmaktadır:

1. Gemilerin yapım yerleri mi değişmiştir? Akdeniz-Ege çevresinden Marmara'ya mı taşınmıştır?
2. Kullanılan ahşapta, meşe-kestaneye doğru bir yönelme olması nedeniyle dayanıklılık mı öne çıkmıştır?
3. Kullanılan ahşabın ormandaki miktarı mı sınırlayıcı olmuştur? (Fıstıkçamı ve servi çok yaygın ağaçlar değillerdi.)
4. Kullanılan ahşabın daha yakın mesafeden taşınması mı öne çıkmıştır? (10.-11. yüzyılda kullanılan ağaçların tamamı Marmara çevresinin nemli ormanlarında bulunan ağaçlardır.)

Kullanılan ahşap malzemenin dayanıklılığı incelendiğinde, 9.-11. yüzyıllarda tercih edilen meşe ve kestane ağaçlarının suya karşı çok dayanıklı (Bozkurt, 1992) olduğu görülmektedir (Tablo 5.6).

Su altında kalmış olan ve "suya doymuş ahşap" olarak adlandırılan bu örneklerde, ağaçlar her ne kadar dayanklı olurlarsa olsunlar tümüyle yumuşamaktadırlar. Bu ahşaplarda, sulu ortamda kaldığı süre boyunca, ilk olarak nişasta ve şeker; daha sonra suda çözünen tuzlar, renk maddeleri ve diğer ekstraktif maddeler yıkanmakta; hidrolizle birlikte hücre çeperi bileşenlerinden selüloz ve hemiselüloz parçalanarak dağılmakta, lignin ise uzun yıllar sonra parçalanmaya başlamaktadır. Ligninin tahribatının başlamasıyla odun dokusu çok fazla gözenekli hale gelmekte, geçirgenliği daha da artmaktadır. Ahşabın yapısında bozunmaya uğrayan kimyasal bileşikler nedeniyle oluşan hücre boşluklarına su dolmaktadır (Erdin, 2009; Köse, 2013). Köse (2013) ve Köse ve Taylor (2013) YK13 nolu kadırgada kullanılan ağaçlardan karaçam ve karağaçlarda yumuşak çürüklük ve erozyon bakterileri etkisiyle meydana gelen bozulmanın yoğun olduğunu belirtmişlerdir.

Tabloda belirtilen dayanıklılık durumları incelendiğinde her iki dönemde de hem dayanıklı hem de orta dayanıklı ve dayanıksız ağaçların kullanıldığı görülmektedir. Buna karşılık 10.-11. yüzyılda tümüyle meşe ve kestaneye dönülen ağaç kullanımında suya dayanıklılık öne çıkmış izlenimi vermektedir. Bozkurt (1992) bu iki cinsin suya çok dayanıklı olduğunu belirtmiştir.

Diğer yandan değişimin nedeni, gemi yapım atölyelerinin farklılığı olabilir. 6.-7. yüzyıllara ait gemiler kullanılan ağaç malzeme açısından Akdeniz-Ege sahillerinin özelliklerini yansıtırken, 9. yüzyıldan itibaren Karadeniz-Marmara çevresi özellikleri ortaya çıkmıştır. Eğer gemi yapım atölyeleri Marmara'ya kaymışsa, bu durumda hem kullanılan mazlemenin temini hem de yakın mesafeden taşınması açısından daha ekonomik

Table / Tablo 5.6 Tree genera and durability of the trees / *Ağaç cinsleri ve dayanıklılık durumları*

TREE GENERA / AĞAÇ CİNSİ/TÜRÜ	DURABILITY / DAYANIKLILIK DURUMU (Bozkurt, 1992)
Pine / Çam (*Pinus sp.*)	Heartwood very durable, sapwood sensitive to fungi and insects. Does not easily crack and twist. *Öz odunları çok dayanıklı, diri odunları mantar ve böceklere hassastır. Çatlamaya ve dönüklüğe eğilimi azdır.*
Cedar /Sedir (*Cedrus sp.*)	Its wood is resistant to fungi, and very resistant to insects. *Odunu mantarlara karşı dayanıklı, böceklere karşı çok dayanıklıdır.*
Fir / Göknar (*Abies sp.*)	It is not durable; sensitive to fungi and insects. Does not easily crack and twist. *Dayanıklı olmayıp mantar ve böceklere karşı hassastır. Çatlama ve dönüklüğe eğilimi azdır.*
Cypress / Servi (*Cupressus sp.*)	--
Oak / Meşe (*Quercus sp.*)	Heartwood is durable, widely resistant to fungi and insects, very durable under water. *Öz odunu dayanıklı, mantar ve böceklere geniş çapta dirençli olup su altında da çok dayanıklıdır.*
Chestnut / Kestane (*Castanea sp.*)	Not sensitive to fungi. Very durable under water. Holds nails and screws well. *Mantarlara karşı hassas değildir. Su altında çok dayanıklıdır. Çivileme ve vida tutması iyidir.*
Plane / Çınar (*Platanus sp.*)	Wood not durable. Sensitive to fungi and insects. *Odunu dayanıklı değildir. Mantar ve böceklere karşı hassastır.*
Elm / Karaağaç (*Ulmus sp.*)	Sapwood little durable, heartwood medium level durable. Medium level sensitive to fungi and little sensitive to insects. / *Diri odun az, öz odun orta derecede dayanıklıdır. Mantarlara karşı orta derecede, böceklere karşı daha az hassastır.*
Hornbeam / Gürgen (*Carpinus sp.*)	Wood not durable. Sensitive to fungi. / *Odunu dayanıksızdır. Mantarlara karşı hassastır.*
Beech / Kayın (*Fagus sp.*)	Wood not durable. Very sensitive to fungi and insects. / *Böcek ve mantarlara karşı çok hassas olup dayanıksızdır.*
Ash / Dişbudak (*Fraxinus sp.*)	Wood not durable. Sensitive to fungi and insects. / *Odunu dayanıklı değildir. Mantar ve böceklere hassastır.*
Walnut / Ceviz (*Juglans sp.*)	Sapwood little durable, heartwood medium level durable. / *Diri odun az, öz odun orta derecede dayanıklıdır.*

consider all the other archaeological data carefully together with the data from the woods. When economic condition of the time is taken into consideration together with seafaring activities, wars, settlements, and commercial life of the time it will be more plausible to compare the periods of the fifth-seventh centuries and ninth-eleventh centuries.

bir durum ortaya çıkmıştır. Bu durumun aydınlatılabilmesi için diğer arkeolojik verilerin de dikkatli bir şekilde incelenerek, ahşap bulgularıyla birlikte değerlendirilmesi gereklidir. Dönemin iktisadi durumu, denizcilik faaliyetleri, savaşlar, yerleşim yerleri ve ticaret hayatıyla birlikte değerlediririldiğinde, 6.-7. yüzyıllarla 10.-11. yüzyılları karşılaştırmak daha da olanaklı olacaktır.

5th-7th centuries / 5.-7. yüzyıllar

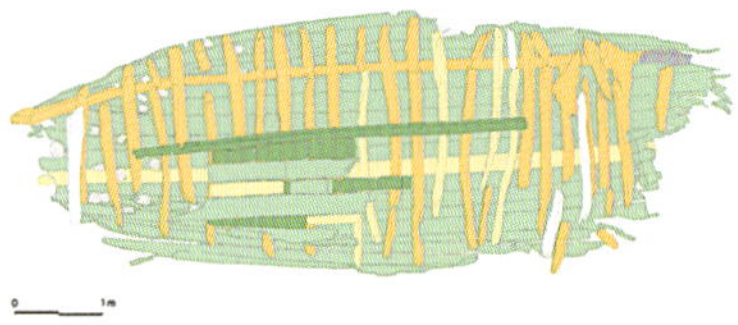

YK34

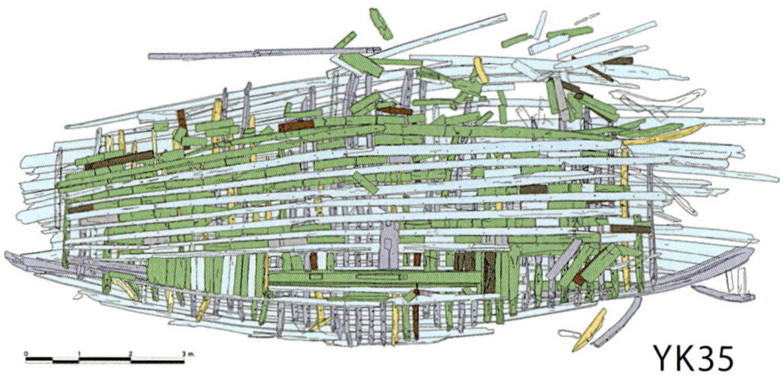

YK35

7th-9th centuries / 7.-9. yüzyıllar

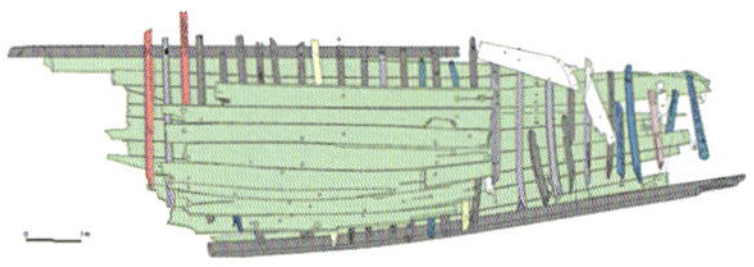

YK03

YK10

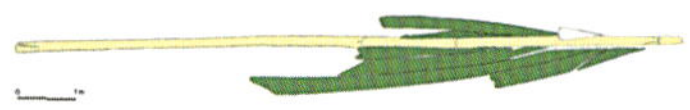

YK15

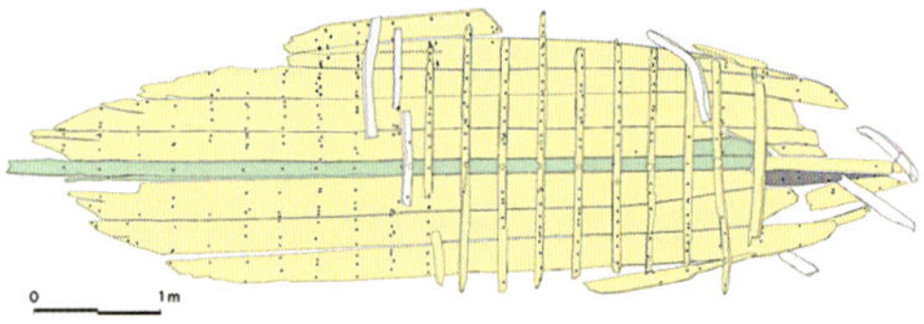

YK19

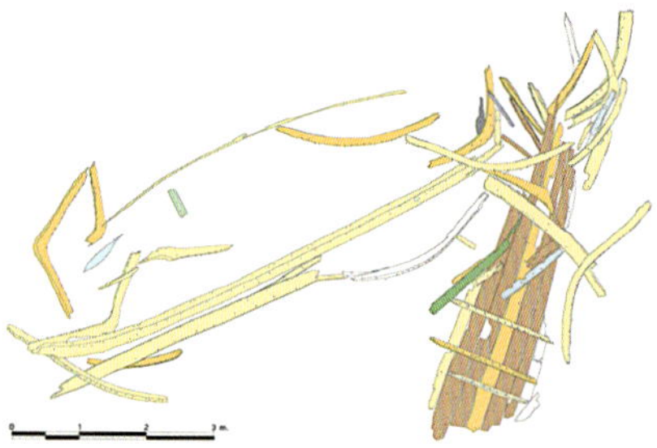

YK32

9th-11th centuries / 9.-11. yüzyıllar

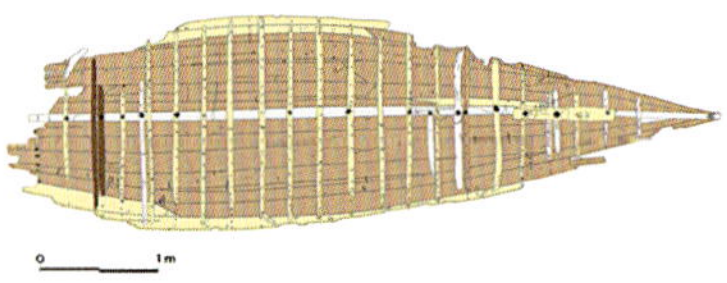

YK06

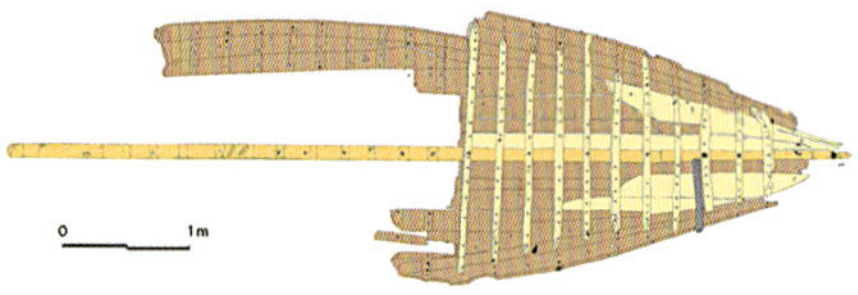

YK07

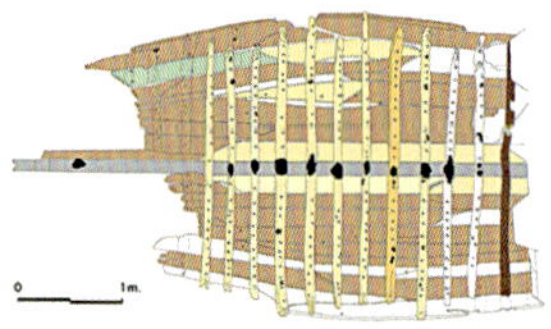

YK08

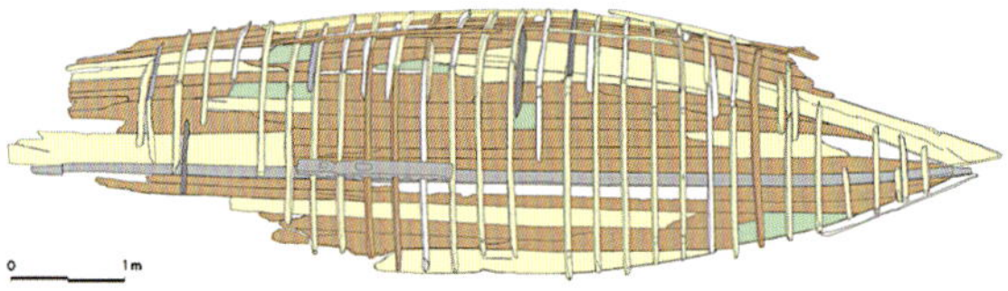

YK20

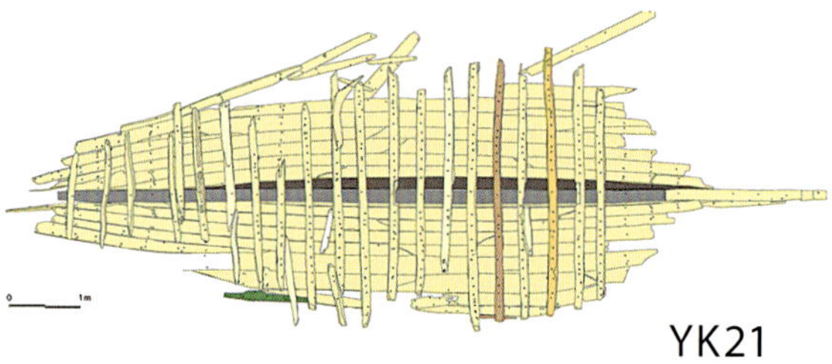

YK21

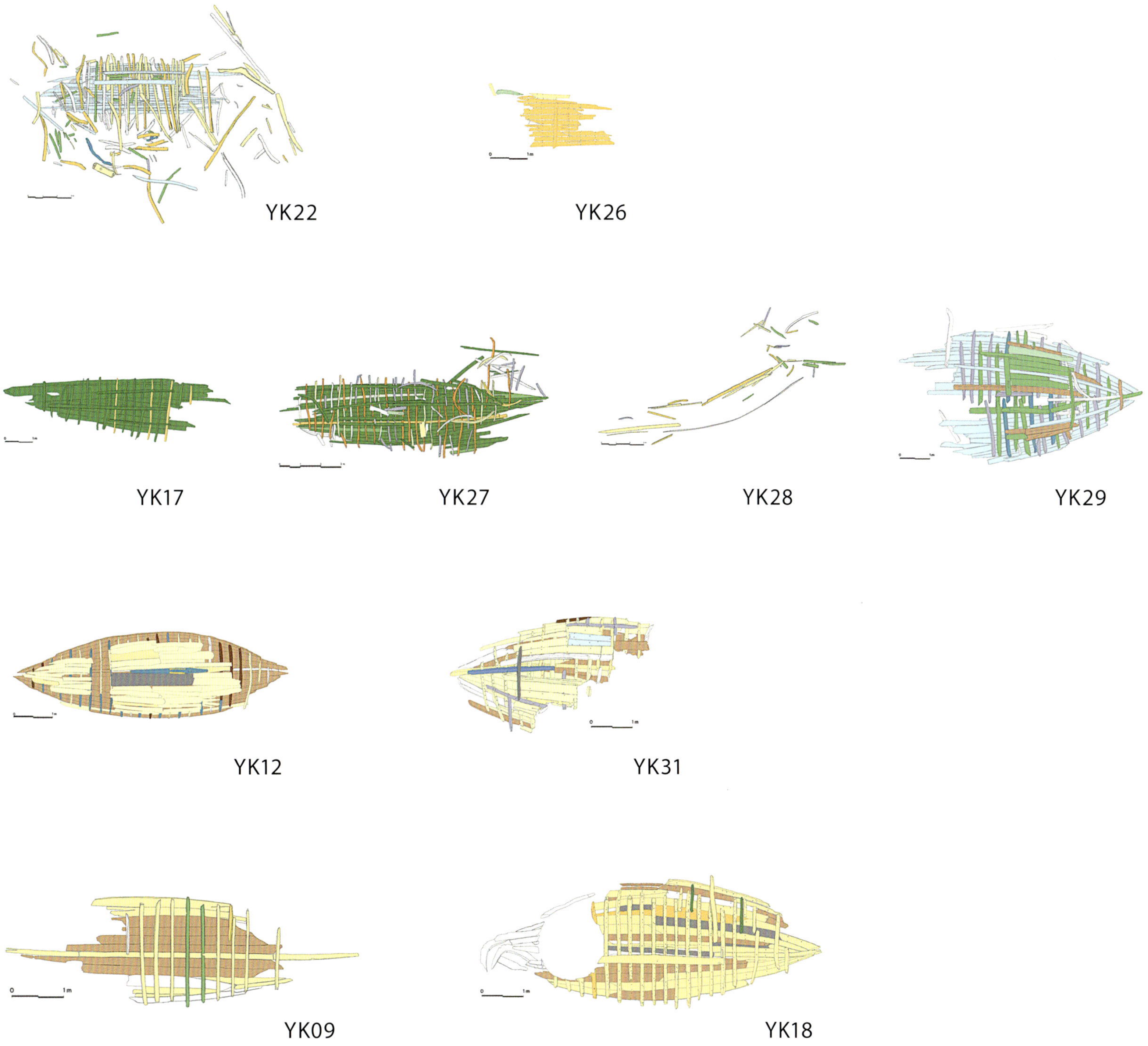

Fig. / Res. 5.1

Periodical change of trees used in the ships coloured according to their genus/species. Change from conifers to broad-leaved trees is strikingly clear.

Ağaç cins ve türlerine göre renklendirilmiş gemilerdeki ağaçların dönemlere bağlı olarak değişimi. İğne yapraklılardan geniş yapraklılara doğru değişim çarpıcı bir şekilde görülmektedir.

YK16

7th-9th centuries / 7.-9. yüzyıllar

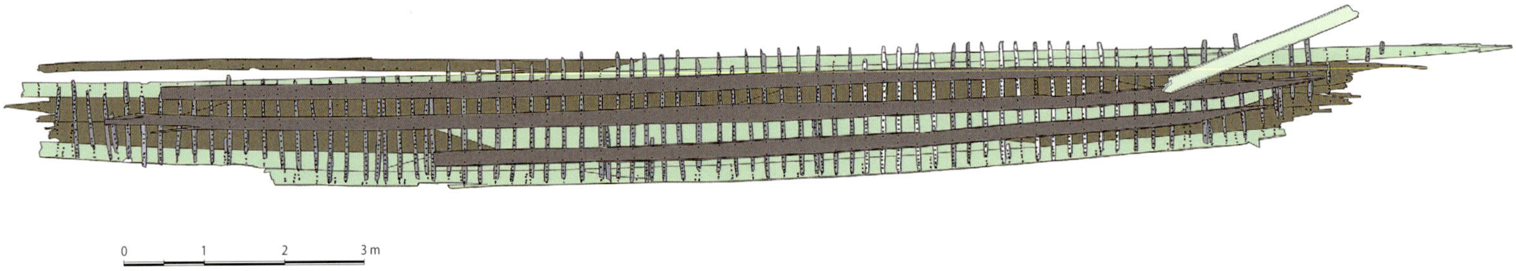

YK25

9th-11th centuries / 9.-11. yüzyıllar

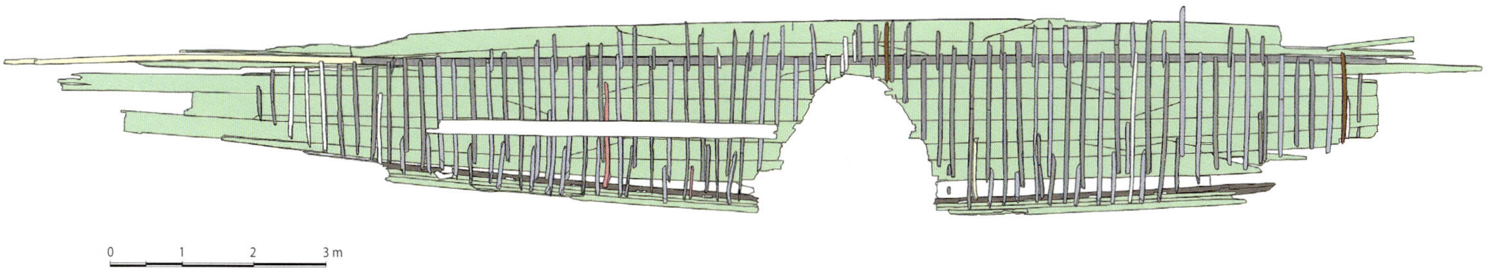

YK13

7th-9th centuries / 7.-9. yüzyıllar

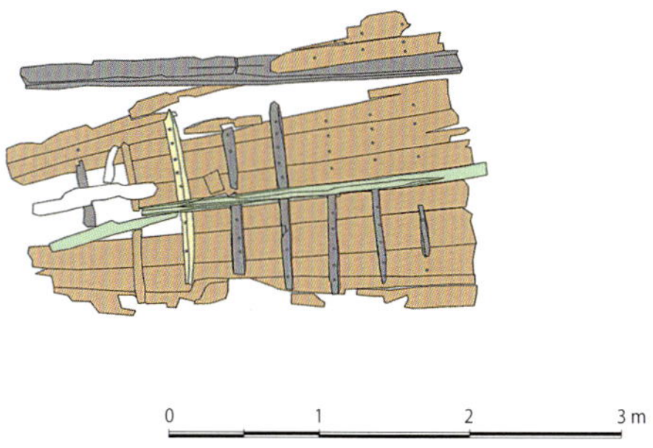

YK36

9th-11th centuries / 9.-11. yüzyıllar

VI

Potential Origins of the Ships

Gemilerin Olası Yapım Yerleri

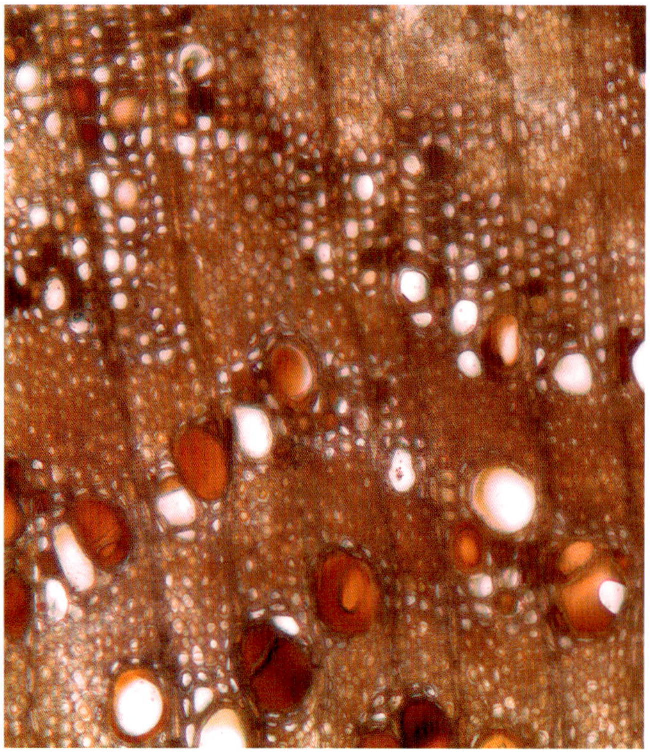

Known history of wooden shipbuilding goes back 4500 years. For the time being the oldest boat known is a 43-meter-long ship uncovered under the Pyramid of Keops dated about 2500 BC in Egypt in 1954. In spite of such long history information on the historic development of this technology is quite complicated and debated. In the recent years advancing underwater archaeological excavation technology has paved the way for the accumulation of great wealth of information on shipbuilding. However, this information is so new that it is still not possible to study systematically the development process of shipbuilding (Köküöz and Örs, 1995; Jenkins, 1980). Thus, Yenikapı wrecks constitute an important source of information on the shipbuilding technology and potential origins. One of the most important questions to be posed for this context is regarding the potential origins of the Yenikapı ships. Although limited, identified wood genera/species given in Table 6.1 may cast some light on this issue.

This table shows the genera/species identified and their areas of diffusion in Turkey. Diffusion areas do not indicate a clear-cut limited region for any genus or species. It is very difficult to determine a certain shipbuilding site based on the genera identified as these have very wide regions of diffusion. The same applies also at species level; therefore, it is not possible to reach a conclusion on the origins of the Yenikapı ships.

None of the trees or bushes identified belong to a certain region or area; thus, no decisive conclusions could be derived from the key genera. Trees like oak, plane, chestnut, and hornbeam grow naturally in various regions of Anatolia, the Balkans and a significant part of Europe. Yet, broad-leaved trees and bushes other than walnut grow naturally around Marmara and especially in Belgrade Forest of Istanbul (Yaltırık, 1966).

Almost all of the broad-leaved trees grow in very humid and mild regions; Spanish broom bush used as treenails or dowels grow extensively around the Marmara Sea and Bosporus; thus, it is possible to propose that these ships were built in Marmara or Bosporus. Yet, this hypothesis needs to be further supported with stronger evidence.

Dendrochronological analyses are crucial in identifying the origins of the woods used in shipbuilding. Dendrochronological analyses not only clarify the construction date of the ships but also cast light on the possible origins of the woods.

The change attested in the choice of woods from the sixth through the eleventh century may designate potential shipbuilding sites. It is possible that the ships of the sixth-seventh centuries were built in the Aegean – Mediterranean areas and those of later periods were built in the Black Sea – Marmara regions.

Ahşap tekne yapımı oldukça eski olup 4500 yıl geriye kadar uzanmaktadır. Bugün için bilinen en eski tekne, 1954 yılında Mısır'da yapılan bir arkeolojik kazıda ortaya çıkarılmıştır. M.Ö. 2500'e tarihlenen Keops Piramidinin altında gömülü olarak bulunmuş olup boyu 43 m kadardır. Ahşap tekne yapım tarihi 4500 yıl öncesine kadar uzanmakla birlikte, bugün bu teknolojinin tarihsel serüvenine ilişkin bilgiler oldukça karışık ve tartışmalıdır. Son yıllarda gelişen sualtı arkeolojik kazı teknolojisi, tekne yapım teknikleri hakkında daha ayrıntılı bilgi sahibi olmamızı sağlamıştır. Ancak bu bilgilerin yeniliği, tekne yapım teknolojisinin değişim sürecini sistemli bir şekilde incelemeyi henüz daha olanaklı kılmamaktadır (Köküöz ve Örs, 1995; Jenkins, 1980). O nedenle, Yenikapı gemileri, gemi yapım tekniği ve olası yerleri hakkında önemli bir bilgi kaynağını oluşturmaktadır. Bu bağlamda sorulabilecek en önemli sorulardan biri Yenikapı gemilerinin olası orijinlerinin neresi olduğudur. Teşhis edilen ağaç cins/türleri sınırlı da olsa bu soruya kısmen yanıt verebilmektedir (Tablo 6.1).

Tabloda, teşhis edilen cins/türler ve bunların genel yayılış alanları verilmiştir. Yayılışlar incelendiğinde belirgin şekilde sınırlı yayılışa sahip bir cins/tür teşhis edilememiştir. Genel yayılışlı olduklarından türlere dayalı belirgin bir yapım yeri tespit etmek çok zordur. Tür düzeyine inilen ağaçlar da geniş yayılışlı olduğundan gemilerin orijinleri hakkında kesin bir hükme varmak olanaklı değildir.

Kullanılan ağaç ve çalılar içerisinde belirli bir yöre ya da bölgeye ait bitkiler de olmadığı için anahtar tür kullanılarak da bir sonuca varılamamıştır. Meşe, çınar, kestane, gürgen gibi ağaçlar Anadolu'nun değişik bölgelerinde, Balkanlar ve Avrupa'nın önemli bir kısmında doğal yayılış göstermektedir. Bununla beraber ceviz dışında yapraklı ağaç ve çalıların tamamı Marmara çevresinde ve özellikle İstanbul Belgrad Ormanı'nda (Yaltırık, 1966) doğal yetişmektedir.

Özellikle yapraklı ağaçların hemen tamamına yakını daha çok nemli-ılıman bölgenin ağaçları olması, kavela olarak kullanılan katırtırnağı çalısının da Marmara ve İstanbul Boğazı çevresinde yoğun olarak bulunması nedeniyle, gemilerin Marmara çevresinde bir yerde ya da İstanbul Boğazı'nda yapılmış olabileceği düşünülebilir. Bununla beraber, daha güçlü kanıtlarla bu durum analiz edilmelidir.

Gemilerde kullanılan ağaçların ait olduğu ormanların ve örneklerin nerelerden ithal edildiğinin belirlenmesinde en etkili yolların başında dendrokronolojik analizler gelmektedir. Dendrokronolojik analizlerle bir yandan gemilerin yapım yılları tespit edilirken diğer yandan da olası orijinleri hakkında önemli bilgilere ulaşılabilmektedir.

Ahşap cins/türü tercihinde 6. yüzyıldan 11. yüzyıla doğru ortaya çıkan değişim gemilerin olası yapım yerlerine işaret edebilir. 6.-7. yüzyıllarda gemilerin Ege-Akdeniz, sonrakilerinde Karadeniz-Marmara çevresinde yapılmış olmaları da olasıdır.

Table 6.1 Trees identified and general diffusion areas of these genera/species

Genus identified	Possible species of this genus	General diffusion areas
	Conifers (*Gymnosperms*)	
Pine (*Pinus* L.)	Black pine (*Pinus nigra* Arn.)	High zones of the Mediterranean, Aegean and the Black Sea.
	Turkish pine (*Pinus brutia* Ten.)	All the coastlines of Turkey.
	Stone pine (*Pinus pinea* L.)	Aegean, Mediterranean, and south side of Marmara Sea.
Cypress (*Cupressus* L.)	Mediterranean cypress (*Cupressus sempervirens* L.)	Around the Mediterranean and the Aegean.
Cedar (*Cedrus* L.)	Taurus cedar (*Cedrus libani* A. Rich)	Widely seen between 1000 and 2300 m of altitude in the Taurus Mountains.
Fir (*Abies* L.)	Caucasian fir (*Abies nordmanniana*)	Seen above 1000 m of altitude in the Black Sea Mountains.
	Taurus fir (*Abies cilicica*)	Seen between 1000-2300 m of Taurus Mountains.
	Broad-leaved trees (*Angiosperms*)	
Oak (*Quercus* L.)	White oaks	White oaks have ten species growing in Turkey; almost in every region as well as the Balkans and Europe.
	Red oaks	Five species in Turkey; especially Turkey oak (*Quercus cerris*) grows almost all over Turkey.
	Evergreen oaks	The holm oak (*Quercus ilex*) is a tree of this group. It is widely seen around the Marmara.
Chestnut (*Castanea* L.)	Anatolian chestnut (*Castanea sativa* L.)	One of the most common trees around the Black Sea and Marmara.
Plane (*Platanus* L.)	Oriental plane (*Platanus orientalis* L.)	Grows along the rivers and wet areas in the Black Sea, Aegean and Mediterranean regions.
Elm (*Ulmus* L.)	Field elm (*Ulmus minor*)	The most common elm type. Elm wood in the Yenikapı ships most likely belongs to this species.
	Mountain elm (*Ulmus glabra*)	Grows in the mountains.
	European white elm (*Ulmus laevis*)	In Turkey, grows only by the Bulgarian border and Longos forest of İğneada.
Spanish broom (*Spartium* L.)	Spanish broom (*Spartium junceum* L.)	Seen among the maquis vegetation all along the Mediterranean, Aegean and Marmara coastline.
Hornbeam (*Carpinus* L.)	Common hornbeam (*Carpinus betulus* L.)	Mostly seen in the forests of Marmara and Black Sea regions.
Beech (*Fagus* L.)	Oriental beech (*Fagus orientalis* Lipsky.)	Seen in the Black Sea Mountains, and mountainous areas around the Marmara.
	European beech (*Fagus sylvatica* L.)	In Turkey, grows only in the northern forests of Thrace. Widely seen in Europe.
Ash (*Fraxinus* L.)	European ash (*Fraxinus excelsior*) / Narrow-leaved ash (*Fraxinus angustifolia*) / South European flowering ash (*Fraxinus ornus*)	Gets into mixed humid forests of Turkey at places.
Walnut (*Juglans* L.)	Common walnut (*Juglans regia* L.)	It is a native tree of Eastern Anatolia but has been cultivated all over Turkey for millennia.

Tablo 6.1 Teşhis edilen ağaçlar ve bu cins/türlerin genel yayılış alanları

Teşhis edilen Cins	Cinsin Olası Türleri	Genel Yayılış Alanları
	İğne Yapraklı Ağaçlar (*Gymnospermler*)	
Çam (*Pinus* L.)	Karaçam (*Pinus nigra* Arn)	Akdeniz, Ege ve Karadeniz bölgelerinin yüksek kesimlerinde yayılmaktadır.
	Kızılçam (*Pinus brutia* Ten.)	Tüm sahil kesimlerinde yayılış göstermektedir.
	Fıstıkçamı (*Pinus pinea* L.)	Ege, Akdeniz ve Marmara'nın güney taraflarında yayılır.
Servi (*Cupressus* L.)	Akdeniz servisi (*Cupressus sempervirens* L.)	Akdeniz ve Ege çevresinde yayılır.
Sedir (*Cedrus* L.)	Toros sediri (*Cedrus libani* A. Rich.)	Toros Dağlarının 1.000-2.300 m yükseltileri arasında geniş bir yayılışı vardır.
Göknar (*Abies* L.)	Karadeniz Göknarı (*Abies nordmanniana*)	Karadeniz Dağları boyunca 1.000 m yükseltilerden sonra yayılış gösterir.
	Toros Göknarı (*Abies cilicica*)	Toros Dağlarının 1.000-2.300 m yükseltileri boyunca yayılır.
	Geniş Yapraklı Ağaçlar (*Angiospermler*)	
Meşe (*Quercus* L.)	Akmeşeler	10 türle temsil edilen Akmeşeler Türkiye'nin hemen her bölgesi, Balkanlar ve Avrupa'da çok yaygındır.
	Kırmızı meşeler	5 türle temsil edilen kırmızı meşelerden özellikle Türk meşesi (*Quercus cerris*) Türkiye'nin hemen her bölgesinde geniş bir yayılışa sahiptir.
	Herdemyeşil meşeler	Bu gruba dahil ağaç formundaki meşe pırnal meşesidir (*Quercus ilex*). Bu türün yayılış alanı ise genel olarak Marmara çevresidir.
Kestane (*Castanea* L.)	Anadolu kestanesi (*Castanea sativa* L.)	Karadeniz ve Marmara çevresinin en yaygın ağaçlarından biridir.
Çınar (*Platanus* L.)	Doğu çınarı (*Platanus orientalis* L.)	Karadeniz, Ege ve Akdeniz Bölgesinde nemli dere ve ırmak kenarları boyunca yayılışı vardır.
Karaağaç (*Ulmus* L.)	Ova karaağacı (*Ulmus minor*)	En yaygın karaağaç türüdür. Gemilerde kullanılan karaağaçlar büyük olasılıkla bu türe aittir.
	Dağ karaağacı (*Ulmus glabra*)	Dağlık kesimlerde bulunur.
	Saplı karaağaç (*Ulmus laevis*)	Ülkemizde sadece Bulgaristan sınırında ve İğneada Longos ormanlarında yayılışı vardır.
Katırtırnağı (*Spartium* L.)	Katırtırnağı (*Spartium junceum* L.)	Tüm Akdeniz, Ege ve Marmara sahilleri boyunca Maki vejetasyonu içerisinde yayılış gösterir.
Gürgen (*Carpinus* L.)	Adi gürgen (*Carpinus betulus* L.)	Büyük oranda Marmara ve Karadeniz Bölgesi ormanlarında yayılış gösterir.
Kayın (*Fagus* L.)	Doğu kayını (*Fagus orientalis* Lipsky.)	Karadeniz dağları boyunca ve Marmara çevresinin dağlık kesimlerinde yaygındır.
	Avrupa kayını (*Fagus sylvatica* L.)	Ülkemizde sadece Trakya'nın kuzey ormanlarında bulunur. Avrupa'da çok yaygındır.
Dişbudak (*Fraxinus* L.)	Avrupa dişbudağı (*Fraxinus excelsior*) / Sivri meyveli dişbudak (*Fraxinus angustifolia*) / Çiçekli dişbudak (*Fraxinus ornus*)	Ülkemizde nemli ormanlarda yer yer karışıma giren ağaçlardır.
Ceviz (*Juglans* L.)	Adi ceviz (*Juglans regia* L.)	Doğu Anadolu'nun doğal bir ağacı olmasına karşın, ülkemizin hemen her bölgesinde binlerce yıldan bu yana kültüre alınmıştır.

VII

Repair Marks in the Ships and Their Evaluation

Onarım İzleri ve Değerlendirilmesi

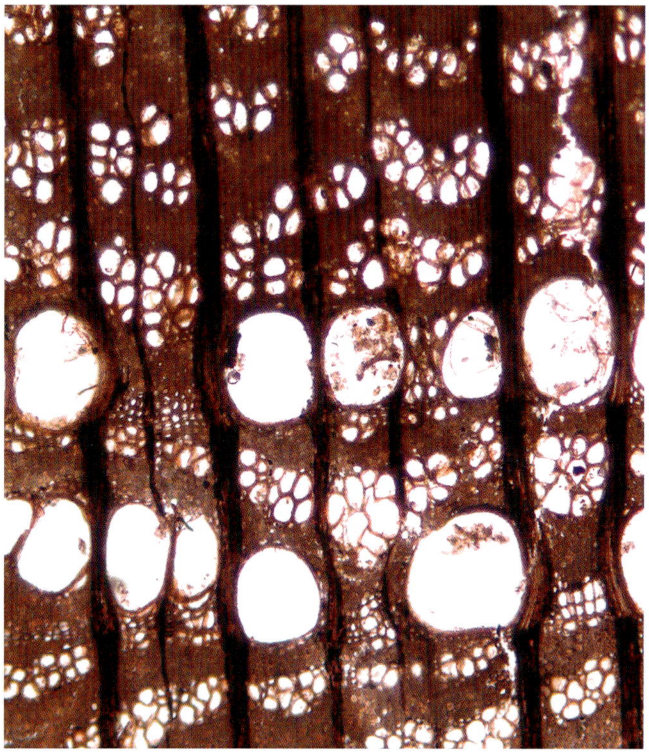

In addition to the main pieces some pieces of possible repair were identified sporadically.

These conclusions are derived from the occurrence of wood types different from the main ones. Certainly it is also possible that the same type of wood was used for some other repairs; therefore, it is not possible to reach decisive conclusions. More realist conclusions may be derived taking into consideration the construction technique and forms of use in the ships.

Ship YK6 has a frame system of white oak but two samples of walnut and two of poplar were also identified in the frames (Fig. 7.1). These four samples may belong to pieces of repair because poplar is not a durable wood of choice, and walnut has a low capacity of providing material. Therefore, the pieces of these two woods are not very likely to be main ship parts. As to whereabouts of the concerned repair(s) it is not possible to suggest a region because both poplar and walnut have very wide diffusion areas.

Ship YK7 has a frame system of white oak but one sample of plane (E4-1) was identified and it is thought to be a repair piece (Fig. 7.1). Furthermore, a plane sample was obtained from starboard planking. As the plane tree is widely seen around Marmara it is possible to suggest that the repair was made in this region.

Ship YK8 has a frame system of white oak but one example is of walnut wood, which should belong to a repair (Fig. 7.1). It can be said that this ship also underwent a similar repair as YK6.

Ship YK9 has a frame system of white oak as well. Two samples of Turkish pine and one of hornbeam were also identified and thought to belong to repairs (Fig. 7.1).

For ship YK12 few samples of walnut and hornbeam may indicate a repair. They are attested especially in the frame system and may belong to a repair.

Ship YK18 has a frame system of white oak. Two of the frames are of stone pinewood, and may belong to a repair. Three strakes of portside planking are of plane wood, which is not known as a wood for planking; therefore, this may indicate an urgent repair (Fig. 7.1).

Ship YK19 has the main material as oak wood. Two of the frames are of hornbeam and they may indicate a repair. On the other hand, one portside plank and the starboard garboard are of black pine, which may also indicate a repair (Fig. 7.1).

The main materials of YK20 are chestnut and oak woods. The planking has five samples of black pine. Usually oak and chestnut woods are used together in the planking; pine and cypress, or pine and cedar woods are used together as the main material for the planking at times. Here use of chestnut and oak woods together with few samples of black pine may indicate a repair, which incorporated the black pine (Fig. 7.1).

Gemilerde teşhis edilen ana parçaların yanı sıra yer yer onarıma ait olduğu düşünülen parçalar da teşhis edilmiştir.

Bu sonuçlar, gemide mevcut temel ağaçlara ek olarak başka türden ağaçların kullanıp kullanılmadığına dayandırılmıştır. Aynı türden ağaçlar kullanılarak da onarım yapılma olasılığı olmasından dolayı onarım hakkında kesin yargıya ulaşılması sınırlıdır. Örneklerin, yapım tekniği göz önüne alınarak ve gemilerde kullanım şekli de değerlendirilerek daha gerçekçi sonuçlara ulaşmak mümkündür.

YK6 no.lu gemide eğri sistemi akmeşe iken 2 ceviz 2 de kavak ağacı kullanıldığı tespit edilmiştir (Res. 7.1). Bu dört parçanın onarım örnekleri olabileceği düşünülmektedir. Çünkü kavak gemi inşaasında tercih edilen ve dayanıklı olan bir ağaç değildir. Ceviz ise materyal sağlama potansiyeli çok düşük bir ağaçtır. O nedenle bu iki parçanın ana parça olma olasılığı düşüktür. Bu onarımın hangi bölgede yapıldığı konusuna gelince, kavak ve ceviz çok geniş bir yetiştirme alanına sahip olduğundan, onarımın yapıldığı bölge hakkında bilgi verme potansiyeline sahip ağaçlar değillerdir.

YK7 no.lu gemide eğri sistemi akmeşe ağaçlarından oluşmaktadır. Bir çınar örneği (E4-1) kullanılmış olup bunun bir onarım örneği olduğu düşünülmektedir. Ayrıca bir çınar örneği de sancak yapımında kullanılmıştır (Res. 7.1). Çınar, Marmara çevresinde çok yaygın olduğundan onarımın bu bölgede yapılmış olabileceği söylenebilir.

YK8 no.lu gemide eğri sistemi akmeşe ağaçlarından oluşurken tespit edilen bir ceviz örneğinin bir onarıma ait olduğu düşünülebilir (Res. 7.1). YK6 no.lu gemi ile benzer bir onarım geçirdiği de söylenebilir.

YK9 no.lu gemide eğri sistemi akmeşe ağaçlarından yapılmıştır. İki örnek kızılçam bir örnek de gürgen olarak teşhis edilmiş olup bu gemide de bu iki ağacın onarım örnekleri olduğu söylenebilir (Res. 7.1).

YK12 no.lu gemide onarıma konu olabilecek az sayıdaki örnek cevizler ve gürgenlerdir. Özellikle eğri sisteminde kullanılan bu ağaçlar onarım parçaları olabilir.

YK18 no.lu gemide eğriler akmeşe ağacından yapılmıştır. Eğrilerden ikisi fıstıkçamı olup bunların onarım örnekleri olabileceği düşünülmüştür. İskele kaplama örneklerinden üçü de çınar ağaçlarından yapılmıştır. Literatürde şimdiye dek çınar ağaçlarının kaplama olarak kullanılmasına ilişkin herhangi bir bulguya rastlanmamıştır. Burada kaplama olarak kullanılması acil bir onarıma işaret edebilir (Res. 7.1).

YK19 no.lu geminin ana malzemesi akmeşedir. Eğrilerden ikisinin gürgen ağacından yapılması onarıma ait olduğunu gösterebilir. Diğer yandan bir iskele bir de sancak burma tahtasının karaçama ait olması da onarıma işaret edebilir (Res. 7.1).

YK20 no.lu gemide ana malzemeler kestane ve meşe ağaçlarıdır. Kaplama kısmında 5 adet karaçam ağacı

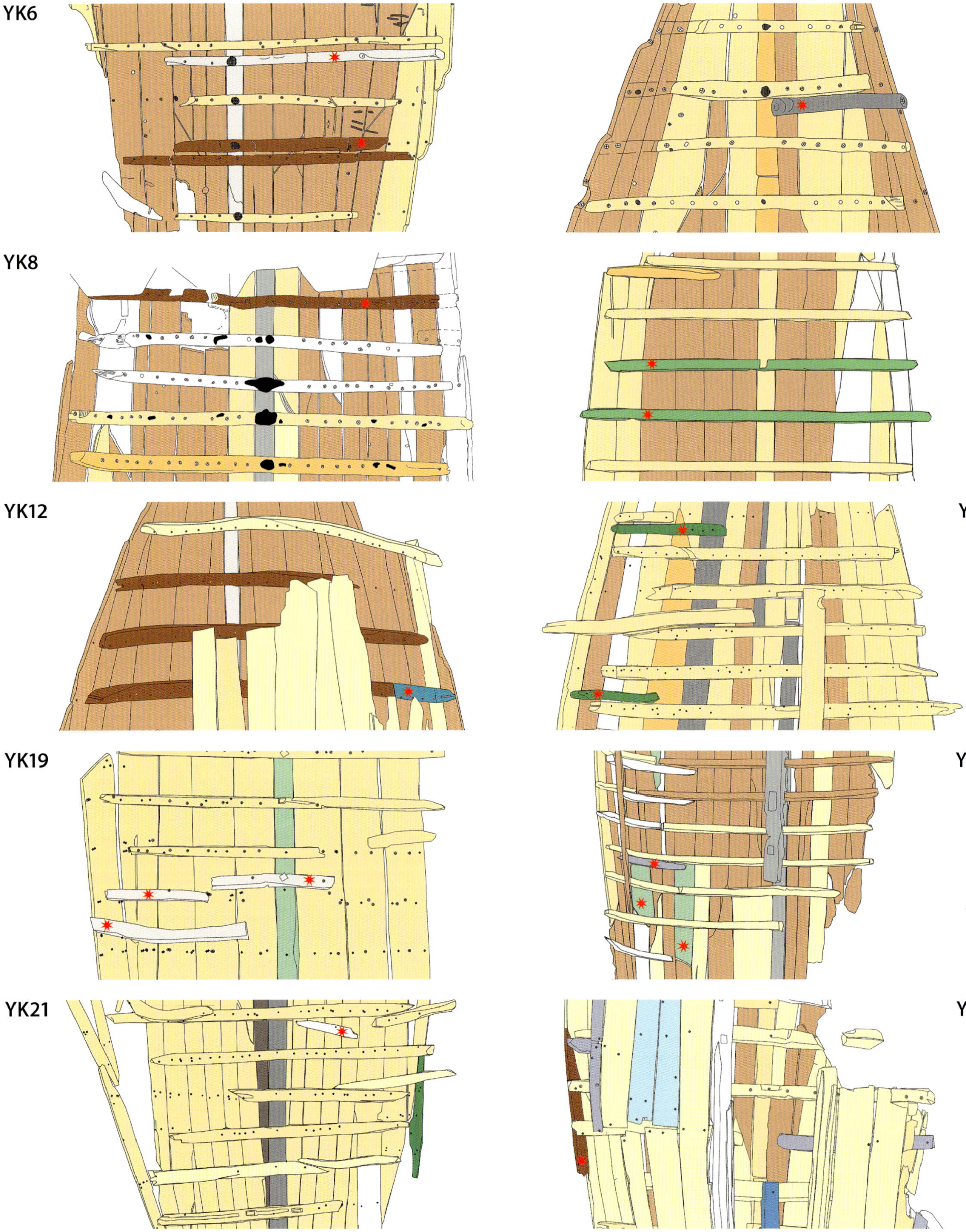

Fig. / Res. 7.1

Repair marks on some ships. The replaced parts are indicated with asterisks.

Bazı gemilerde görülen onarım izleri. Onarımda kullanılan örnekler yıldız işaretiyle belirtilmiştir.

The main material of ship YK21 is oak wood but one sample of stone pine and one of chestnut were used in the planking and they both may belong to a repair (Fig. 7.1).

One sample of beech in the frames and one of poplar in the ceiling of ship YK27 may belong to repairs. Especially the poplar is a repair piece.

Planking of ship YK31 is made of oak and chestnut wood. The only piece of walnut among them is most probably a repair piece. In overall this vessel seems to have undergone multiple repairs (Fig. 7.1).

Studying the ships with evidence for repair (Fig. 7.1) the frames replaced are usually those by the main frames. This further verifies our opinion that these were placed during repairs.

In ships YK3, YK10, YK13, YK15, YK16, YK17, YK22, YK25, YK26, YK28, YK29, YK30, YK32, YK34 and YK36 no samples of other genera/species were identified that would indicate a repair.

Ship YK35 is very well preserved and its main parts were built with cypress, Turkish pine and elm. The beech used in the ceiling may indicate a small repair, which most probably took place in close vicinity of Istanbul.

kullanılmıştır. Genellikle meşe ve kestane kaplamalarda birlikte kullanılırken, çam ve servi ya da çam ve sedir ağaçları yer yer birlikte kaplama kısmının ana malzemesi olmuştur. Kestane, meşe ile birlikte az sayıda karaçamın tespiti buradaki çamların onarım esnasında kullanıldığına işaret edebilir (Res. 7.1).

YK21 no.lu gemide ana malzeme meşe olup bir adet fıstıkçamı ve bir adet de kestane kaplama olarak kullanılmıştır. Bu iki parça onarım örneği olabilir (Res. 7.1).

YK27 no.lu gemide eğri olarak kullanılan bir kayın ve farş olarak kullanılan bir kavak ağacı onarım örnekleri olabilir. Özellikle kavak bir onarım örneğidir.

YK31 no.lu geminin kaplama malzemeleri meşe ve kestanedir. Bunlar arasında kullanılan bir ceviz örneğinin onarım örneği olma olasılığı yüksektir. Genel görünüş itibariyle fazla onarım geçirmiş bir gemi izlenimi vermektedir (Res. 7.1).

Onarım olduğu düşünülen gemilere ilişkin şekiller incelendiğinde (Res. 7.1), örneklerden özellikle eğrilerin kullanım yerleri, ana eğrilerin hemen yanları olduğu görülmektedir. Bu durum bu örneklerin onarım esnasında yerleştirildiğine ilişkin düşüncelemizi doğrulamaktadır.

YK3, YK10, YK13, YK15, YK16, YK17, YK22, YK25, YK26, YK28, YK29, YK30, YK32, YK34 ve YK36 no.lu gemilerde herhangi bir onarıma ait başka cins/türden bir örneğe rastlanmamıştır.

YK35 no.lu gemi oldukça iyi durumda olup ana parçaları servi, kızılçam ve karaağaçtır. Farşlarında kayın kullanılarak küçük bir onarım geçirmiş olabilir. Bu onarımın da, İstanbul çevresinde olma olasılığı çok yüksektir.

Bibliography / Kaynakça

Akkemik, Ü., 2008, VII. Identification of Timbers from Yenikapı 12 shipwreck/VII. Yenikapı 12 Batığı Ahşaplarının Cins/Tür Teşhisleri, in/bk: U. Kocabaş, *The 'Old Ships' of 'New Gate' 1, Yenikapı Shipwrecks, Vol. I/Yenikapının Eski Gemileri 1, Yenikapı Batıkları, Cilt 1*, 201–11. Istanbul.

Akkemik, Ü., Yaman, B., 2012, *Wood Anatomy Atlas of Eastern Mediterranean Species*. Kessel Publishing House. Germany.

Akkemik, Ü., Kocabaş, U., 2013, Woods of the old galleys of Yenikapı, İstanbul. *Mediterranean Archaeology and Archaeometry*, 13 (2): 31-41.

Akkemik, Ü., Kocabaş, U., 2014, Woods of Byzantine trade ships of Yenikapı (İstanbul) and changes in wood use from 6th to 11th century. *Mediterranean Archaeology and Archaeometry*, 14 (2): 317-327.

Algan, O., Yalçın, M.N., Yılmaz, İ., Kırcı-Elmas, E., Sarı, E., Ongan, D., Bulkan-Yeşiladalı, Ö., Perinçek, D., Özdoğan, M., Yılmaz, Y., Karamut, İ., 2008, Antik Theodosius Limanı'nın (Yenikapı) Jeo–Arkeolojisi/Geo–Archaeology of the Theodosian Harbor at Yenikapı, in/bk: U. Kocabaş (ed.), *İstanbul Arkeoloji Müzeleri Marmaray-Metro Kurtarma Kazıları Sempozyumu Bildiriler Kitabı, 5–6 Mayıs 2008/Istanbul Archaeological Museums, Proceedings of the 1st Symposium on Marmaray-Metro Salvage Excavations 5th–6th May 2008*, 175-180. İstanbul.

Aytuğ, B., 1970, Arkeolojik araştırmaların ışığı altında İç Anadolu stebi. *İ.Ü. Orman Fakültesi Dergisi*, 20 (A-1): 127-143.

Başaran, S., 2008, 'Iron Ways' and an ancient harbour on the Marmara coast/'Demirden Yollar' ve Marmara kıyısında eski bir liman, in/bk: U. Kocabaş (ed.), *The 'Old Ships' of the 'New Gate' 1, Yenikapı Shipwrecks, Vol. I / Yenikapı'nın Eski Gemileri 1, Yenikapı Batıkları Cilt I*, 1-22. İstanbul.

Bean, G.E., 1979, *Turkey's Southern Shore*. 2. Edition, John Murray, London.

Berkel, A., Bozkurt, A. Y., 1961, Türkiye'nin önemli meşe türleri odunlarının makroskopik ve mikroskobik özellikleri hakkında araştırmalar. *İ.Ü. Orman Fakültesi Yayını*, Yayın No: 922/73, İstanbul.

Bozkurt, A.Y., 1971, Önemli bazı ağaç türleri odunlarının tanımı, teknolojik özellikleri ve kullanış yerleri. *İ.Ü. Orman Fakültesi Yayınları*, No: 1653/177.

Bozkurt, A.Y., 1992, *Odun Anatomisi*. İ.Ü. Orman Fakültesi Yayın No: 3652/415.

Bozkurt, A. Y., Erdin, N., 1995, *Odun Anatomisi*, II. İ.Ü. Yayın No: 3907, Fen Bilimleri Ens. Yayın No: 6. İstanbul.

Bozkurt, A.Y., Erdin, N., 1997, *Ağaç Teknolojisi*, İ.Ü. Orman Fakültesi Yayın No: 445, İstanbul.

Bozkurt, A.Y., Erdin, N., 2000, *Odun Anatomisi*, İ.Ü. Orman Fakültesi Yayınları No: 4263/466.

Çolak, A.H., Rotherdam, I.D., 2006, A review of the forest vegetation of Turkey: Its status past and present and its future conservation. *Biology and Environment: Proceedings of the Royal Irish Academy*. Vol. 106B. No. 3: 343-354.

D'Amato, R., 2009, *Imperial Roman Naval Forces 31BC-AD500*. Osprey Publishing.

Dingil, S., 1990, *Bitkilerle Anadolu*. Yeniçağ Matbaası. Ankara.

Doğu, D., Köse, C., Kartal, S.N., Erdin, N., 2011, Wood Identification of Wooden Marine Piles from the Ancient Byzantine Port of Eleutherius / Theodosius. *Bioresources* 6 (2): 987-1019.

Fahn, A., Werker, E., Baas, P., 1986, *Wood Anatomy and Identification of Trees and Schrubs from Israel and Adjacent Regions*. The Israel Academy of Science and Humanities Publication.

Greguss, P., 1955, *Xylotomische Bestimmung der Heute Lebenden Gymnospermen*. Academia Kiado, Budapest.

Hafner, F., 1968, Son beş bin yıl içerisinde Anadolu'da orman durumu. R. Baş (transl./çev.), *İ.Ü. Orman Fakültesi Dergisi*, 18 (B-2): 211-234.

IAWA Committee, 1989, IAWA List of microscopic features for hardwood identification by an IAWA Committee. E.A. Wheeler, P. Baas, P.E. Gasson (eds.) IAWA Bull.n.s.10: 219-332.

IAWA Committee, 2004, *IAWA list of microscopic features for softwood identification*. IAWA J. 25: 1-70.

Jacquiot, C., 1955, *Atlas d'anatomie des bois des conifères, Press of Centre Technique du bois et du Fonds Forestier National*. Paris, France.

Jenkins, N., 1980, The smell of time. *Saudi Aramco World*, 31.1: 12-17.

Kızıltan, Z., 2010, Marmaray Metro Projeleri Kapsamında Yapılan, Yenikapı, Sirkeci ve Üsküdar Kazıları/Excavations at Yenikapı, Sirkeci and Üsküdar within Marmaray and Metro Projects, in/bk: U. Kocabaş (ed.), *İstanbul Arkeoloji Müzeleri Marmaray–Metro Kurtarma Kazıları Sempozyumu Bildiriler Kitabı, 5–6 Mayıs 2008/Istanbul Archaeological Museums, Proceedings of the 1st Symposium on Marmaray-Metro Salvage Excavations 5th–6th May 2008*, 1-16. İstanbul.

Kocabaş, U., Özsait-Kocabaş, I., 2007, İstanbul Üniversitesi Yenikapı Bizans Batıkları Projesi Kapsamındaki Gemilerin Yapım Teknikleri ve Özellikleri. Gün Işığında İstanbul'un 8000 Yılı, Marmaray, Metro, Sultanahmet Kazıları, in/bk: A. Karamani-Pekin ve S. Kangal(eds.), 196-201. İstanbul.

Kocabaş, U., 2008, İstanbul Üniversitesi Yenikapı Batıkları Projesi: Gemiler, bk: U. Kocabaş (ed.), *İstanbul Arkeoloji Müzeleri Marmaray-Metro Kurtarma Kazıları Sempozyumu Bildiriler Kitabı, 5–6 Mayıs 2008/Istanbul Archaeological Museums, Proceedings of the 1st Symposium on Marmaray-Metro Salvage Excavations 5th–6th May 2008*, 23-34. Istanbul.

Kocabaş, U., 2015, The Yenikapi Byzantine-Era Shipwrecks (Istanbul, Turkey): a preliminary report and inventory of the 27 wrecks studied by Istanbul University. *The International Journal of Nautical Archaeology*, 44.1: 5-38.

Kocabaş, U., 2015, *Geçmişe Açılan Kapı Yenikapı Batıkları*. Ege Yayınları, İstanbul.

Köküöz, A., Örs, K., 1995, Yüzyıllara yayılan gelenek ahşap gemi yapımı. *TÜBİTAK Bilim ve Teknik Dergisi*, 333.

Köse, C., 2013, Suya doymuş ahşaplarda mikrobiyolojik bozunmalar: Yenikapı batık gemilerine ait bazı örnekler. *Ahşap Yapılarda koruma ve Onarım Sempozyumu, Bildiriler Kitabı*, 65-74.

Köse, C., Taylor A.M., 2013, "Preliminary evaluation of degradation patterns in wood samples form the Yenikapı Shipwrecks", *Proceedings of The International Research Group on Wood Protection 44th Annual Meeting*, Sweden, 16-20 Haziran 2013, 1-11.

Kuniholm, P., Wazny, T. ve Perinçek, D., 2010, Aegean Dendrochronology Project-Yenikapı 2005-2010. Sunum-İstanbul Arkeoloji Müzeleri Müdürlüğü.

Liphschitz, N., Pulak, C., 2007. Wood species used in ancient shipbuilding in Turkey. Evidence from dendroarchaeological studies. *Skyllis*, 8: 73-82.

Merev, N., 1998, *Türkiye Meşelerinin (Quercus L.) Odun Anatomisi Kasnak Meşesi ve Türkiye Florası Simpozyumu, 21-23 Eylül*, İ.Ü. Orman Fak. Orman Botaniği Anabilim Dalı, 215-226. İstanbul, Çantay Kitapevi.

Merev, N., 2003, *Odun Anatomisi ve Odun Tanımı. Karadeniz Teknik Üniversitesi Orman Fakültesi Yayın no: 210/32.*

Onar, V., Pazvant, G., Alpak, H., Armutak, A., Karamut, İ., Gökçay, M., 2010, Yenikapı Metro ve Marmaray Kazılarında Ortaya Çıkarılan Hayvan İskelet Kalıntılarının Ön İnceleme Sonuçları / Preliminary Report on the Animal Remains Uncovered at Yenikapi Metro and Marmaray Excavations, in/bk: U. Kocabaş (ed.), *İstanbul Arkeoloji Müzeleri Marmaray–Metro Kurtarma Kazıları Sempozyumu Bildiriler Kitabı, 5–6 Mayıs 2008/Istanbul Archaeological Museums, Proceedings of the 1st Symposium on Marmaray-Metro Salvage Excavations 5th–6th May 2008*, 223-232. Istanbul.

Oybak-Dönmez, E., 2010, İstanbul Marmaray ve Metro Kazılarında Yapıan Arkeobotanik Çalışmaları/ Archaeobotanical Studies at the Marmaray and Metro Excavations in Istanbul, in/bk: U. Kocabaş (ed.), *İstanbul Arkeoloji Müzeleri Marmaray–Metro Kurtarma Kazıları Sempozyumu Bildiriler Kitabı, 5–6 Mayıs 2008/Istanbul Archaeological Museums, Proceedings of the 1st Symposium on Marmaray-Metro Salvage Excavations 5th–6th May 2008*, 233-248. İstanbul.

Özsait-Kocabaş, I., 2010, Yenikapı Batıklarında İn Situ Koruma In Situ Recording of Yenikapı Shipwrecks, in/bk: U. Kocabaş (ed.), *İstanbul Arkeoloji Müzeleri Marmaray–Metro Kurtarma Kazıları Sempozyumu Bildiriler Kitabı, 5–6 Mayıs 2008/ Istanbul Archaeological Museums, Proceedings of the 1st Symposium on Marmaray-Metro Salvage Excavations 5th–6th May 2008*, 35-52. İstanbul.

Perinçek, D., 2010, Yenikapı Kazı Alanı'nın son 8000 yıllık jeo-arkeolojisi ve doğal afetlerin jeolojik kesitteki izleri/ Geoarchaeology of the Excavation Site for the Last 8000 Years and Traces of Natural Catastrophes in the Geological Profile, in/bk: U. Kocabaş (ed.), *İstanbul Arkeoloji Müzeleri Marmaray–Metro Kurtarma Kazıları Sempozyumu Bildiriler Kitabı, 5–6 Mayıs 2008/Istanbul Archaeological Museums, Proceedings of the 1st Symposium on Marmaray-Metro Salvage Excavations 5th–6th May 2008*, 191-218. İstanbul.

Pulak, C., 2007, Yenikapı Bizans Batıkları, in/bk: A. Karamani-Pekin ve S. Kangal (eds.), *Gün Işığında İstanbul'un 8.000 Yılı, Marmaray, Metro, Sultanahmet Kazıları*, 202-215. İstanbul.

Pulak, C., Ingram, R., Jones, M., 2015, Eight Byzantine Shipwrecks from the Theodosian Harbour Excavations at Yenikapı in Istanbul, Turkey: an introduction. *International Journal of Nautical Archaeology*. 44 (1): 39-73.

Schweingruber, F. H., 1990, *Anatomy of European Woods*. Paul Haupt. Bern/Stuttgart.

Wada T., Köse C., Igarashi K., 2014, "Identification of soft-rot fungi existed in the samples from the galley excavated at Yenikapi", *Proceedings of IRG 45th International Research Group on Wood Protection*, St. George, Utah, ABD, 11-15 Mayıs 2014, 1-8.

Willich, A. F. M., 1802, *Domestic Encyclopedia or A Dictionary of Facts and Useful Knowledge*. Cilt III. Printed and Published by Abraham Small. Philadelphia.

Wilson, A., 2011, Developments in Mediterranean shipping and maritime trade from the Hellenistic period to AD.1000, in/bk: D. Robinson, A. Wilson (eds.), *Maritime Archaeology and Ancient Trade in the Mediterranean*, 33-60. Oxford.

Yaltırık, F., 1966, *Belgrad Orman vejetasyonunun floristik analizi ve ana meşcere tiplerinin kompozisyonu üzerine araştırmalar*. Tarım Bakanlığı Orman Genel Müdürlüğü Yayınları Sıra No: 436, Seri No: 6.

Yaltırık, F., 1988, *Gymnospermae (Açık Tohumlular)*. İ.Ü. Orman Fakültesi Yayınları. Yayın No: 3443/386.

Yeşilkaya, Y., 1992, Tarihsel ve kültürel yönü ile sedir, in/ bk: Ü. Eler (ed.), *Sedir*, Ormancılık Araştırma Enstitüsü Yayını Seri: 6, 19-32.

Index

Dİzİn

Latin Index / Latince Dizin